L'HOMME ET LA FEMME

A TOUS LES AGES DE LA VIE

PARIS. — IMP. C. MARPON ET E. FLAMMARION, RUE RACINE, 26.

L'HOMME

ET

LA FEMME

A TOUS LES AGES DE LA VIE

ÉTUDE HYGIÉNIQUE, MÉDICALE, PHYSIOLOGIQUE
SOCIALE ET MORALE

PAR

LE Dʳ Marcellin CAMBOULIVES

Auteur d'un manuel de thérapeutique,
Ancien médecin des ambulances militaires de Paris,
Collaborateur aux grands dictionnaires du Dʳ Paul Labarthe
et de Pierre Larousse,
Membre de plusieurs sociétés savantes.

Ouvrage illustré de 27 gravures.

PARIS

C. MARPON ET E. FLAMMARION

ÉDITEURS

26, RUE RACINE, PRÈS L'ODÉON

PRÉFACE

Je connais un certain nombre de livres qui traitent de la génération, de l'enfance, du mariage, du célibat, de l'âge de retour, de la vieillesse, etc., etc. ; je n'en connais pas qui étudient l'homme et la femme depuis la formation de l'être humain jusqu'à sa mort, c'est cette lacune que je me suis efforcé de combler. Le sujet est délicat, hérissé même de difficultés nombreuses, j'ai tâché de les aplanir autant que possible. J'ai dû entrer dans des questions pleines d'actualité, mettre à nu les défauts de notre nature, faire connaître les moyens les plus utiles d'y remédier. Dans toutes ces questions, je suis resté dans le domaine purement scientifique et médical que j'ai mis à la portée de tout le monde ; je ne me suis jamais écarté de la saine morale, et si j'ai cité des exemples de prostituées et de libertins qui se sont vautrés dans la fange du vice, c'est pour mieux stigmatiser de l'opprobre et de l'infamie leur honteuse conduite.

Mon ouvrage se divise en vingt chapitres.

Dans les premiers, j'étudie l'ovule, la fécondation, le développement mois par mois de l'embryon et du fœtus. La fécondation artificielle surtout est, de ma part, l'objet d'un travail approfondi, qui mérite de fixer sérieusement l'attention du lecteur. Je donne ensuite des notions très détaillées pour que la première personne venue puisse prendre l'enfant à sa naissance. Cette pratique de l'art des accouchements doit être connue du vulgaire, car bien des fois le nouveau-né vient au monde avant que la sage-femme ou le médecin ait eu le temps d'arriver. Savoir couper le cordon, le lier, procéder à la délivrance de la mère, à la toilette du bébé est donc une chose utile, indispensable même dans certains cas.

L'allaitement a aussi son importance. La mère doit faire téter son enfant; elle ne doit le confier à une nourrice mercenaire que lorsqu'il y a impossibilité absolue de sa part de le nourrir. Alors l'allaitement naturel est toujours préférable à l'allaitement artificiel. Ce dernier occasionne, dans les villes, une mortalité effrayante ; il devrait être complètement abandonné.

A quinze mois, on procède au sevrage. Dès ce moment, la mère doit redoubler d'attention pour faciliter à son enfant le passage de l'alimentation lactée à l'alimentation ordinaire. Elle a à surveiller attentivement son régime, sa dentition, son coucher, ses promenades, les mille petits détails, en un mot, dont il faut l'entourer pour lui éviter des maladies. En attendant, il grandit, son tempérament se forme, et, une fois parvenu à la seconde enfance, il n'a plus besoin des soins minutieux du jeune âge : la classe, les professeurs, les camarades absorbent ses principales occupations.

Dans les chapitres suivants, je traite de la puberté, des caractères distinctifs que prennent alors le garçon et la jeune fille, de la surveillance continuelle dont ils doivent être l'objet, qu'ils soient au collège, à l'atelier ou dans les champs, parce que c'est de ces débuts bons ou mauvais que découleront pour eux toute une période de jours heureux ou malheureux jusqu'à la fin de leur existence. Je décris après un à un tous les organes génitaux des deux sexes avec leur action physiologique propre. Je parle ensuite de la menstruation qui dure tout le temps de la vie de reproduction de la femme, de l'onanisme, ce vice honteux et caché, qu'il ne faut pas craindre de mettre au grand jour pour mieux faire ressortir toutes les conséquences désastreuses qu'il entraîne pour l'individu, la famille et la société, de la prostitution, cette lèpre sociale, que tous les gouvernements ont tenté de supprimer et qu'aucun n'a réussi à amoindrir malgré la mise à exécution des mesures les plus sévères.

Enfin, dans les derniers chapitres, il est question de la jeunesse, des préliminaires et de la célébration du mariage, des convenances physiques et morales entre les époux, des fraudes qui limitent les naissances et portent un sérieux obstacle à l'extension de la population. Il y est question aussi de l'âge mûr, du célibat, de l'âge de retour, de la vieillesse, de l'agonie et de la mort. Toutes ces études sont suivies de déductions pratiques, importantes au point de vue hygiénique, social ou moral.

Je décris, en outre, à chaque âge, les principales maladies qui lui correspondent, en faisant connaître pour chacune d'elles ses causes, ses symptômes, sa durée, sa terminaison et son traitement.

Des gravures nombreuses sont intercalées dans le texte pour en rendre la compréhension plus facile.

En définitive, je crois n'avoir rien négligé pour que ce livre soit un ouvrage utile à toutes les classes de la société ; puissé-je y avoir réussi.

Marcellin CAMBOULIVES.

Février 1890.

L'HOMME ET LA FEMME

A TOUS LES AGES DE LA VIE

CHAPITRE I

L'HOMME A TRAVERS LES SIÈCLES — MON BUT

Considérations générales : l'homme primitif, l'homme actuel, l'homme futur. — But du livre : soins à apporter à l'enfance, la jeunesse, l'âge mûr et la vieillesse pour prolonger la vie ; suivre une bonne hygiène, c'est le vrai moyen de conserver la santé.

Tous les êtres vivants naissent, se reproduisent et meurent ; ils ont un commencement, un état et une fin. C'est une loi immuable de la nature ; les plantes, les animaux et l'homme y sont soumis. Rien ne peut changer le cours de ces événements. Depuis des milliers de siècles que notre planète est habitée, cet ordre de succession n'a pas été un seul instant interrompu ; il est à supposer qu'un nombre indéfini d'années s'écoulera encore sans qu'il se produise le moindre changement. L'individu passe, mais le type reste et se renouvelle sans cesse.

Ce type a prodigieusement changé depuis la première apparition de l'homme sur le globe terrestre.

L'aspect extérieur, les mœurs, les coutumes ne sont plus les mêmes. Retiré dans des anfractuosités du sol, sans vêtements, sans toit, sans abri, l'homme primitif vivait à l'état purement sauvage, se nourrissait de racines, se désaltérait à l'eau limpide des ruisseaux ; mais il n'avait ni instruments de travail, ni moyens de transport, ni éducation, ni instruction, rien en un mot des attributs qui caractérisent l'homme de nos jours et le rendent infiniment supérieur à tous les êtres de la création. Ce n'est que de siècle en siècle, de génération en génération que les améliorations se sont produites, lentement, péniblement il est vrai, retardées par les guerres, la famine, les fléaux de toute sorte qui sont venus à des périodes successives arrêter pendant un temps plus ou moins long le généreux élan de l'humanité.

Et maintenant que de progrès ne se sont-ils pas accomplis dans les sciences, les arts, l'agriculture, le commerce, l'industrie, la médecine même !! Au début, tout était à faire. Nos ancêtres ont dû chercher les matériaux pour les cimenter un à un au vaste édifice qui est en train de se construire depuis les temps les plus reculés jusqu'à l'époque actuelle.

Je dirai mieux, aujourd'hui encore, quoique le pas fait en avant soit immense, nous laisserons beaucoup à réaliser. Il appartiendra aux siècles à venir à achever l'œuvre commencée. Il faudra du temps, des labeurs incessants, des découvertes sans nombre pour arriver au résultat final. Mais qu'importe ! L'esprit de l'homme ne se lassera jamais. Plus il connaîtra, plus il voudra connaître.

Son intelligence cherchera à lire aussi bien dans les replis les plus cachés de la matière que dans l'immensité infinie de la voûte éthérée. Il arrivera un moment où le type amélioré, transformé, ne ressemblera plus à l'être primitif, l'Univers aura changé de face, les éléments obéiront à l'homme supérieur comme les animaux obéissent à l'homme actuel et de transformation en transformation la nature humaine se dépouillera de ses tuniques les plus grossières pour s'identifier davantage à l'image de son créateur.

Mais que nous sommes loin de cet idéal! Que de siècles n'y a-t-il pas encore à parcourir avant de l'atteindre !

Pour moi, médecin, mon but a été en écrivant ce livre d'indiquer aux pères et aux mères de famille la meilleure méthode à suivre pour bien diriger l'enfance, la jeunesse, l'âge mûr et la vieillesse. Nous sommes sujets à tant de maladies volontaires ou fortuites qu'on ne prend jamais assez de précautions pour les éviter. Et pourtant sans la santé l'homme ne peut pas se livrer à des études sérieuses, l'essor de l'esprit humain est en souffrance, les nations éprouvent un temps d'arrêt dans la voie du progrès et de la civilisation.

Je m'occuperai d'abord des enfants. Ces petits êtres sont si fragiles, leur mortalité est si effrayante qu'on ne saurait jamais prendre assez de précautions pour conserver leur santé. En effet, à combien de dangers ne sont-ils pas exposés soit pendant leur vie intra-utérine, soit à leur naissance, soit

encore pendant l'allaitement, la dentition ou le
sevrage. Une foule de maladies viennent les assaillir
et malheureusement un trop grand nombre succombent faute de soins intelligents. Parmi ceux qui survivent et qui atteignent l'âge de quatre à cinq ans,
il en est quelques-uns qui sont faibles, rachitiques,
scrofuleux ; ils ont besoin du grand air, de l'exercice, d'une bonne nourriture, de toniques et de
dépuratifs en suffisante quantité pour remédier au
délabrement de leur organisme.

Vers la septième année jusqu'à l'âge de treize à
quatorze ans, l'enfant appartient tout entier à ses
jeux et à ses études scolaires. Ses muscles se sont
développés, ses os se sont durcis, la marche, la
promenade ne le fatiguent plus, la gymnastique,
l'équitation, le dessin, la musique sont ses amusements favoris. A ce moment, son intelligence se
développe de jour en jour. La lecture, l'écriture l'in-
téressent, le captivent ; sa mémoire prend de l'ampleur, son raisonnement se fortifie, ses connaissances intellectuelles embrassent tout d'un coup un
vaste horizon. Dès lors, il importe de bien diriger
son instruction, de surveiller attentivement sa conduite, de ne pas égarer son esprit dans des considérations futiles ou des appréciations mensongères,
car il est reconnu que des premiers principes reçus
découlent le plus souvent les actes de toute la vie.

La puberté arrive. Que de projets d'avenir ! Que
de douces illusions ! Que de charmes trompeurs !
C'est le temps des amours, des joies folles, des plaisirs insensés. Mais c'est le moment aussi de choisir

un état, de se préparer à une profession libérale.
Cela demande pour les uns un travail manuel
assidu, beaucoup de goût et des aptitudes particulières ; pour les autres, une certaine dose d'intelligence unie à des connaissances approfondies sur
la branche professionnelle que l'on a adoptée de
préférence.

Le jeune homme studieux et sage se créera
une position brillante dans le monde ; le libertin
corrompu par la débauche, vieilli avant l'âge,
sacrifiera à de honteuses passions son honneur,
sa fortune et sa vie. Réfléchissez-y, pères de
famille, surveillez de près la jeunesse, ne permettez
jamais le moindre écart, vous éviterez à vos enfants
dans la suite les plus amères déceptions. Choisis-
sez-leur un état qui leur convienne, ne reculez
devant aucun sacrifice, vous aurez la satisfaction
d'avoir dignement rempli votre devoir, vous méri-
terez d'eux une reconnaissance éternelle.

C'est au sujet du mariage surtout qu'il faut
apporter l'attention la plus scrupuleuse. On s'attache trop à la fortune ou aux titres de noblesse,
on n'apprécie pas assez les qualités de l'esprit et
du cœur. Aussi que résulte-t-il le plus souvent de
ces unions disparates ? des rancunes, des haines,
des discordes sans fin. Les enfants sont mal vus,
mal élevés, ils reçoivent une mauvaise éducation
et deviennent plus tard de mauvais citoyens.

Quel contraste frappant avec l'intérieur d'une
famille où l'époux et l'épouse vivent dans une harmonie parfaite. La joie est sincère, la satisfaction

1.

profonde, le bonheur sans mélange. Chacun travaille de son mieux. On pense à l'enfant qui repose tranquillement dans son berceau. On lui prépare un brillant avenir. Et si celui-ci répond aux soins affectueux de ses bons parents, il remplira un jour un rôle important dans la société, il leur rendra au centuple l'affection qu'il avait reçue d'eux dans ses premières années.

Voilà les fruits de l'enfance et de la jeunesse. Si elles ont été mal dirigées, elles conduisent à la maladie ou au déshonneur. Si elles ont reçu, au contraire, une direction intelligente, elles sont susceptibles d'engendrer les plus nobles actions.

Mais le temps passe. La vie s'écoule comme un rêve. L'âge mûr survient à son tour apportant avec lui le plus fort contingent de peines et de labeurs. Rien ne résiste à sa perspicacité. Les monts sont aplanis, les isthmes percés, la vapeur concentrée au point d'égaliser la force de plusieurs centaines de chevaux, l'électricité utilisée de façon à transmettre la pensée humaine avec une rapidité vertigineuse à des distances vraiment incroyables. Oh ! que les grands hommes sont dignes de respect et d'admiration ! Oh ! qu'il est juste que la patrie reconnaissante dresse en leur honneur des monuments pour immortaliser leur gloire ! On le sait, la chose est incontestable, la plupart des inventions, la plupart des découvertes sont les fruits de l'âge mûr. L'homme jouit à ce moment de la plénitude de ses facultés. Son intelligence aidée de la mémoire, du raisonnement, des connaissances acquises lui inspire l'idée du beau, du bien, du grand. Et pendant que de vastes horizons s'ouvrent devant lui, il est de son devoir de ne pas disparaître de la scène du monde sans avoir rempli noblement la mission que la Providence lui a confiée.

Ne comptons pas sur l'avenir. Peut-être la journée de demain ne nous appartiendra-t-elle pas. Travaillons comme si nous devions toujours vivre. La vieillesse ne viendra que trop tôt ramollir notre cerveau ou paralyser nos mouvements.

Sans doute, un certain nombre de vieillards conservent leurs facultés intactes jusqu'à un âge très avancé. Sans doute, il est quelques natures d'élite pour lesquelles le soleil de l'intelligence brille encore à cet âge de tout son éclat. Mais que ces perles précieuses sont rares ! Combien n'est-il pas plus fréquent d'observer l'usure des organes, la perte des sens; la diminution progressive de toutes les fonctions vitales.

Lorsqu'on en est arrivé à ce degré d'affaissement, la décrépitude n'est pas loin, il suffit d'un souffle pour que la vie s'éteigne à tout jamais.

Ce terme fatal, trop rapproché pour le plus grand nombre, se présente souvent à une heure inattendue parce qu'on n'a pas pris les précautions suffisantes pour en retarder l'apparition. Une conduite irrégulière, une imprudence notoire, un refroidissement subit, une hérédité morbide en sont les causes les plus fréquentes. Si les règles de l'hygiène étaient mieux connues, elles seraient mieux observées et l'on éviterait souvent des maladies qui, négligées au début, peuvent devenir dans la suite de la dernière gravité.

Le rôle du médecin dans de pareilles circonstances est de chercher à vulgariser les notions élémentaires de l'hygiène ; il doit enseigner les gens du monde à se traiter dans leurs indispositions qui, pour quelques-uns, ne sont hélas ! que trop fréquentes, c'est le vrai moyen de contribuer à la conservation de la santé et à la prolongation de la vie.

A ce double point de vue, les conditions de l'existence seront meilleures, les conquêtes de l'esprit humain s'étendront de plus en plus jusqu'au moment où de perfection en perfection les hommes deviendront tous égaux en science, en sagesse, en dignité.

Il faudra des siècles pour en arriver à ce résultat. Mais par le développement progressif de l'instruction à tous les degrés de l'échelle sociale, toutes les nations de l'Univers se confondront en une seule, les peuples seront frères, l'entente sera générale, l'union sera parfaite, la paix régnera partout en souveraine et cet idéal de bonheur que nous entrevoyons aujourd'hui dans un rêve deviendra dans l'avenir une pure réalité. En attendant, cherchons à améliorer notre existence, apprenons à nous connaître, à nous aimer, à nous secourir, le nombre des malheureux diminuera de plus en plus et la vie ne sera à charge à personne.

CHAPITRE II

FORMATION DE L'ÊTRE HUMAIN ET DE TOUS LES ÊTRES VIVANTS

Tout être vivant vient d'une cellule. — Description de la cellule ou ovule. — Doctrine de la génération spontanée; elle n'est pas admissible. — Les générations cellulipare, scissipare, gemmipare et ovipare sont en harmonie avec les données de la science et les phénomènes de la nature. — L'ovule de l'homme et l'ovule de la femme; la segmentation de leur contenu donne naissance aux spermatozoïdes chez l'un et à l'embryon chez l'autre. — De la fécondation naturelle; ses actes accessoires : érection, copulation, éjaculation; ses actes essentiels : pénétration des spermatozoïdes dans l'ovule. — De la fécondation artificielle; son utilité et son importance.

S'il est une étude intéressante qui mérite d'attirer particulièrement l'attention des physiologistes, des médecins, de tout le monde en général, c'est sans contredit l'étude de la génération des corps organisés. Savoir comment l'homme, les animaux, les plantes viennent sur la terre, comment ils y vivent pendant un certain temps, comment ils disparaissent pour être remplacés par des êtres semblables à eux, est un problème que les plus grands savants de notre époque ont cherché à résoudre.

La question est encore loin d'être complètement élucidée.

Cependant, grâce aux travaux de Spallanzani, Coste, Pasteur, Littré, Robin, etc., nous savons aujourd'hui que tous les êtres vivants sont au début de leur existence constitués par une cellule. Cette cellule est d'une dimension très exiguë. Mise sous le champ du microscope, il faut un grossissement de deux cents à trois cents fois son volume pour reconnaître son existence, sa forme, sa composition intime. Elle n'a pas plus de un cinquième à un dixième de millimètre de diamètre. Aussi ne faut-il pas s'étonner qu'elle soit restée si longtemps ignorée.

Baër l'a découverte pour la première fois, il y a une cinquantaine d'années, dans l'ovaire de la femme. Coste a prouvé son identité absolue à l'ovule des oiseaux et Robin a reconnu que sa structure était la même aussi bien chez les plantes que chez les animaux.

Quoique tous les êtres créés viennent d'une cellule semblable, quoique nous ne puissions pas apprécier la différence qui existe entre la cellule de la plante la plus infime et celle de l'animal le plus parfait, il y a pourtant entre ces deux cellules un germe que nos moyens d'investigation ne nous permettent pas de voir à l'œil nu, mais qui n'en existe pas moins, puisque l'une d'elles restera pendant toute la vie à l'état embryonnaire, tandis que l'autre

passera par une série de transformations success-
sives jusqu'à ce qu'elle ait atteint le rang le plus
élevé de la perfection humaine.

Après ces déductions, il ne nous est pas permis
d'admettre l'existence de la *génération spontanée*
ou *hétérogénie*, soutenue avec un certain talent par
Pouchet, Joly, Frémy, Trécul. Ces savants professeurs ont admis que les êtres infiniment petits peuvent naître spontanément de la matière organique
sans le secours des parents.

Telle n'a pas été l'opinion de Pasteur et de la
majorité des physiologistes, entre autres Milne-
Edwards, Payen, de Quatrefages, Dumas, Cl. Ber-
nard... Le célèbre académicien pour prouver qu'aucun animalcule ne pouvait prendre naissance sans
avoir existé auparavant à l'état de cellule ou de
corpuscule atmosphérique plus ou moins imperceptible, exécuta une série d'expériences vraiment
remarquables. Il fit d'abord passer de l'air sur des
matières organiques, et des quantités d'êtres
vivants se développèrent, c'était l'épanouissement
des germes contenus dans l'atmosphère que rien
n'avait empêchés d'éclore. Il mit ensuite en contact
de l'air préalablement chauffé par un tube porté à
une haute température avec des matières organiques, semblables aux premières, mais qui avaient
été soumises à une ébullition prolongée, et il n'ob-
serva pas la moindre trace d'organismes dans la
préparation, d'où il en conclut que par ce moyen il
avait détruit les germes en purifiant l'air et les
matières dont il s'était servi.

Pasteur ne se contenta pas de ces expériences concluantes pour combattre la théorie de ses adversaires, il en institua encore bien d'autres. Celle-ci surtout mérite d'être citée. Il prit plusieurs ballons et alla les remplir d'air atmosphérique sur des montagnes de plus en plus élevées ; or, il remarqua que les ballons étaient d'autant moins féconds, qu'ils avaient été remplis à une plus grande hauteur.

Ce résultat important était prévu ; il est même en harmonie parfaite avec les données de la science. En effet, les basses couches de l'atmosphère contiennent des quantités de germes, de corpuscules, de spores portés souvent par les vents à des distances vraiment incroyables. Mais à mesure qu'on s'élève, l'air devient moins dense, plus pur, plus rare. Il arrive un moment où la respiration n'est plus possible. S'il était permis à cette hauteur de remplir un ballon de ce fluide éthéré, on ne verrait très certainement jamais aucun animalcule y poindre à sa surface.

Voilà pour la doctrine des germes ou *panspermie*. Pour moi, c'est la *génération cellulipare*. Tout être, pour si petit qu'on puisse le supposer, doit venir d'une cellule, et cette cellule sortie d'un corps organisé, soit plante, soit animal, donnera naissance, si elle se trouve placée dans un milieu convenable, à un être semblable à celui qui l'a formée. Je ne puis admettre avec quelques naturalistes et physiologistes que la matière inerte soit susceptible de s'organiser spontanément ou que des êtres vivants puissent se former ainsi de toutes pièces.

Et d'ailleurs si j'admettais que les infiniment petits (bactéries, monades, vibrions, acarus, microbes) viennent spontanément de la matière inerte, il faudrait admettre aussi que les infiniment grands (baleines, ormes, eucalyptus, ours, éléphants) peuvent naître de la même façon, ce qui n'est pas. On sait, à ne pas en douter, que ces êtres supérieurs transmettent leur espèce par parenté depuis un temps immémorial.

Mais aurions-nous une génération spontanée pour les êtres situés tout à fait au bas de l'échelle et une génération différente pour les autres d'un rang plus élevé ? Je ne le pense pas. Nous aurions alors deux créations, l'une datant de plusieurs siècles pendant laquelle ont été tirées du néant toutes les merveilles de la nature que nous admirons, l'autre engendrant tous les jours des êtres nouveaux, mais si petits que leur genèse serait passée jusqu'ici inaperçue par les savants de toutes les époques. En d'autres termes, nous aurions la création ancienne, grande, immense, embrassant dans son ensemble la pluralité des mondes : le soleil, les étoiles, les planètes, et tous les principaux êtres de l'Univers : les oiseaux, les poissons, les plantes, les animaux et l'homme ; la création de tous les jours, au contraire, petite, mesquine, ne comprenant que les êtres infimes, abjects, rampant à terre ou n'ayant aucune importance.

Serait-il raisonnable de supposer que le Dieu qui a tout prévu et tout ordonné, qui a créé les espaces avec tous les êtres qui les peuplent, ait oublié de créer les infiniment petits qui rampent sur notre misérable planète. Non, la chose n'est pas possible, avec la croyance à la doctrine de la génération spontanée, nous en arriverions à la négation de Dieu, de la religion, de la saine morale, nous nous lancerions en plein dans le chaos, c'est-à-dire dans le matérialisme le plus dégradant sans conduite, sans frein, sans espoir. Cependant, nous avons besoin dans cette vie remplie des déceptions les plus amères d'un baume consolateur qui élève notre âme vers une meilleure patrie, que nous irons habiter après la mort, si nous avons traversé cette vallée de souffrances en faisant le bien.

La doctrine de l'hétérogénie n'étant pas admissible, nous allons voir que la théorie de la génération cellulipare est en parfaite concordance avec la théorie des autres générations scissipare, gemmipare ou ovipare, admises par les auteurs. En effet, dans la génération scissipare, la reproduction a lieu par scission et par œufs. Coupez l'hydre d'eau douce en deux, trois, quatre fragments, vous verrez chacun de ces fragments s'organiser après leur séparation pour reconstituer un individu complet. Laissez arriver ces animaux à leur maturité, ils acquerront un sexe et se reproduiront par œufs.

Quelque chose de semblable s'observera pour la génération gemmipare. Sur une partie du corps de l'animal ou de la plante on verra croître un bourgeon qui, après avoir acquis un certain volume, se détachera et continuera à se développer. Mais si cet individu arrive à un certain âge, les sexes seront formés, la reproduction par œufs ou par graines sera possible.

Enfin les animaux supérieurs ayant un appareil sexuel plus compliqué ne pourront se reproduire que par des œufs (génération ovipare), soit que ces derniers éclosent dans la matrice et que l'individu vienne au monde tout vivant (oiseaux, mammifères), soit qu'ils éclosent au dehors sous l'influence d'un degré de chaleur plus ou moins élevé (poissons, reptiles).

Ceci reconnu, comme les œufs ne sont autre chose que des cellules qui ont acquis un certain développement, nous avons eu raison de dire au commencement de ce chapitre : tout ce qui vit vient d'une cellule, *omne vivum ex cellula* (1). Nous ajouterons avec Gustave Le Bon, « quel que soit le degré qu'occupe l'animal ou le végétal dans la série des êtres, il a la même origine. Le génie le plus fier et la plante la plus simple furent un jour égaux ; égaux en apparence du moins, car dans cette cellule qui ne dit rien à l'œil qui l'examine, les formes futures de l'être se trouvent déjà en germe ».

Occupons-nous maintenant de l'espèce humaine, celle qui doit nous intéresser particulièrement dans le cours de ce livre. Ici les cellules prennent naissance aussi bien dans les testicules de l'homme que dans les ovaires de la femme. Elles apparais-

(1) Gustave Le Bon. *Physiologie de la génération*, 11e édition, 1881.

sent dans ces organes dès la formation de l'am-
bryon et y prennent un certain accroissement jusqu'à la puberté. Au début, leur composition est la
même : elles sont constituées par une enveloppe
relativement épaisse, la *membrane vitelline*, ren-
fermant un amas de granulations jaunes, le *vitellus*.
Tant que ces cellules restent dans cet état, elles

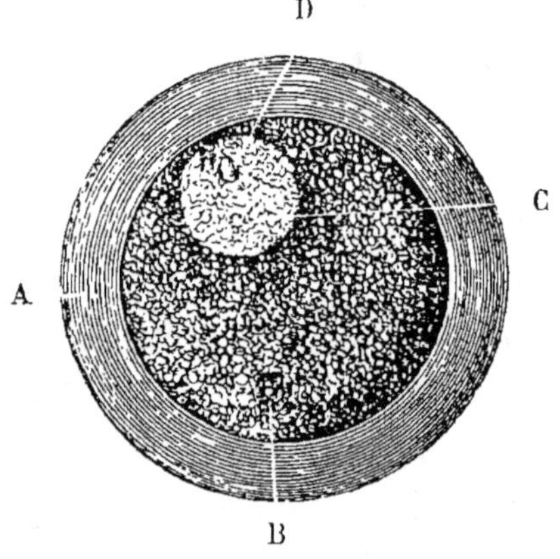

Fig. 1. — Œuf humain.
A. Membrane vitelline ou zone transparente. — B. Jaune ou vitellus.—
C. Vésicule germinative. — D. Tache germinative.

sont infécondes. Mais il arrive un moment, ordinairement vers l'adolescence, où leurs propriétés commencent à varier dans les deux sexes ; il se développe, d'après Ch. Robin, dans leur intérieur des
éléments nouveaux (spermatozoïdes chez le mâle,
blastoderme avec embryon chez la femelle), et ce
sont ces éléments qui les rendent propres à la conception.

Chez l'homme, chaque cellule mère se segmente
d'abord en deux cellules filles, puis en quatre, huit,

seize, etc. ; quand la multiplication est terminée un spermatozoïde apparaît dans chacune d'elles ; plus tard, elles se résorbent, les spermatozoïdes réunis en faisceau viennent s'appliquer sur les parois de la cellule mère. Celle-ci se rompt à son tour, et alors ces animalcules se séparent et deviennent libres. Ils quittent les canalicules séminifères, parcourent l'épididyme, le canal déférent, se rendent dans deux réservoirs, les vésicules séminales, pour de là être expulsés au dehors à travers l'urèthre par érection et éjaculation. Ils sont remplacés par d'autres qui se forment de la même manière et suivent le même trajet. Leur présence est absolument nécessaire dans le sperme pour que la fécondation puisse avoir lieu.

Chez la femme, de deux choses l'une : ou bien

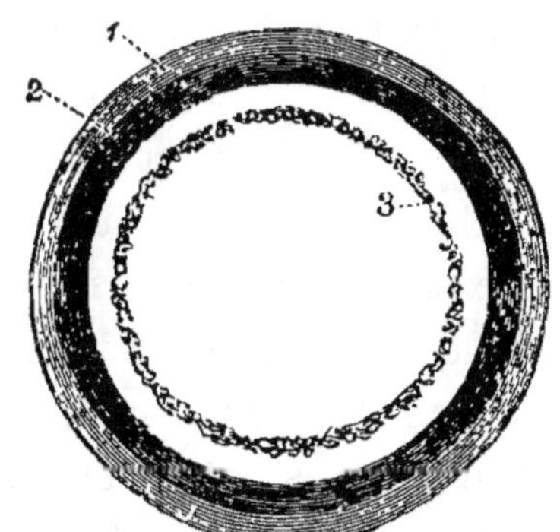

Fig. 2. — Formation du blastoderme (d'après Coste).
1. Couche d'albumine. — 2. Membrane vitelline. — 3. Blastoderme constitué par la fusion des cellules du corps muriforme.

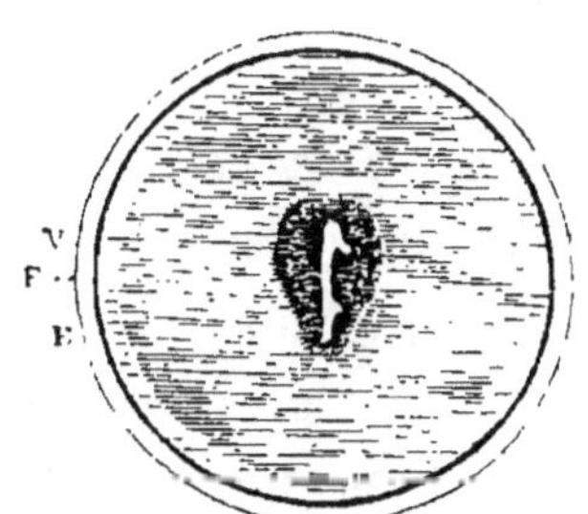

Fig. 3. — Apparition de la tache embryonnaire.
V. Membrane vitelline. — E. Feuillet externe du blastoderme. — F. Tache embryonnaire.

les cellules appelées ovules restent toujours à leur état primitif et elles sont ainsi éliminées à l'extérieur sans avoir été fécondées ; ou bien les spermatozoïdes pénètrent à travers la membrane vitelline dans la masse granuleuse, se confondent avec elle, déterminent sa segmentation, la formation du blastoderme et l'apparition de l'embryon qui éprouvera pendant neuf mois de fréquentes métamorphoses jusqu'à ce qu'il se soit détaché de la matrice pour former un être à part à la surface du globe.

La fécondation n'est pas aussi facile à obtenir qu'on pourrait le supposer de prime abord. Elle exige un nombreux concours de circonstances volontaires ou fortuites destinées à se donner un mutuel appui dans l'accomplissement de cet acte vital. Il ne suffit pas, en effet, que l'érection facilite l'introduction du membre viril dans les organes génitaux de la femme, il ne suffit pas non plus que dans les transports amoureux de la plus vive étreinte le sperme soit éjaculé jusque dans le col de la matrice pour arriver plus facilement sur le théâtre de la conception ; il faut encore et surtout que la liqueur séminale renferme des spermatozoïdes, que les spermatozoïdes ne soient pas détruits par l'eau froide, les injections astringentes, les acides, les alcalis ou certaines qualités du mucus utérin et vaginal ; il faut en outre que l'ovule soit en état d'être fécondé, et pour cela il ne doit pas y avoir plus de dix à douze jours qu'il s'est détaché de l'ovaire, car, après ce laps de temps, il est généralement arrivé dans l'utérus où il est vite décomposé par les mucosités de cet organe.

Chaque mois, à l'âge de la menstruation, une

vésicule de Graaf se brise pour donner issue à
un ovule. Celui-ci est saisi par le pavillon de la

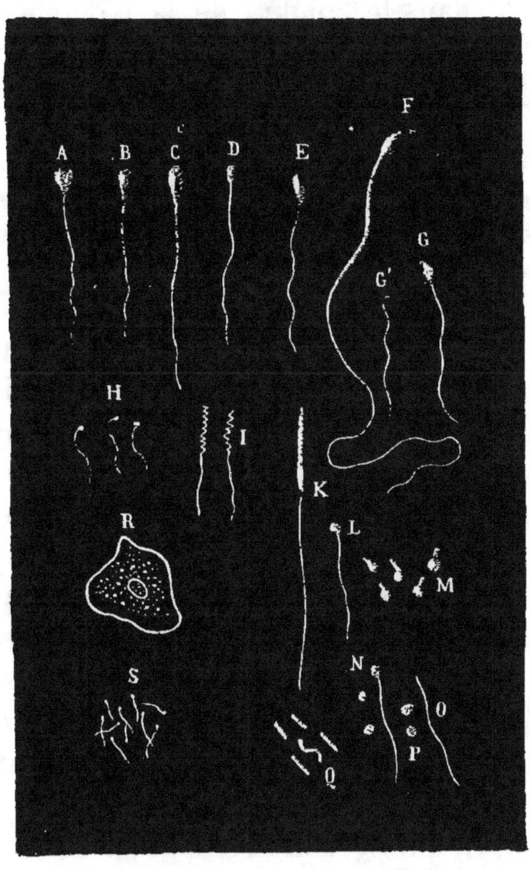

Fig. 4. — Spermatozoïdes.

G. G'. Spermatozoïdes de l'homme. — A. Du cochon d'Inde. — B. Du
taureau. — C. Du mouton. — D. Du cheval. — E. Du lapin. —
F. Du rat. — H. Du coq. — I. Du moineau. — K. Du pigeon. —
L. De la perche. — M. Du brochet. — N. O. De la grenouille. —
S. Des batraciens ménobranches.

trompe et les spermatozoïdes peuvent le féconder
soit sur l'ovaire, soit sur le pavillon, soit dans toute
l'étendue du conduit tubaire. La conception s'opère

donc sur un trajet d'un assez long parcours : sur l'ovaire, les grossesses ovarique et abdominale le prouvent ; dans le conduit de la trompe, les grossesses tubaire et tubo-interstitielle en sont un indice certain.

Il paraîtrait aussi tout naturel de croire que l'ovule est fécondé dans l'utérus, puisqu'il se développe dans sa cavité jusqu'à la naissance. Pouchet est le partisan de cette idée, tout en admettant également que sa fécondation peut avoir lieu dans la région des trompes qui l'avoisine. Mais Coste ayant observé qu'en accouplant des lapines à la fin de la chaleur, c'est-à-dire au moment où les ovules avaient parcouru un certain chemin dans les trompes, il n'y avait pas eu de fécondation ; ayant remarqué au surplus que les œufs de poule pris à l'extrémité de l'oviducte avaient la cicatricule complètement altérée, tandis que les œufs situés à la partie supérieure étaient intacts et susceptibles d'être fécondés, il en conclut par analogie que dans l'espèce humaine, comme chez les animaux, la fécondation se faisait le plus souvent dans la partie des trompes qui avoisine l'ovaire ; c'est là du reste l'opinion qui a prévalu.

Nous avons dit qu'à chaque période menstruelle une vésicule de Graaf se rompait pour lancer l'ovule, son contenu, dans la trompe où les spermatozoïdes viennent le féconder. Telle est la règle. Mais, par exception, plusieurs vésicules peuvent se rompre à la fois ou à de très courts intervalles, plusieurs ovules peuvent être fécondés et la grossesse, au lieu d'être simple, sera multiple. On observera alors la naissance de deux, trois ou quatre enfants.

Que deux jumeaux viennent au monde presque en même temps, la chose n'est pas rare, elle s'explique non seulement par la rupture simultanée de deux vésicules lançant deux ovules dans les trompes, mais encore elle peut se produire par la présence de deux ovules dans une vésicule ou par la présence de deux jaunes (vitellus) dans un ovule.

Ces grossesses multiples viennent de la femme et non de l'homme, car sans jaunes doubles ou ovules multiples les fécondations multiples ne seraient pas possibles. Tout ce qu'on a le droit d'en inférer, c'est que les spermatozoïdes du mâle doivent sur le moment posséder un degré d'activité assez prononcé pour donner la vie à plusieurs ovules à la fois.

Comme à chaque menstruation la femme pond un œuf, comme chaque œuf ne peut être fécondé que pendant les dix à douze jours qui suivent sa sortie de l'ovaire, il s'ensuit qu'il y aurait une quinzaine de jours dans le courant de chaque mois où la femme ne pourrait devenir enceinte. Pouchet et quelques physiologistes ont soutenu cette assertion. Mais il n'en est pas toujours ainsi. L'ovule peut se détacher de l'ovaire au commencement ou à la fin des règles, il peut mettre plus de temps à parcourir les trompes, les spermatozoïdes conservent d'autant plus leurs propriétés fécondantes qu'ils sont arrivés plus vite dans le conduit tubaire, enfin par l'ébranlement subit que les organes génitaux internes de la femme éprouvent au moment de l'acte conjugal une vésicule de Graaf peut se rompre pendant la période intermenstruelle, un ovule se détacher et venir à la rencontre des spermatozoïdes qui le féconderont séance tenante sans que l'écoulement de sang ait eu le temps de se produire.

Quoique la fécondation chez la femme s'opère le plus souvent quelques jours après les règles, on voit par les raisons que je viens d'énumérer qu'elle peut avoir lieu encore en tout temps et à toutes les saisons de l'année. Il n'en est pas de même pour certains animaux chez lesquels l'époque du rut est la seule favorable à la reproduction.

En résumé, toutes les fois que les organes de la génération sont séparés, l'organe femelle produit un œuf et l'organe mâle un liquide, nommé sperme, dans lequel nagent des animalcules capables de féconder cet œuf et de contribuer à son développement ultérieur. Mais il faut pour cela que deux êtres soient momentanément confondus en un seul, ils donnent alors naissance à un troisième qui hérite des qualités ou des défauts de chacun d'eux.

Cette condition de l'union intime des êtres manquant souvent chez les animaux n'est pas tout à fait indispensable dans l'espèce humaine. On a vu des femmes qui ont conservé la membrane hymen intacte jusqu'à l'époque de l'accouchement, il n'y avait pas eu d'intromission du pénis dans le vagin, pas de copulation par conséquent, il avait suffi que le sperme traverse la petite ouverture de l'hymen pour que les spermatozoïdes arrivent dans les trompes et y produisent la fécondation de l'ovule.

D'autres fois, l'érection, la copulation et l'éjaculation se font normalement, le sperme et l'ovule présentent les conditions de vitalité requises, et pourtant la *fécondation naturelle* ne peut avoir lieu, soit que la matrice ait subi des déplacements, soit que le col de cet organe soit bouché par un magma épais de flueurs blanches.

Les déplacements de la matrice (antéflexion, antéversion, rétroflexion, rétroversion), tous les médecins le savent, sont très fréquents, souvent même irréductibles ; la cause en est due à sa position verticale, la seule qu'on observe dans le règne animal, à son engorgement menstruel, à la laxité de ses ligaments. Les leucorrhées utérines sont aussi très communes ; la presque totalité des femmes en sont atteintes. Pour les unes, la perte blanche est externe, semi-fluide, empèse le linge, affaiblit la constitution individuelle. Pour les autres, la perte est interne, cachée, mais au spéculum on trouve le col utérin et les culs-de-sac vaginaux remplis d'une matière blanche, gluante, difficile à détacher avec le stylet, le pinceau ou le lavage. Ces obstacles empêchent les spermatozoïdes d'arriver jusqu'à l'ovule. Dès lors, la conception serait impossible, la femme serait condamnée pendant toute sa vie à rester stérile si l'on n'avait fait l'essai d'un moyen nouveau : la *fécondation artificielle*.

Cette opération a été pratiquée plusieurs fois

sur les plantes et sur les animaux avec un plein succès. On a pris du pollen de dattiers mâles, on l'a jeté sur des dattiers femelles et on les a fécondés. On est même parvenu à féconder les œufs d'une carpe morte depuis quinze heures en les arrosant avec la laitance d'un mâle mort également depuis quinze heures, une prodigieuse quantité de poissons est née d'une tentative semblable.

Enhardi par des résultats aussi encourageants, l'abbé Spallanzani entreprit de féconder artificiellement les femelles des mammifères. Il prit du sperme émis spontanément par un jeune chien, l'injecta, avec une seringue chauffée à 30 degrés Réaumur, dans la matrice d'une chienne en chaleur et en obtint au bout de deux mois la naissance de trois petits qui ressemblaient par leur forme et leur couleur non seulement à la mère, mais encore au mâle qui avait fourni la semence.

Cette expérience mémorable, exécutée en 1767, eut un très grand retentissement. Plusieurs savants du siècle dernier la répétèrent à l'envi et réussirent de même. Mais leurs investigations ne furent pas poussées plus loin.

Il devait être donné à J. Hunter, l'un des plus célèbres médecins anglais, d'obtenir sur la femme, en 1799, le premier succès de fécondation artificielle. Après lui, Marion Sims en publia un cas des plus intéressants. Nous avons vu paraître ensuite, vers 1868, les douze observations fort curieuses du Dr Girault dont sept furent suivies d'une grossesse simple et une d'une grossesse gémellaire.

De nos jours, la fécondation artificielle de la femme est entrée pour ainsi dire dans la pratique courante. Plusieurs notabilités scientifiques la recommandent ou la pratiquent toutes les fois qu'ils en trouvent l'occasion. On peut citer Gigou, d'Angoulême, Jules Gautier, Lesueur, Delaporte, Félix Roubaud, le professeur Courty, de Montpellier, et le Dr Gérard, membre de l'Académie de médecine et de la Légion d'honneur, comme en étant les plus zélés partisans. Ce dernier a pratiqué cent dix-huit cas de fécondation artificielle : quatre-vingt une femmes ont été fécondées, seize ont donné de fausses adresses, vingt-quatre se sont montrées absolument réfractaires. En somme, la réussite a été complète dans les deux tiers des cas, et pourtant l'opération n'a été pratiquée que sur des femmes qui n'avaient pas moins de deux à trois ans de mariage et qui n'avaient pas eu encore d'enfants.

Ces chiffres éloquents plaident en faveur de la fécondation artificielle ; ils doivent engager les médecins à faire des recherches sérieuses sur un semblable sujet.

La Société de médecine légale de Paris s'est occupée de cette question. Un rapport sur la fécondation artificielle a été lu à la séance du 10 décembre 1883 par le Dr A. Leblond et a été approuvé à l'unanimité par toute la Société. Ce médecin distingué a fait ressortir que la fécondation artificielle est préconisée de nos jours par des praticiens dont le nom fait autorité dans la science,

tels que Courty (1), Pajot, de Sinéty (2), Lutaud (3),
Eustache (4) en France ; Marion Sims (5), Gaillard
Thomas (6) en Amérique.

Les procédés employés par ces auteurs diffèrent
quelque peu dans leurs détails, mais ils ont tous
ceci de commun que le sperme, agent fécondateur,
est toujours fourni par le mari, et que le médecin
n'intervient que pour diriger la substance fécondante dans la cavité utérine, afin de la mettre en
contact avec l'ovule, déjà tombé dans cette cavité
ou sur le point d'y parvenir.

Le procédé le plus simple et le plus discret est

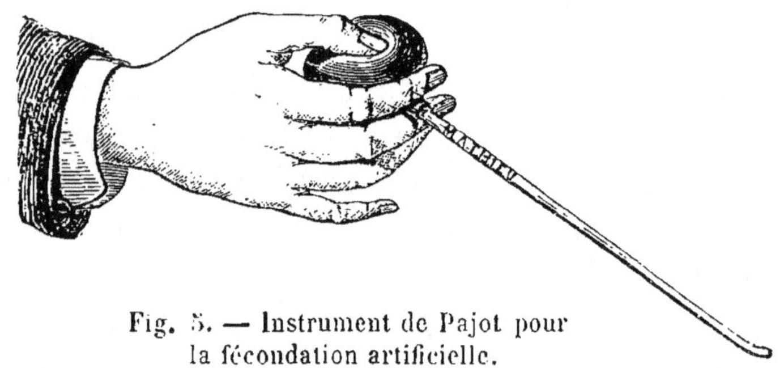

Fig. 5. — Instrument de Pajot pour
la fécondation artificielle.

celui du professeur Pajot qui consiste à introduire
d'abord dans le vagin de la femme une seringue à

(1) Courty. *Traité pratique des maladies de l'utérus*, 3ᵉ édition.
Paris, 1881.

(2) De Sinéty. *Traité pratique de gynécologie*. Paris, 1884.

(3) Lutaud. *Précis des maladies des femmes*, 1883.

(4) Eustache. *Manuel pratique des maladies des femmes*. Paris,
1881.

(5) Marion Sims. *Notes cliniques sur la chirurgie utérine* (traduction par Lhéritier). Paris, 1886.

(6) Gaillard Thomas. *Diseases of women* (traduction par Lutaud).
Paris, 1879.

longue canule destinée à aspirer le sperme qui
vient d'y être éjaculé par le mari et à faire péné-
trer ensuite cette canule dans la matrice pour y
lancer la liqueur fécondante dans toutes les directions.

Cela fait, on retire l'instrument et la femme est
replacée dans son lit où elle séjourne quelques
heures afin d'éviter le rejet de la liqueur séminale.

« Vous le voyez, messieurs, ajoute le Dr Leblond, ce procédé est des plus simples et des plus
décents ; il ne peut blesser en rien la pudeur de la
femme et ne peut porter la moindre atteinte à la
considération du médecin. Aussi, loin de condam-
ner la fécondation artificielle, nous sommes disposé
à l'encourager, car elle tend à perpétuer l'espèce
et fournit à la famille des joies qu'elle n'aurait pu
goûter sans elle. Toutefois, nous sommes d'avis
que l'opération ne doit être tentée que sur la demande expresse des intéressés, et après que l'on
s'est assuré de la qualité du sperme fourni par le
mari. »

Après la lecture de ce rapport, les docteurs
Chaudé, Lutaud, Charpentier, Brouardel, Gaillard
en discutent les principaux termes et se rendent
unanimement à l'avis de ce dernier qui s'exprime
ainsi : « Je ne suis pas de ceux qui croient déroger
à leur dignité ou manquer à leurs devoirs en prati-
quant la fécondation artificielle. Il m'est même
arrivé plusieurs fois de la faire avec un certain
succès ; mais je me suis imposé à cet égard une
règle de conduite qui peut être exposée sous une

forme en quelque sorte aphoristique de la façon suivante : un médecin honorable ne doit pas prendre l'initiative de proposer l'opération de la fécondation artificielle ; mais il ne doit pas non plus se refuser à la pratiquer quand elle est réclamée de lui par les intéressés. »

Il ressort de ces appréciations que, lorsque l'intervention chirurgicale (redressement de la matrice, dilatation du col, etc.), n'a pas réussi, la fécondation artificielle peut rendre les plus grands services sans exposer la patiente à aucun danger pourvu que l'opération soit faite avec toute la dextérité qu'elle comporte.

Puisque la formation de l'être humain en particulier et la formation de tous les êtres vivants en général proviennent d'une cellule semblable, puisque la fécondation artificielle réussit aussi bien dans l'espèce humaine que dans les espèces animale et végétale, nous sommes amenés à reconnaitre que la pluralité des êtres, comme la pluralité des mondes, obéit à des lois générales dérivant toutes les unes des autres, se confondant entre elles dans une parfaite harmonie, parce que la main toute puissante qui les régit exerce, il faut en convenir, une autorité universelle qu'aucune force humaine ne saurait amoindrir.

CHAPITRE III

DÉVELOPPEMENT DE L'ÊTRE HUMAIN

Œuf nouvellement fécondé, ses premières modifications : segmentation du jaune, blastoderme, tache embryonnaire, embryon, vésicules ombilicale et allantoïde. — Œuf au moment de l'accouchement, ses enveloppes : caduque, chorion, amnios, placenta, cordon ombilical. — Développement du fœtus mois par mois avec les signes de la grossesse qui lui correspondent. — Fœtus pelotonné dans la matrice sous la forme d'un ovoïde. — Du perfectionnement de l'embryon humain en passant par tous les degrés de la série des êtres.

A sa sortie de l'ovaire, l'ovule se compose, comme nous l'avons dit, d'une enveloppe extérieure, la *membrane vitelline*, et d'un amas granuleux jaune, le *vitellus*, dans lequel nage la *vésicule germinative* avec son contenu, la *tache germinative*. Mais les choses ne restent pas longtemps en cet état. Si l'œuf n'a pas été fécondé, il disparaît au bout de quelques jours par décomposition. S'il a été imprégné, au contraire, par la liqueur spermatique du mâle, il présente une série de métamorphoses très variées dont la première commence à la segmentation du jaune et la dernière finit à la naissance du fœtus.

L'œuf fécondé, à peine arrivé dans la trompe, perd sa vésicule et sa tache germinative, puis le jaune se segmente en deux, quatre, huit parties, etc., jusqu'à ce que sa masse granuleuse soit remplie de petites cellules. Pendant ce temps, dont la durée ne dépasse pas dix à douze jours, la membrane vitelline s'épaissit, l'œuf augmente de volume, il se nourrit par imbibition, d'abord aux dépends des granulations du jaune, ensuite en absorbant la couche d'albumine qui le recouvre dans la dernière moitié du conduit tubaire.

Après cela, l'œuf descend dans la cavité de l'utérus qui s'est déjà hypertrophiée pour le recevoir. Les petites cellules, segmentées dès lors en suffisante quantité, sont refoulées vers la surface de la membrane vitelline, elles constituent en s'aplatissant et se soudant entre elles une seconde membrane appelée *blastoderme*. Celle-ci s'épaissit en un point de sa surface pour former la *tache embryonnaire* ou le premier vestige de l'embryon.

Mais ce n'est pas tout. L'œuf subissant un accroissement rapide, on le voit se recouvrir de villosités nombreuses, se fixer intimement à la muqueuse utérine qui s'épanouit autour de lui et finit par l'envelopper de toutes parts d'une sorte de capuchon désigné par les auteurs sous le nom de *membrane caduque*. Puis le blastoderme se dédouble en deux feuillets, l'externe se réfléchit autour de l'embryon et le recouvre d'un sac membraneux, *l'amnios*, l'interne se replie en deux poches : la *vésicule ombilicale*, organe de nutrition transitoire destiné à disparaitre à la fin du troisième mois, et la *vésicule allantoïde* qui nourrit à son tour le nouvel être et formera plus tard le *pla-*

Fig. 6. — Origine de l'allantoïde.

O. Vésicule ombilicale. — I. Intestin. — E. Feuillet interne du blastoderme qui forme l'amnios. — C. Capuchons amniotiques prêts à se rejoindre. — E'. Feuillet interne du blastoderme formant le chorion. — V. Membrane vitelline. — A. Allantoïde.

centa. Enfin entre les deux feuillets du blastoderme apparait promptement le blastème primitif au sein duquel se développeront tous les organes du fœtus.

Ces notions préliminaires étant connues, nous allons étudier successivement : 1° les membranes qui enveloppent le fœtus ; 2° le placenta et le cordon ombilical qui servent à sa circulation, à sa respiration et à sa nutrition ; 3° enfin le corps du fœtus lui-même.

Trois membranes séparent le fœtus de la cavité de la matrice, ce sont de dehors en dedans :

La *caduque* ou membrane muqueuse formée, comme nous l'avons dit, par la muqueuse utérine réfléchie, laquelle est expulsée au dehors au moment de l'accouchement et remplacée par une muqueuse de nouvelle formation ;

Le *chorion* ou membrane fibreuse composé de la membrane vitelline, de la couche externe du feuillet externe du blastoderme ainsi que d'une partie de l'allantoïde ;

L'*amnios* ou membrane séreuse constitué par la couche interne du feuillet externe du blastoderme, il renferme dans sa cavité un liquide au milieu duquel le fœtus est plongé, c'est le liquide amniotique, autrement appelé *eaux de l'amnios*. Ce liquide onctueux, visqueux, opalin varie de quantité. Au début de la grossesse, il pèse plus que le fœtus ; au milieu, le poids est égal ; à la fin, c'est le fœtus qui pèse davantage puisque ses proportions ne dépassent guère un demi-kilogramme. Sa présence est très utile. Pendant la grossesse, il favorise les mouvements du fœtus, le préserve des chocs extérieurs, met son cordon ombilical à l'abri de toute compression. Pendant le travail, il maintient le fonctionnement régulier de la circulation fœto-placentaire, lubrifie le canal vaginal et facilite toutes les manœuvres obstétricales. Cela est si vrai, sous ce dernier point de vue, que lorsque la poche des eaux est rompue depuis plusieurs heures, la matrice est revenue parfois tellement sur elle-même qu'il est impossible d'appliquer le forceps ou de pratiquer la version pour extraire l'enfant. On est obligé d'avoir recours à la crâniotomie, à la céphalotripsie, à la détroncation, à l'opération césarienne qui sont tout autant de manœuvres de la dernière gravité.

Venons-en maintenant au *placenta* (*arrière-faix*, *délivre*). C'est une masse molle, aplatie, cellulo-

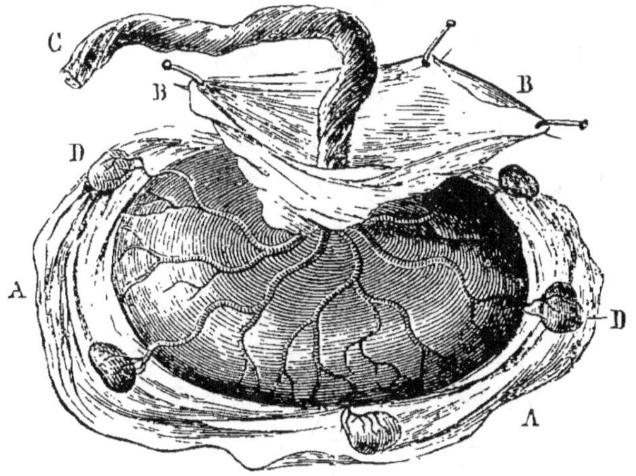

Fig. 7. — Placenta avec cinq cotylédons isolés.
A. Chorion. — B. Amnios. — C. Cordon ombilical. —
D. Cotylédons isolés.

vasculaire dans laquelle s'opère la revivication du sang du fœtus. Son épaisseur est de 1 à 2 centimètres au centre, de 4 à 6 millimètres à la circonférence ; son diamètre de 18 à 20 centimètres ; son poids moyen de 500 à 600 grammes. Il offre une face interne ou fœtale lisse, unie, recouverte par le chorion et l'amnios, parsemée de nombreux rameaux vasculaires dont la réunion constitue le cordon ombilical et une face externe ou utérine beaucoup moins lisse, légèrement convexe, divisée en plusieurs lobes irrégulièrement arrondis, recouverte par la caduque, véritable placenta maternel destiné à être expulsé au dehors avec le placenta fœtal.

Ces deux placentas réunis au point de n'en former qu'un seul ont leurs vaisseaux simplement accolés, sans qu'il existe entre eux la moindre anastomose. Aussi n'y a-t-il jamais mélange du sang de la mère avec celui de son enfant, la rénovation se fait par endosmose à travers les parois des vaisseaux.

Dans les grossesses simples le placenta est unique, mais dans les grossesses multiples, il y a autant de poches distinctes et de placentas qu'il y a de fœtus. Si parfois ils empiètent l'un dans l'autre, les circulations n'en restent pas moins complètement séparées.

Quant au *cordon ombilical* qui unit le fœtus au placenta, il est composé de la gaine de l'amnios, du pédicule de l'allantoïde, de trois vaisseaux sanguins, la veine et les deux artères ombilicales, le tout infiltré dans ses interstices d'une substance glutineuse, épaisse, la *gélatine de Warton*. Ce cordon a une longueur de 50 centimètres et la grosseur du petit doigt. Il baigne au milieu du liquide amniotique; ses vaisseaux sont entortillés sur toute sa circonférence à la manière des brins d'osier autour de l'anse d'un panier. De cette disposition en spirale, il peut en résulter une compression facile, l'arrêt du sang dans les vaisseaux, la mort rapide du fœtus. Or, comme le cordon est souvent enroulé autour du cou, on ne prend jamais trop de précautions pendant l'accouchement pour éviter son tiraillement ou sa compression consécutive.

Maintenant que l'étude des annexes est terminée, nous sommes amené tout naturellement à l'étude du *corps du fœtus*. Toutefois le développement de celui-ci coïncidant avec le développement de la grossesse, nous croyons utile au lecteur de décrire mois par mois les phénomènes qui se rattachent à ces deux états physiologiques.

PREMIER MOIS. — Segmentation du jaune, apparition du blastoderme, de la tache embryonnaire Formation de la caduque, de l'amnios, des vésicules ombilicale et allantoïde. Premiers vestiges du système nerveux, du cœur, de la tête. A la fin du premier mois, l'embryon est devenu cent fois plus volumineux, il a 1 centimètre de longueur et pèse 1 gramme.

Dans le cours de ce mois, on observe la suppression des règles, le gonflement des seins accompagné de picotements douloureux, des nausées, des vomissements, des crachotements continuels, une tendance insolite aux névralgies dentaires et aux syncopes, la dépression de l'ombilic, la pâleur de la face, le cerne bleuâtre des paupières, la perte et la bizarrerie plus ou moins prononcée de l'appétit.

DEUXIÈME MOIS. — L'embryon prend plus de consistance ; sa tête égale en volume près de la moitié du corps. Deux points noirs indiquent la position des yeux. La bouche, les narines, les oreilles sont marquées par une fente transversale et par quatre points symétriquement situés sur les côtés de la face. De petites saillies dessinent les membres et la colonne vertébrale dans toute son étendue. Organes génitaux visibles ; mais point de différence entre le clitoris et le pénis, impossible de distinguer les sexes. Commencement d'ossification dans le tissus osseux. La longueur de l'embryon a près de 3 centimètres, son poids est d'environ 20 grammes.

On observe pendant ce mois, en outre des vomissements, de la suppression des règles, de la dépravation du goùt, de la dépression extrême de l'ombilic dont nous avons parlé, l'augmentation du poids de l'utérus, son abaissement, le redressement de son col plus facile à atteindre avec le doigt, le ramollissement léger de la muqueuse qui recouvre les lèvres du museau de tanche.

TROISIÈME MOIS. — Au début du troisième mois, le cordon ombilical paraît ; la tête forme plus du tiers de la totalité du corps ; les yeux sont saillants, le nez aplati, la bouche béante. Au milieu du mois, les paupières se montrent, la fente buccale se forme, les doigts sont distincts, le cordon se tourne en spirale et s'insère à une partie moins inférieure de l'abdomen. A la fin, la poitrine, la tête, le cou sont séparés ; les membres sont détachés du tronc ; les ongles se dessinent ; la peau devient transparente et rosée ; les sexes peuvent être reconnus. A ce moment, l'embryon a la longueur de 8 à 10 centimètres et le poids de 70 à 80 grammes.

Ce mois offre la persistance des signes précédents et, de plus, le développement du ventre, l'immobilité presque complète de la matrice qui remplit en grande partie l'excavation du bassin, une augmentation d'épaisseur du col, un ramollissement du museau de tanche plus marqué. Le col complètement fermé chez la primipare permet l'introduction du commencement de la pulpe du doigt chez la multipare. Le fond de l'utérus s'est élevé au niveau du détroit supérieur où on peut le sentir par la palpation abdominale immédiatement au-dessus du pubis.

QUATRIÈME MOIS. — A la date du quatrième mois, l'embryon prend le nom de fœtus. Dès lors, toutes les parties du corps sont distinctes ; les mouvements deviennent apparents ; la tête présente quelques cheveux courts, rares et argentins. Le cordon s'insère encore près du pubis, de sorte que la moitié du corps correspond à plusieurs centimètres au-dessus de l'ombilic. Longueur totale du fœtus : 16 à 18 centimètres ; poids : 180 à 200 grammes.

Pendant ce mois, les seins ont augmenté de volume, les mamelons sont devenus plus saillants,

les aréoles ont pris une coloration brune caractéristique, parsemée d'une quinzaine de tubercules
sérolactescents, appelés tubercules papillaires de
Montgomery. Maintenant la matrice est montée
dans l'abdomen, le col porté en haut et en arrière
est plus difficile à atteindre avec le doigt qui le
trouve un peu plus ouvert chez la multipare,
fermé et toujours arrondi chez la primipare. Par la
percussion, on a une matité sensible à la région
hypogastrique. Par la palpation, on circonscrit le
fond de l'utérus qui s'élève à quatre travers de
doigt au-dessus du pubis. Enfin, si nous ajoutons
à tout cela la présence de la kyestéine dans les
urines, nous avons un tableau à peu près complet
des principaux symptômes que présente la grossesse à son quatrième mois.

CinquièME mois. — La peau du fœtus, plus con-
sistante, commence à se recouvrir de duvet; sa
tête ne mesure plus que le quart de la longueur du
corps; sa face ressemble à celle d'un enfant à
terme. On peut évaluer sa longueur à 25 centimètres et son poids à 350 grammes.
Vers le milieu du cinquième mois se retrouvent
les signes de certitude de la grossesse, savoir: le
ballottement ou mouvements passifs du fœtus, les
mouvements actifs du fœtus, les bruits du cœur
du fœtus. Lorsque ces symptômes sont perçus nettement par la palpation, la percussion et l'auscultation, il n'y a pas de doute possible, la femme est
enceinte. A la fin de ce mois, le ventre a pris une

telle rotondité que la grossesse commence à être manifeste à tous les yeux ; le fond de la matrice s'élève à un travers de doigt au-dessous de l'ombilic ; tout le tiers inférieur du col est ramolli ; mais tandis qu'il reste fermé chez la primipare, il est assez ouvert chez la multipare pour permettre l'introduction de la portion onguéale de la première phalange.

Sixième mois. — A six mois, la peau est mieux organisée, les sourcils se couvrent de poils, les ongles deviennent plus solides ; mais le scrotum est vide, d'un rouge très vif, et les testicules sont encore dans l'abdomen. Le fœtus a 30 à 34 centimètres de long et pèse 600 grammes en moyenne.

Pendant ce mois, la grossesse présente les signes plus accentués du mois précédent. On remarque, en outre, l'apparition du masque avec les taches jaunâtres de la face et du front, la cessation des troubles digestifs avec le retour de l'embonpoint. Le ventre augmente rapidement de volume. Le fond de l'utérus s'élève à un travers de doigt au-dessus de l'ombilic. Le col est mou dans toute sa moitié inférieure ; ouvert chez la multipare au point de recevoir toute la phalangette, il reste toujours fermé chez la primipare.

Septième mois. — Les os se durcissent ; les paupières s'entr'ouvrent ; les testicules descendent dans le scrotum. Le fœtus acquiert la longueur de 38 à 40 centimètres et le poids de 1,200 grammes.

Dès lors la femme ne peut plus cacher sa grossesse ; son abdomen s'est tellement développé qu'il s'est rempli de vergetures. Quelquefois même les membres inférieurs, le périnée, la vulve présentent un état variqueux et œdémateux des plus marqués. L'aréole brune des mamelles, la ligne brune ventrale se sont élargies tout en prenant une couleur noire manifeste. Enfin le fond de l'utérus est monté à trois travers de doigt au-dessus de l'ombilic, et le col s'est si fortement obliqué en arrière et à gauche qu'il est difficile de l'atteindre ; on le trouve ramolli dans ses deux tiers inférieurs, assez ouvert chez la multipare pour recevoir toute la phalangette, mais bien peu chez la primipare, puisqu'il ne permet que l'introduction de la pulpe du doigt.

Huitième mois. — Comme l'accroissement du fœtus se fait plutôt en épaisseur qu'en longueur, on trouve qu'il a pendant ce mois 42 à 45 centimètres seulement et pèse 2,000 à 2,500 grammes.

A ce moment, les mouvements actifs du fœtus sont plus sensibles, les bruits du cœur plus faciles à entendre, mais la kyestéine ne se retrouve plus dans les urines et le ballottement a généralement disparu à cause de la faible quantité de liquide contenue dans l'amnios comparée au volume considérable du fœtus. A la fin de ce mois, le fond de la matrice est à cinq travers de doigt au-dessus de l'ombilic. L'orifice interne du col un peu entr'ouvert chez la multipare est complétement fermé chez la primipare.

Neuvième mois. — Le cordon ombilical s'insère
à peu près au milieu de la longueur du corps. Les

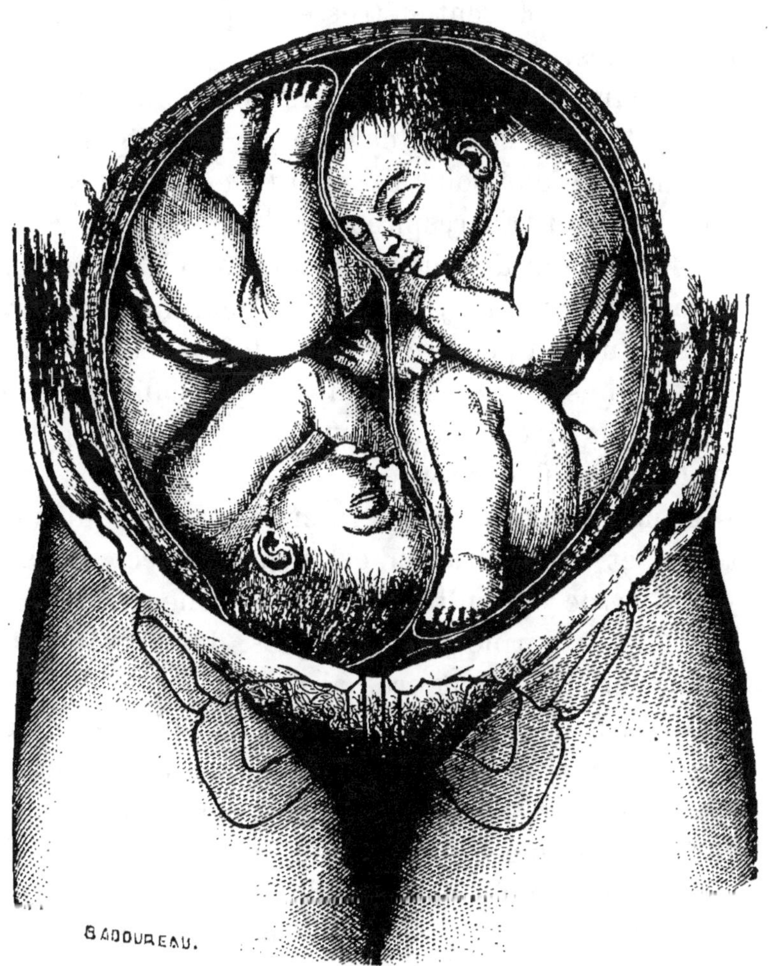

Fig. 8. — Grossesse gémellaire (l'un des fœtus se présente
par le sommet et l'autre par le siège).

testicules sont descendus dans les bourses. Les
cheveux se sont allongés de 2 à 3 centimètres. La

4.

peau s'est recouverte d'une forte couche d'enduit sébacé. Le fœtus a acquis à terme une longueur moyenne de 50 centimètres et le poids de 3 à 4 kilogrammes.

Pendant les vingt premiers jours du neuvième mois, l'utérus s'élève dans la région épigastrique, le fond appliqué sous le rebord des fausses côtes du côté droit. La respiration est gênée, le ventre excessivement distendu. Le col, complétement ouvert, mesure un cylindre de 4 centimètres à travers lequel on pénètre avec le doigt jusque sur les membranes; chez les primipares, le calibre du col étant plus étroit, on ne peut jamais atteindre avec le doigt l'orifice interne.

Dans les huit à dix derniers jours, le ventre est tombé et la respiration est moins gênée; mais il y a plus de difficultés dans la marche; des envies fréquentes d'uriner, des coliques, des douleurs rénales qui annoncent ordinairement que le moment de la parturition n'est pas loin. Le col s'efface de bas en haut, la dilatation s'accentue à mesure que les tranchées utérines se rapprochent devantage; encore quelques minutes ou quelques heures de plus vives souffrances, et la naissance si impatiemment attendue de l'enfant portera un terme à toutes ces angoisses.

Nous avons dit que le fœtus avait, du sixième au neuvième mois de la grossesse, de 30 à 50 centimètres de longueur. Il ne pourrait pas contenir dans la cavité de la matrice si son corps et ses membres n'étaient suffisamment fléchis pour lui donner la forme d'un ovoïde. Dans ces conditions, le tronc est courbé en avant; le menton, appliqué sur le devant de la poitrine, est circonscrit par le croisement des avant-bras et des mains ; les bras sont fléchis sur les côtés du thorax, les cuisses sur les côtés de l'abdomen, de telle sorte que les genoux et les coudes se touchent au niveau de l'ombilic; enfin les jambes sont fléchies sur les cuisses, les pieds entre-croisés sur les fesses au point d'être cachés en grande partie par leur proéminence.

Ainsi replié sur lui-même, le fœtus n'a pas plus de 25 à 28 centimètres dans son plus grand diamètre. Il présente deux extrémités : l'extrémité pelvienne, qui est généralement tournée en haut vers le fond de la matrice, et l'extrémité céphalique qui regarde en bas du côté du col. Celle-ci étant la plus pesante, on comprend que, baignant librement dans les eaux de l'amnios, elle doive descendre la première dans l'excavation du bassin. Du reste, que l'on prenne un fœtus comme il l'est dans la matrice, qu'on le jette dans l'eau, on ne tardera pas à remarquer que la tête arrive la première au fond du vase.

Je ne terminerai pas ce chapitre sans faire ressortir l'énorme distance qui existe entre la cellule embryonnaire et le fœtus parvenu au dernier terme de la grossesse. Que de transformations ne voit-on pas s'accomplir dans ce court espace de temps ! Le système nerveux, d'abord simple corde dorsale, comme chez les poissons, prend petit à petit la forme du système nerveux des reptiles, des oiseaux, des mammifères, pour atteindre par des degrés successifs la perfection qui caractérise le système nerveux de notre espèce. Le cœur, les poumons, tous les organes enfin commencent à l'état rudimentaire et transitoire pour se perfectionner davantage à mesure que l'être créé appartient à un degré plus élevé de l'échelle animale.

Pour M. Gustave Le Bon et la plupart des naturalistes, « les animaux inférieurs ne sont en réalité que les embryons immobilisés des animaux placés au-dessus d'eux. L'homme lui-même revêt successivement, pendant les quelques mois qui précèdent sa naissance, les formes des espèces animales qu'il dominera un jour. De l'état de simple cellule, où la vitalité ne se manifeste que par d'incertaines lueurs, il s'élève, par une série de métamorphoses, à l'état d'animal parfait ; mais n'acquiert, comme le dit Coste, le privilège de la supériorité hiérarchique qu'après avoir passé par tous les degrés de la série des êtres. »

CHAPITRE IV

NAISSANCE — NOUVEAU-NÉ

Présentations de la tête, de la face, du siège ou du tronc; leur gravité respective. — Les accouchements dangereux sont bien rares.
Toute personne en cas de besoin doit savoir faire un accouchement simple; méthode à suivre. — Dans quelle position accouchent les femmes en France, en Angleterre, en Allemagne? etc. —
Quel est le moment le plus favorable pour procéder à la délivrance? — Danger d'une intervention intempestive. — Lit de
misère, chaise-lit des anciens, leur usage. — L'enfant peut naître
bien portant, asphyxié ou faible; soins à prendre en pareils cas. —
Ligature, section et pansement du cordon ombilical. — Premier
habillement du nouveau-né; maillot français, maillot anglais. —
Premiers excréments du nouveau-né, moyens de favoriser leur
expulsion.

Lorsque le fœtus a pris le développement nécessaire, il se détache de la matrice, descend à travers
les organes génitaux internes et est expulsé au
dehors par un mécanisme particulier auquel on
donne le nom d'accouchement.

Ce phénomène s'annonce par des douleurs pério-
diques de plus en plus vives. Le col de l'utérus se
dilate, la poche des eaux se perce, le vagin s'en-

tr'ouvre, l'enfant parait à la vulve présentant le plus souvent la tête la première, plus rarement la face, le siège ou les pieds.

La présentation de la tête est la plus favorable. Lorsqu'elle est annoncée par l'accoucheur, la femme peut être tranquille ; il faudrait que le crâne du fœtus fut excessivement développé ou que le bassin de la mère fut très étroit pour que l'accouchement naturel devienne impossible. Les présentations de la face, du siège ou des pieds ne sont généralement pas aussi simples, mais avec un peu plus de temps et plus de souffrances on arrive presque toujours à de bons résultats.

Il n'en est pas de même de la présentation du tronc ou présentation en travers ; celle-ci exige l'intervention des manœuvres obstétricales ; l'accouchement est difficile, laborieux, parfois même au-dessus des ressources de l'art. En effet la tête du fœtus étant placée dans l'une des fosses iliaques (flanc) et les pieds dans l'autre, les épaules seules peuvent se présenter au détroit supérieur. On trouve alors au toucher vaginal la poche des eaux allongée, ce qui annonce tout de suite une mauvaise position du fœtus. Aussi Mme Lachapelle a-t-elle eu raison de dire : « *je ne crains pas les eaux plates.* » Sa vaste expérience nous a prouvé qu'après la rupture de la poche des eaux en boudin une ou deux mains ne tardaient pas à paraître à la vulve.

En présence d'un cas aussi grave, le devoir de la sage-femme est de faire appeler tout de suite un médecin. Celui-ci doit se rendre en toute hâte,

ettre un lac autour du poignet du fœtus et tirer
'une main sur ce lac pendant qu'il introduit l'autre
ain dans la matrice pour aller à la recherche des
ieds. S'il n'en trouve qu'un, il l'amènera quand
ême à la vulve, l'attachera et ira prendre l'autre
our le faire descendre de la même manière. Une

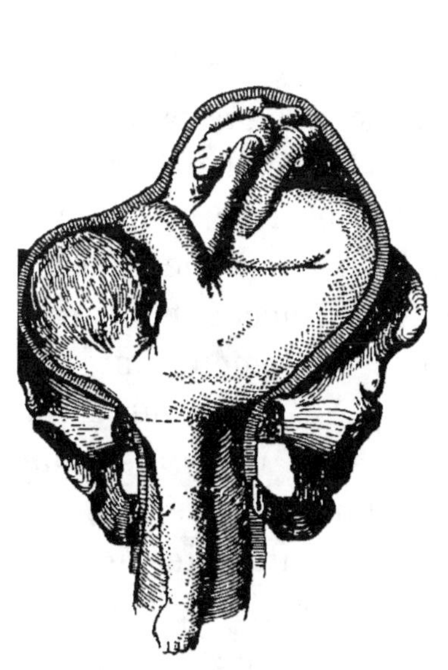

9. — Version dans la deuxième
osition de l'épaule gauche. In-
oduction de la main et saisie
es pieds.

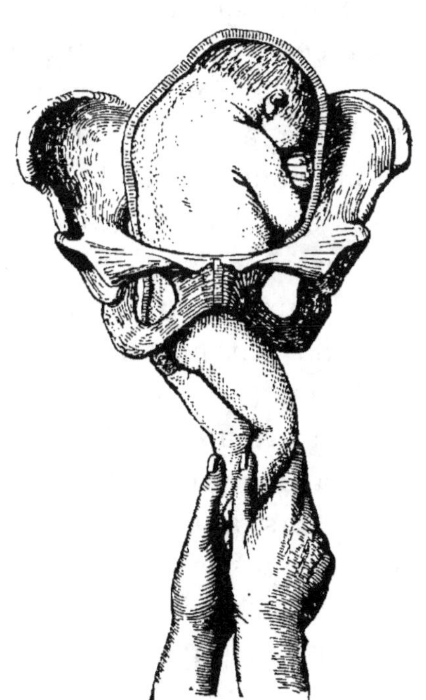

Fig. 10. — Dégagement du siège.

ois les deux pieds au-dehors, la version sera ter-
inée, l'accouchement n'offrira plus des difficultés
érieuses.

Mais il ne faudrait pas que la sage-femme attende
lusieurs heures après la rupture de la poche des
aux pour faire appeler le médecin, alors la ma-

trice se serait rétractée, l'introduction de la main pour opérer la version ne serait plus possible. Il n'y aurait qu'une seule ressource à tenter, la mutilation de l'enfant qui consisterait dans la désarticulation de l'épaule accompagnée ou non de la détroncation (section du cou). Ce ne serait qu'à ce prix et à ce prix seulement qu'on pourrait avoir quelque chance de sauver la mère.

Que les jeunes épouses ne s'épouvantent pas. Qu'elles fassent le choix d'un accoucheur habile, capable de parer sur le moment à toutes les éventualités et qu'elles aient en lui une entière confiance.

Les accouchements dangereux sont bien rares. A la Maternité de Paris, sur 20,357 accouchements, 20,183 ont été naturels, 174 seulement ont été difficiles (1). Au Dispensaire de Westminster, à Londres, sur 1,897 accouchements, il n'y a eu que 32 cas laborieux (2). Si nous ajoutons à ce tableau que dans la pratique ordinaire des villes, les accouchements simples sont encore plus nombreux que dans les hospices où sont généralement expédiées les présentations anormales, nous pourrons en conclure que ces chiffres sont très rassurants et bien dignes d'encourager la jeunesse à contracter les doux liens de l'hyménée.

Supposons maintenant qu'un accouchement simple, ordinaire, se présente d'une façon tout à fait

(1) *Manuel pratique de l'art des accouchements*, par Verrier, 3ᵉ édition, Paris, 1879.

(2) *De la santé des petits enfants*, par le Dʳ Scraine, 5ᵉ édition, Paris, 1880.

inattendue, supposons encore que le médecin et la sage-femme appelés à l'instant même n'aient pas eu le temps d'arriver avant la naissance de l'enfant. Voici quelles sont les dispositions à prendre en pareille occurrence. Les personnes qui assistent la parturiente doivent les connaître et les mettre en pratique pour qu'il n'arrive pas d'accident regrettable.

La première chose à s'occuper, c'est de placer la femme en travail d'enfantement dans une chambre saine, spacieuse, bien aérée, dépourvue d'odeurs bonnes ou mauvaises, possédant une température constante ni trop basse, ni trop élevée. Il faut ensuite lui recommander d'aller à la selle et d'uriner pour dégager en même temps le rectum et la vessie. Cette précaution est importante. La descente du fœtus s'opère plus vite, l'on épargne à la femme la honte de sentir les matières fécales s'échapper malgré elle, de salir les linges ou la main de la personne qui soutient le périnée.

Mais ce n'est pas tout, on s'occupera encore de mettre à disposition : 1° de l'huile d'olive, du cérat ou du beurre pour le toucher de la matrice et le nettoiement du nouveau-né ; 2° du vinaigre, de l'eau-de-vie, du vin, une plume avec ses barbes, de l'eau froide, de l'eau chaude, une éponge, un grand vase pour ranimer l'enfant en cas d'asphyxie ; 3° deux cordonnets, une paire de ciseaux, une petite compresse carrée, une large bande pour la ligature, la section et le pansement du cordon ; 4° des bonnets, une chemisette, une brassière et des langes pour l'habillement du nouveau-né.

Enfin on doit avoir prêt à l'avance le lit sur lequel doit accoucher la femme. Ce lit indifféremment appelé *lit de misère, lit de travail, petit lit français*, est un lit de fer, de bois ou de sangles, court, étroit, suffisamment élevé, dont le côté de la tête touche à la muraille et celui des pieds en est éloigné pour qu'on puisse circuler tout autour sans la moindre difficulté. Il est garni de deux matelas, l'un étendu dans toute sa longueur est placé dessous, l'autre plié en deux vers son tiers supérieur se trouve raccourci à dessein pour laisser voir une partie du premier ; une toile cirée, un drap, une couverture et quelques oreillers complètent le tout. La femme en couches se place sur ce lit, la tête soulevée par les oreillers , le bassin appliqué sur l'extrémité du matelas supérieur, les cuisses et les jambes tenues demi-fléchies et largement écartées, les pieds posés sur une planche ou un traversin qui lui sert de point d'appui et lui donne de nouvelles forces pour accélérer la sortie du fœtus.

Pendant qu'on fait tous ces préparatifs, le travail continue, le col achève de se dilater, la poche des eaux se rompt d'elle-même, tantôt d'une manière insensible, d'autres fois avec une telle explosion que la femme en est épouvantée. C'est le moment d'examiner la présentation, de rassurer la patiente sur l'issue favorable de l'accouchement. Mais il faut se garder de préciser l'heure à laquelle l'enfant sera né. Il est si facile de se tromper en

pareil cas. Mieux vaut ne donner qu'une réponse
évasive, affirmer que l'accouchement se terminera
à telle heure si les contractions se soutiennent, s'il
ne survient aucun accident capable d'occasionner
du retard. Par ce moyen, on ne se trouve pas pris
au dépourvu, la femme n'a pas de reproches amers
à vous adresser.

Si la poche des eaux tarde trop longtemps à se
rompre, il faut la percer avec un stylet à pointe
mousse, une plume d'oie taillée en biseau ou tout
simplement avec l'ongle du doigt indicateur. Toutefois on doit attendre que la dilatation du col soit
complète pour ne pas exposer le fœtus à une compression trop prolongée pouvant occasionner la
mort par asphyxie.

Jusqu'ici la femme s'est promenée dans sa chambre, soit seule, soit soutenue par des aides. Mais
le travail faisant des progrès incessants, les douleurs deviennent plus vives, plus rapprochées, les
forces finissent par lui manquer ; elle est obligée
de se mettre sur le *lit de misère* d'où elle ne sortira
qu'après la délivrance.

En attendant ce moment désiré avec tant de sollicitude, la tête franchit le col utérin, descend au
détroit inférieur et entr'ouvre la vulve qu'il faut
soutenir avec la main droite pour empêcher la rupture du périnée.

Quelques accoucheuses, dans l'intention de faciliter le passage de la tête à travers la vulve, intro-
duisent les doigts dans le vagin pour dilater les
parties maternelles ; elles exécutent par cette ma-

nœuvre ce qu'elles appellent le *petit travail*. Ce procédé est dangereux en ce sens que loin d'activer la descente, il dessèche, irrite, enflamme, expose à la fois la mère et l'enfant aux érosions et aux meurtrissures.

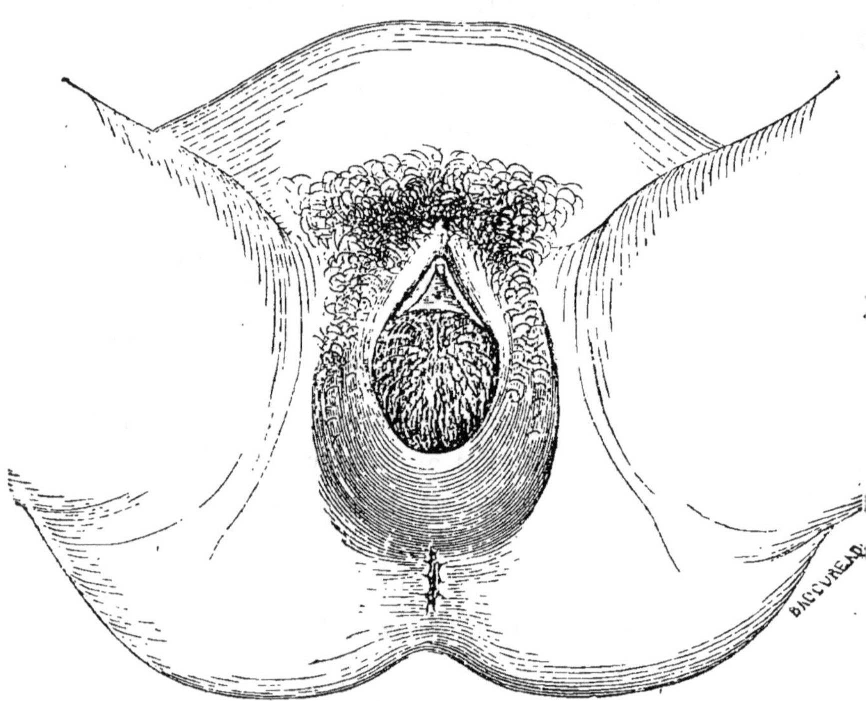

Fig. 11. — Distension du périnée et dilatation de la vulve.

Un accouchement normal n'exige pas toutes ces précautions. Quand la matrice se sera suffisamment rétractée, une dernière douleur viendra, plus aiguë que les autres, la parturiente fera un suprême effort et à l'instant même la tête du fœtus sera expulsée à l'extérieur.

A ce moment, il faut examiner la région cervicale, voir si le cordon ne fait pas une ou plusieurs circulaires autour du cou ; car, s'il en était ainsi, il serait urgent de le dégager au plus vite pour éviter la strangulation du fœtus. En cas d'impossibilité, le couper sans retard avec les ciseaux et terminer de suite l'accouchement, serait la pratique la plus rationnelle.

A part cette anomalie, il faut savoir attendre le réveil des contractions en soutenant légèrement la tête pour que la bouche et le nez ne soient pas obstrués par l'écoulement des eaux sanguinolentes qui sortent des parties génitales. On fait ensuite quelques frictions sur le bas-ventre, on engage la femme à pousser ; et, si la face du nouveau-né prend une teinte violette, on favorise le dégagement des épaules au moyen de tractions modérées faites sur la tête qu'on a saisie à pleines mains par ses côtés. Si cette pratique ne suffisait pas, on introduirait en arrière un doigt sous l'aisselle, on le courberait en crochet pour attirer de force au-dehors l'épaule postérieure ; quelques minutes après, on agirait de même pour l'épaule antérieure et le dégagement serait opéré.

Les épaules une fois sorties, le thorax, le siège, les membres passent facilement. Mais il ne faut pas se presser, il faut laisser à la matrice le temps de se rétracter au fur et à mesure qu'elle se désemplit, l'on évite de la sorte l'inertie consécutive de cet organe avec les complications fort sérieuses qui peuvent en résulter. Les plus célèbres accoucheurs sont de cet avis. Il me suffira de citer les noms de Paul Dubois, Stoltz, Depaul, Pajot, Tarnier, etc., qui tous reconnaissent qu'une hâte intempestive ne devient que trop souvent la source des accidents les plus graves.

Immédiatement après la naissance, l'enfant est mis sur l'aine gauche de la mère, couché préférablement sur le côté droit. On le débarrasse avec le petit doigt des mucosités qui obstruent la bouche ; on attend que sa respiration soit bien établie. Puis on lie le cordon à trois ou quatre centimètres de l'ombilic ; on fait une seconde ligature un peu plus loin et on coupe avec les ciseaux entre les deux ligatures. Par ce procédé, il ne peut pas se produire d'hémorrhagie, ni par le bout maternel, ni par le bout fœtal. Une seule précaution reste à prendre, c'est de faire attention à ne pas serrer le fil avant de s'être assuré s'il n'y a pas de hernie ombilicale se prolongeant dans l'épaisseur du cordon. Un pareil oubli de la réduction préalable de l'anse intestinale entraînerait la mort du nouveau-né comme cela s'est vu plus d'une fois.

Les ligatures faites et le cordon coupé, l'enfant est porté sur les genoux de la garde. Celle-ci le nettoie rapidement de la matière cérumineuse, du sang, des impuretés dont sa peau est recouverte. A cet effet, elle le plonge dans un bain d'eau tiède, ou bien elle le frotte avec un corps gras et l'essuie légèrement avec un linge sec à demi usé. Elle le tient ensuite enveloppé de serviettes chaudes jusqu'au moment de procéder à sa toilette.

Mais auparavant on doit s'occuper de la *délivrance*, c'est-à-dire de l'extraction de l'arrière-faix ou délivre. Encore ici il faut agir avec circonspection, attendre quinze à vingt minutes après la sortie de l'enfant pour tirer sur le cordon et amener le placenta au dehors. Si l'on éprouve une résistance sensible, on suspendra les tractions, on frictionnera le bas-ventre, on attendra, pour tirer de nouveau, que la matrice se soit plus fortement

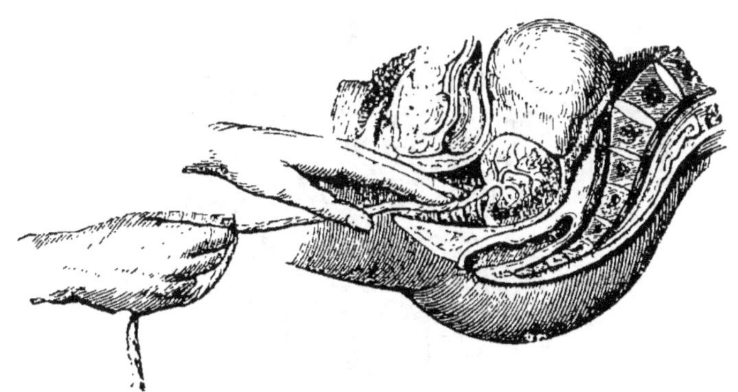

Fig. 12. — Délivrance naturelle.

rétractée. Il ne faut jamais employer la force pour ne pas occasionner la rupture du cordon, le renversement de la matrice ou une perte foudroyante.

Si un de ces trois accidents venait à se présenter, on devrait y remédier au plus vite. La rupture du cordon exigerait l'introduction immédiate d'une main dans l'utérus pour achever le décollement du placenta qu'on tâcherait de ramener à l'extérieur. Le renversement de la matrice dont le fond touche au col, arrive dans le vagin ou se montre à la vulve est une complication encore plus grave. La réduction devrait en être opérée instantanément. Pour cela, on recommanderait à la femme de tenir la tête basse, le siège élevé, les cuisses fléchies pendant qu'on ferait remonter avec les doigts le fond de cet organe à sa place habituelle. On prendrait, en outre, la précaution de laisser quelque temps la main dans son intérieur afin d'empêcher qu'elle ne se renverse une seconde fois. Enfin la perte foudroyante indiquerait l'application pendant

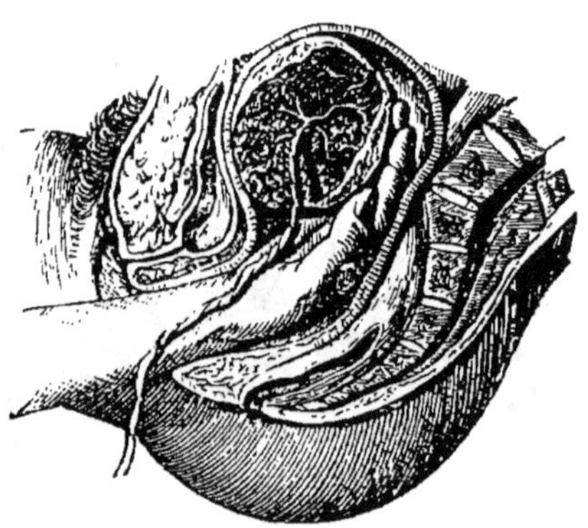

Fig. 13. — Délivrance artificielle.

plusieurs heures de compresses constamment renouvelées d'eau très froide sur l'abdomen et les cuisses. On devrait en même temps prescrire le seigle ergoté en potion, titiller, lacérer, pétrir l'utérus, y exprimer dedans un citron ou une éponge imbibée de vinaigre pour favoriser ses contractions, tamponner le vagin pour obtenir la coagulation du sang, comprimer l'aorte pour empêcher son afflux vers chacun de ces deux organes, etc.

D'après ces considérations, il est facile de recon-

naître combien est dangereuse la pratique des matrones qui ont l'habitude d'opérer la délivrance
aussitôt après l'accouchement. Le devoir du médecin est de signaler ces imprudences, de les porter
à la connaissance du public qui saura apprécier et
réagir, le cas échéant, contre une pratique aussi
funeste.

Une fois le délivre expulsé hors des parties génitales de la mère, il s'agit de vérifier s'il est descendu
en entier; dans le cas où il en manquerait quelques
fragments, il conviendrait d'aller à leur recherche
pour ne pas exposer la femme aux dangers d'une
fièvre puerpérale.

Cela fait, on enveloppe son abdomen d'un bandage de corps modérément serré. Ce petit appareil
a le double avantage non seulement de garantir en
partie la peau du ventre des plis, des rides et de
la flaccidité consécutive, mais encore de prévenir
la stase du sang, de diminuer la congestion des viscères, de faciliter la sortie des caillots.

On laisse ensuite la femme sur son *lit de misère*
pendant un quart d'heure environ, c'est-à-dire le
temps suffisant pour permettre à l'utérus de se
débarrasser des premières lochies. On s'occupe
après de l'essuyer, de la changer de linge et de la
transporter sur le lit où elle doit rester couchée
jusqu'à son complet rétablissement. En aucun cas,
on ne doit lui permettre de marcher d'un lit à l'autre, de crainte que d'une telle imprudence commise,
il n'en résulte un refroidissement subit pouvant occasionner les plus graves désordres.

Quoique ce soit l'habitude en France de faire accoucher les femmes sur le *lit de misère*, il ne faudrait pas croire que cette pratique soit mise en usage dans tous les pays civilisés. En Angleterre, les femmes accouchent sur le bord de leur lit, tournées sur le côté gauche, les genoux fléchis et suffisamment écartés par des oreillers. En Allemagne, on emploie de préférence la *chaise-lit* des anciens. Composée d'un dossier à crémaillère qu'on abaisse ou qu'on élève à volonté, cette chaise est munie de marches contre lesquelles la femme arc-boute ses pieds pour faciliter les efforts d'expulsion. Dans certaines contrées, les femmes accouchent debout : un homme assis sur le bord du lit les jambes éloignées et pendantes, le dos soutenu par des coussins, passe ses mains sous les aisselles de la parturiente et la soulève en les croisant au-devant de la poitrine. En même temps, celle-ci appuie ses bras sur les épaules de deux aides placés à ses côtés. Ces trois personnes lui forment un point d'appui solide autour duquel elle fait concentrer tout le poids de son corps au moment des plus vives douleurs. L'accoucheuse assise en face sur une chaise se contente de faire quelques légères frictions sur l'abdomen en attendant la sortie du fœtus et du placenta. Ce n'est qu'après que tout est terminé que la femme est débarrassée de ses vêtements, changée de linge et portée sur le lit de ses couches.

Le procédé français est le plus simple, le plus commode, le moins dangereux de tous. Au besoin, un lit ordinaire, un matelas un peu dur, un coussin résistant placé sous le siège suffisent. La femme peut se remuer à son aise, se tourner d'un côté ou de l'autre, prendre les positions qui lui conviennent. Il n'y a aucune crainte à avoir lors même qu'elle serait atteinte de hernie, de descente de matrice ou d'une perte de sang. Les autres procédés sont loin d'offrir les mêmes avantages. L'accouchement debout prédispose, au contraire, à toutes ces complications par l'effet de la pesanteur et des tiraillements inévitables qui en sont la conséquence.

Que la femme enfante couchée, assise ou debout, la durée moyenne du travail est de dix à douze heures chez la primipare, de six à huit heures chez la multipare. Les variations en plus ou en moins indiquent des dangers à courir, des dispositions nouvelles à prendre pour les éviter.

Enfin l'enfant vient au monde, tantôt bien portant, tantôt asphyxié et tantôt faible.

S'il vient bien portant, il a la face rosée, la température normale, la respiration facile ; son développement est régulier, sa constitution vivace. Il n'a besoin d'aucun soin particulier. Son entrée dans la vie s'annonce sous les plus heureux auspices.

S'il naît asphyxié ou à l'état de mort apparente, il se présente sous deux aspects différents : ou bien sa figure est violacée, turgescente, sa peau bleuâtre, tout son corps en un mot offre les caractères de l'*apoplexie* ; ou bien son visage est pâle, ses membres sont flasques, sa peau est décolorée, les battements de son cœur sont imperceptibles et annoncent tous les signes de la *syncope*. Dans le premier cas, il faut laisser couler trente à quarante grammes de sang par le cordon avant de le lier ; dans le second, la ligature doit être immédiate de crainte qu'une seule goutte perdue n'amène une faiblesse sans ressources.

Mais ces moyens ne suffisent pas. Pour bien triompher de la mort apparente du nouveau-né, il faut encore exciter la surface cutanée et la muqueuse pulmonaire de diverses manières : plonger l'enfant dans un bain chaud alcoolisé ; l'asperger d'eau froide, de vin, de vinaigre ; le frapper légèrement avec le plat de la main sur les fesses et les épaules ; le frictionner sur tout le corps avec une brosse, une flanelle sèche ou imbibée d'eau-de-vie ; le balancer tout nu en plein été à un courant d'air froid ; lui lancer d'une certaine distance une douche d'un liquide quelconque sur la région du cœur ; lui pratiquer la respiration artificielle de bouche à bouche ou même lui insuffler de l'air oxygéné avec le tube laryngien de Chaussier, en prenant la précaution de presser avec la main sur le devant de la poitrine pour favoriser l'expiration. On ne doit point désespérer quand même l'enfant serait en état d'asphyxie depuis une ou deux heures, car le cœur est l'*ultimum moriens* et ses battements existent alors même que nos moyens d'investigation ne nous permettent pas de les percevoir.

Si l'enfant naît faible parce qu'il est venu avant terme ou à la suite de maladies graves de la mère, il faut lier le cordon avant de le couper, débarrasser l'arrière-bouche avec le petit doigt ou les barbes d'une plume des mucosités qui l'obstruent. Puis, on l'habille rapidement, on le met dans son berceau entouré de ouate et de bouteilles d'eau chaude, ou mieux encore dans une couveuse qui le maintient à une température constante. Dans le cas où il ne pourrait téter, la mère devrait faire couler quelques gouttes de son lait dans une cuiller et lui en donner plusieurs fois jusqu'à ce que les forces reviennent. Avec des soins minutieux, on opère quelquefois sur ces frêles créatures de véritables résurrections.

On procède ensuite à la toilette du nouveau-né. Sa tête est recouverte d'un petit bonnet de toile fine, doublé d'un second en coton généralement plus fort que le premier. Sa poitrine et ses bras sont garantis de l'air extérieur par une chemisette et par une brassière de laine, le tout à manches assez grandes pour que la nourrice puisse attirer au dehors la main de l'enfant sans courir le risque de lui faire du mal. Sur ces vêtements, on place les langes ; ils arrivent d'un côté sous les aisselles tandis qu'en bas ils descendent au delà des pieds. Le premier en toile blanchie est disposé de façon à ce que les bords se rejoignent en avant pour séparer les jambes. Les deux autres, en laine ou en piqué, enveloppent les jambes ensemble sans les séparer. Ces trois langes sont attachés à la brassière ; ils sont maintenus modérément serrés autour du corps au moyen d'épingles, de cordons ou d'agrafes. Toutefois comme ils dépassent de beaucoup la longueur de l'enfant, on les relève jusqu'au bassin pour en envelopper de nouveau les membres inférieurs. L'habillement se termine en mettant un fichu autour du cou, une bavette sur le devant de la poitrine et un foulard sur la tête.

La *mode anglaise* diffère de la nôtre. Elle consiste à entourer les reins avec un lange triangulaire dont les angles ramenés entre les cuisses sont noués en avant pour recevoir les matières excrémentitielles. On complète la toilette avec des bas, une longue chemise de flanelle et une robe décolletée à manches courtes, serrée à la ceinture par un large ruban. Cette mode, tout en laissant plus de liberté à l'enfant, ce qui n'est pas un mal, présente le défaut de l'exposer un peu trop aux changements de température, ce qui le rend plus apte à contracter des maladies.

Mais avant de terminer le premier habillement du nouveau-né, il faut faire le pansement du cordon ombilical. On a coupé, à cet effet, un petit carré de linge fin, on l'a percé d'une ouverture au centre, à partir de laquelle on a fait une fente jusqu'à l'un des bords. On met la racine du cordon dans l'échancrure de ce carré ; puis la portion pleine étant restée en dessous, les deux moitiés divisées étant croisées par devant, on place le tout sur le côté gauche de l'abdomen afin de ne pas comprimer le foie. On ajoute à cela une seconde compresse

maintenue par quelques tours d'une bande de la largeur de deux à trois travers de doigts environ.

Au bout de quatre ou cinq jours, le cordon se
détache au niveau de l'ombilic. On n'a plus alors
qu'à retirer le premier appareil et à saupoudrer
chaque matin la petite plaie avec de la poudre de
riz. S'il y avait de l'inflammation, un linge cératé
serait préférable.

Un examen important reste encore à faire avant
d'achever la toilette du nouveau-né, c'est de s'assurer s'il n'est pas affecté d'aucun vice de conformation, tel qu'une imperforation de l'anus ou du
méat urinaire. Dans le cas où une pareille anomalie
se présenterait, il serait nécessaire d'y remédier au
plus vite.

L'enfant étant nettoyé, pansé, examiné et
habillé, il faut le coucher dans son berceau, préférablement sur un côté, pour donner la facilité aux
mucosités de la bouche de sortir au dehors. Jamais
la mère ne doit le garder avec elle dans son lit ;
outre que l'atmosphère d'un air concentré lui est
nuisible, elle risquerait de l'étouffer pendant le
sommeil, sans qu'il ait eu la force de crier ou de
se débattre.

Après une à deux heures de repos, on lui fait
sucer un peu d'eau miellée, ou bien on lui fait
prendre quelques cuillerées à café d'eau sucrée
avec de la cassonade commune. C'est un bon moyen
pour le préparer à l'évacuation du *meconium*, sorte
de poix noire, semi-liquide, constituant les pre-

miers excréments du nouveau-né. Puis la mère lui présente le sein dont le lait séreux, nommé *colostrum*, a une vertu puissamment laxative. Si toutefois cette excrétion tardait plus de dix-huit heures à se faire, des suppositoires de savon ou de beurre de cacao, des lavements, des bains et surtout l'administration par la bouche de quinze à vingt grammes de sirop de chicorée en auraient raison et suffiraient pour établir le fonctionnement régulier des voies digestives.

Tels sont les premiers soins qu'il y a à donner au nouveau-né avant de s'occuper de l'allaitement proprement dit.

CHAPITRE V

ALLAITEMENT

Importance de l'allaitement. — Allaitement maternel : la mère doit
nourrir son enfant à moins que son tempérament ne s'y oppose.
— Allaitement étranger : faire le choix d'une bonne nourrice, et
pour cela, prendre en considération l'âge, la constitution, l'aspect
extérieur, le caractère, l'intelligence, le pays d'où elle vient, l'enfant qu'elle nourrit, la quantité et la qualité de son lait, etc. —
Allaitement artificiel : bon quand on ne peut pas faire autrement;
le lait de vache est préférable à tous les autres. — Allaitement
animal ou par une chèvre, très rarement employé. — Allaitement
mixte : il aide à la mère qui manque de lait et lui rend de précieux services.

Ce n'est pas une mince question que celle de l'allaitement. Elle intéresse au plus haut point les
familles qui ont à cœur de conserver leurs enfants
en bon état de santé. Les précautions à prendre
sont nombreuses, délicates, souvent mal interpré-
tées. Il se présente des problèmes si difficiles à
résoudre que les personnes les plus expérimentées
se trouvent dans un véritable embarras. Il y a à
considérer la fortune, la santé, la position sociale,

6.

les ressources pécuniaires, l'habitation dans un grand centre ou dans une simple campagne, etc. Car l'enfant peut être allaité de cinq manières différentes : par la mère (*allaitement maternel*), par une nourrice (*allaitement étranger*), par le biberon (*allaitement artificiel*), par les femelles d'animaux (*allaitement animal*), ou par la combinaison de deux ou plusieurs de ces moyens réunis (*allaitement mixte*).

I. ALLAITEMENT MATERNEL. — L'allaitement maternel est le plus avantageux pour la mère et pour l'enfant. La mère évite les maladies du sein, les inflammations de la matrice, les mille dérangements plus ou moins graves désignés sous le nom de *lait répandu*. Elle a la satisfaction d'avoir toujours l'enfant à ses côtés, de lui prodiguer ses soins et ses caresses, de lui faire sucer avec son lait ses bons principes, sa nature droite, ses nobles sentiments. L'enfant ne souffre jamais; il n'est pas gorgé avant l'âge d'aliments grossiers et indigestes. Ses langes sont changés toutes les fois que le cas l'exige; il est soigné, en un mot, avec affection, amour, tendresse et dévouement.

Je parle, bien entendu, d'une mère qui présente les qualités requises pour nourrir et n'est pas entachée de vice scrofuleux, dartreux, tuberculeux, syphilitique, rachitique, cancéreux, etc. Je parle, en outre, d'une mère intelligente qui ne laisse pas trop à désirer ni au physique, ni au moral; sans quoi une nourrice étrangère douée de meilleurs instincts et d'une florissante santé devrait lui être préférée sans aucune hésitation. A part ces inaptitudes exceptionnelles, la mère doit toujours allaiter son enfant. On aurait tort d'exiger d'elle la force, l'embonpoint, l'abondance du lait, qui sont nécessaires à une bonne nourrice. L'expérience a démontré qu'elle y supplée en général par des soins assidus, une surveillance active et un attachement à toute épreuve.

Il ne faut pas cependant que les mères délicates pèchent par un trop grand excès de zèle; il en résulterait pour leur santé des conséquences fâcheuses. J'ai vu des femmes, épuisées par l'allaitement, vouloir continuer quand même de nourrir alors que le médecin le leur avait défendu; elles sont mortes à la fleur de l'âge, minées par tous les symptômes de la phtisie pulmonaire. J'en ai vu d'autres qui ne se sont arrêtées que sur la pente fatale et qui ont conservé toute leur vie un délabrement manifeste de leur organisme.

Toutes ces conséquences doivent donner à réfléchir : non pour empêcher les mères d'allaiter leurs enfants, bien loin de là, c'est la plus noble mission qu'elles aient à remplir sur la terre; mais pour les mettre en garde contre les imprudences nombreuses qu'elles ont la tendance à commettre, et qui peuvent leur ouvrir à grands pas les portes du tombeau au détriment de l'enfant, de la famille et de la société.

Ainsi, pour nourrir avec succès jusqu'à l'époque du sevrage, une mère doit avoir une bonne alimentation, ne se livrer qu'à un travail modéré, prendre de l'exercice au grand air ; elle doit éviter les émotions vives, les dérangements fonctionnels, les irrégularités de régime. Elle donnera à téter à son enfant, dès les premiers mois, toutes les deux heures pendant le jour, deux ou trois fois tout au plus dans le courant de la nuit. Un sommeil calme de cinq à six heures est de rigueur. Prolongé d'une manière insuffisante, la perte de l'appétit et des forces ne tarde pas à survenir.

Que les mères de famille mettent en pratique ces sages préceptes ! Qu'elles considèrent comme un insigne honneur d'allaiter leurs enfants ! Qu'elles se dévouent pour eux, mais que leur dévouement ne soit pas porté au delà de certaines limites. Leur rôle n'est pas fini avec l'allaitement : elles doivent encore les voir grandir sous leurs yeux, leur donner une bonne éducation, leur préparer un certain bien-être.

L'enfant sans la mère est un rejeton sans abri que le moindre souffle peut flétrir à tout jamais. La mère sans l'enfant, c'est le foyer conjugal sans avenir, la vieillesse sans soins affectueux, la mort sans aucune consolation.

Ces deux êtres sont donc très intimement unis l'un à l'autre. Avec l'époux, ils forment le complément indispensable de la famille. Il faut que tous les trois vivent pour que le bonheur règne dans le ménage. Le décès de l'un d'eux couvre d'un long voile de deuil la vie des deux autres. Or, les créatures les plus fragiles sont la mère et l'enfant.

Pendant la lactation, celle-ci peut avoir du lait en abondance et s'épuiser faute de soins intelligents, ou bien elle peut manquer de lait et voir son enfant dépérir de jour en jour. Le plus sage, en pareil cas, est de s'adresser à une bonne nourrice qui préservera l'une de la consomption hectique et redonnera à l'autre, avec le plus pur de son sang, la force, l'embonpoint et la santé.

Mais une mère ne doit avoir recours aux soins mercenaires d'une nourrice que lorsqu'une raison majeure l'y contraint; elle n'imitera point l'exemple de ces femmes mondaines qui préfèrent la fréquentation des soirées, des bals, des spectacles, aux jouissances plus douces de la maternité. Elle n'imitera point non plus l'exemple de quelques grandes dames qui, se sentant appuyées par une grande fortune, ne veulent pas se donner la peine d'allaiter leurs enfants. Une telle conduite mérite d'être blâmée. Y a-t-il de plus noble devoir pour une mère que celui de continuer au dehors la création commencée dans son sein?

Autrefois les femmes de la plus haute distinction se faisaient un honneur d'allaiter elles-mêmes leurs enfants. La reine Blanche de Castille voulut être la nourrice de son fils. Elle n'aurait souffert, pour rien au monde, qu'une nourrice étrangère lui donnât de son lait. Le trait suivant en est une preuve caractéristique. Un jour qu'elle avait été surprise par un violent accès de fièvre, une dame de la cour, touchée par les larmes du petit Louis, lui présenta la mamelle. Celui-ci la prit et se ras-

sasia à tel point que, lorsque la reine lui donna à
téter, il s'y refusa obstinément. Blanche, ayant
compris sans peine le motif de ce refus, sentit son
orgueil maternel offensé. Elle en éprouva une si
vive contrariété qu'elle ne put s'empêcher d'introduire son doigt dans la bouche du prince royal
pour lui faire vomir le lait qu'il venait de prendre;
et voyant l'étonnement des dames de la cour, elle
leur dit : « Je ne saurais endurer qu'une autre
femme ait le droit de me disputer la qualité de
mère ! »

Cette louable coutume s'est propagée de siècle
en siècle. Nous voyons plus tard une princesse
palatine, Charlotte-Élisabeth de Bavière, nourrir
son enfant, le duc d'Orléans, qui fut régent du
royaume de France sous la minorité de Louis XV.
Si de nos jours cette pratique n'a pas conservé la
même extension, il faut l'attribuer au relâchement
de nos mœurs, à la faiblesse de notre tempérament, et nullement à l'avantage que peuvent offrir
les nourrices étrangères, car il est reconnu qu'une
femme, même délicate, allaite son propre enfant
dans de meilleures conditions que la plus parfaite
des nourrices.

II. ALLAITEMENT ÉTRANGER. — Malheureusement il est des cas nombreux où la mère ne peut
nourrir et où l'allaitement par la nourrice s'impose
comme une nécessité. La famille a dès lors deux
devoirs à remplir d'une égale importance : le premier consiste à faire perdre le lait à la mère, le

second à procurer à l'enfant une nourrice capable de le maintenir en bon état de santé.

Pour *faire perdre le lait* à la nouvelle accouchée, il faut la tenir pendant quelques jours aux bouillons et à de légers potages, la purger avec l'eau de Sedlitz, la limonade Rogé ou l'huile de ricin, lui faire prendre les tisanes anti-laiteuses avec l'avoine, la pervenche, la canne de Provence ou le chiendent nitré. Il faut, en outre, lui appliquer la moutarde deux ou trois fois par jour sur les membres inférieurs et lui frictionner les seins matin et soir avec de l'huile camphrée, qu'on recouvre ensuite d'une forte couche de ouate. Généralement ces moyens suffisent. Si toutefois le sang continuait à affluer du côté des mamelles, on devrait remplacer la ouate par les cataplasmes émollients et faire une application de sangsues *loco dolenti*. Mais pour exécuter ce dernier traitement l'assentiment du médecin est nécessaire.

Le *choix de la nourrice* réclame, de la part de la famille, la plus scrupuleuse attention. Il faut considérer : 1° son âge ; 2° sa constitution ; 3° son aspect extérieur ; 4° son caractère ; 5° son intelligence ; 6° le pays d'où elle vient ; 7° l'enfant qu'elle nourrit et les mille petits détails qui, pris un à un, sont insignifiants, mais qui réunis forment une certitude.

1° *Age.* — L'âge de la nourrice doit être compris entre dix-neuf et trente-cinq ans. Plus jeune, elle manque d'expérience, d'adresse, de constance pour bien soigner un enfant ; plus vieille, elle a du lait généralement moins bon et en moindre quantité ; il est à craindre qu'elle ne puisse continuer l'allaitement jusqu'au sevrage. Entre ces deux périodes, la femme jouit de la plénitude de sa force ; elle a eu déjà un ou plusieurs enfants, on sait comment elle les a nourris, quelles ont été l'abondance et la durée de son lait ; on peut en induire *à priori*, à moins d'événements imprévus, l'aptitude qu'elle aura pour un allaitement ultérieur.

2° *Constitution.* — Sa constitution mérite d'être examinée avec le plus grand soin. Il y a tant d'affections morbides dont l'influence est pernicieuse pour l'enfant ! Un tempérament nerveux, irritable, susceptible, doit être éliminé, parce que la moindre colère, la plus légère contrariété peut contribuer à troubler le lait de la nourrice et à occasionner à l'enfant des accès convulsifs promptement mortels.

Une maladie héréditaire comme l'hystérie, l'épilepsie, la manie, la folie, la phtisie pulmonaire, la goutte, le cancer, etc., peut se transmettre au nourrisson ; elle doit faire rejeter la personne qui présenterait dans sa famille un vice semblable.

Enfin la syphilis, cette lèpre souvent cachée qui infeste malheureusement un trop grand nombre d'individus, existe quelquefois chez la femme sans qu'elle s'en doute, soit que son mari la lui ait communiquée à son insu, soit qu'elle lui ait été transmise par un ami en qui elle avait une entière confiance. Si, dans cet état maladif, elle est acceptée comme nourrice après un examen trop superficiel, le nouveau-né ne tardera pas à porter l'empreinte de son mal. Au bout d'un à deux mois, il sera couvert de pustules ; son amaigrissement sera rapide, ses pleurs seront continuels. Les parents en émoi le feront visiter par un médecin qui diagnostiquera sans peine l'affection constitutionnelle dont il est atteint. Alors ceux-ci, poussés par l'indignation la plus révoltante, seront d'avis de renvoyer immédiatement la nourrice ; mais il ne sera plus temps ; ils devront au contraire la garder, la traiter par le mercure, l'iodure de potassium, les dépuratifs de toutes sortes. La médication atteindra l'enfant par l'intermédiaire du lait. On peut espérer de sauver ainsi la nourrice et le nourrisson. Et l'on y réussira, en effet, pourvu que la cachexie syphilitique n'ait pas fait de trop rapides progrès. Dans aucun cas, d'ailleurs, l'enfant ne devra être confié à une autre nourrice. L'expérience a prouvé qu'il l'infecterait infailliblement et qu'il n'en serait pas moins voué à une mort certaine.

On voit combien il est urgent d'examiner la nourrice sous le rapport de la constitution et de la santé. Le médecin ne doit jamais donner son approbation sans avoir visité la bouche, les mamelles, l'anus, les parties génitales, le tégument externe ; sans avoir pris des renseignements sur l'état actuel, sur les maladies antérieures, sur les antécédents de famille, etc. Rien ne doit être négligé, car d'un oubli involontaire peuvent résulter les plus tristes conséquences.

3° *Aspect extérieur.* — Mais ce n'est pas tout : son aspect extérieur mérite encore d'être pris en considération. Elle doit avoir les cheveux bruns, les dents blanches, les lèvres rouges, les gencives bien colorées, fermes, non saignantes, les seins rebondis, durs, parsemés de veines bleuâtres, le mamelon saillant, les formes potelées, une taille moyenne, non disgracieuse, un ensemble de qualités en un mot qui plaisent à la famille et qui puissent faire augurer à l'avance de son aptitude à nourrir dans de bonnes conditions.

4° *Caractère.* — Pour ce qui est du caractère, il est évident qu'une personne douce, aimable, enjouée, obéissante, sera préférable à une autre qui sera triste, taciturne et raisonneuse.

5° *Intelligence.* — Il en sera de même de l'intelligence. La bêtise personnifiée ne peut commettre que des maladresses. Un enfant confié à des mains inhabiles sera en retard pour la marche, la parole, le développement de l'esprit et du cœur. S'il vient à être malade, il sera plus exposé à mourir parce qu'il ne recevra pas en temps opportun les soins que son état exige.

6° *Pays d'où elle vient.* — Quant au pays d'où vient la nourrice, il a son importance. « On prendra de préférence, dit M. Bouchut, les femmes qui habitent des pays secs et non marécageux. Ainsi les nourrices Normandes, Picardes, Bourguignonnes sont les meilleures ; les nourrices de l'Orléanais, du Berry, de la Sologne sont très mauvaises, à cause des localités où elles emmènent les enfants...

Ces pays sont infestés par les fièvres intermittentes, et les enfants y sont en général pâles, étiolés, fiévreux ; leur ventre est gros, leur rate gonflée, leurs jambes œdématiées ; ils ont souvent la fièvre qu'on ne sait pas reconnaître et qui finit par les faire périr. Ces pays sont ceux de tous où la mortalité des enfants est la plus considérable. »

7° *Enfant qu'elle nourrit.* — Enfin il est rare qu'on fasse le choix d'une nourrice sans qu'on ait demandé à voir l'enfant qu'elle nourrit. S'il est maigre, pâle, chétif, on fera bien de s'abstenir ; très certainement son lait doit laisser à désirer sous le rapport de la qualité ou de la quantité. S'il est gros, gras, frais et joufflu, il est à supposer qu'elle a du bon lait et que l'enfant qu'on lui confiera deviendra aussi beau que le sien. Cependant il est quelques enfants robustes qu'on bourre de soupes et de panades et qui ne s'en portent que mieux, tandis que le nourrisson un peu délicat traité par le même régime sera en danger de succomber à des indigestions successives. Il ne faut donc pas s'en tenir seulement aux belles apparences de l'enfant, il faut encore prendre des informations précises pour entrer dans la réalité des faits.

Le point difficile est de savoir si la nourrice est pourvue de lait et de bon lait. Nous avons bien plusieurs manières de l'apprécier, savoir : l'examen à l'œil nu, au microscope ou à l'analyse chimique ; mais ces moyens sont imparfaits et ne peuvent pas nous fournir des données exactes sur sa valeur intrinsèque, ni sur sa quantité approximative.

Examiné à l'*œil nu*, le lait de la nouvelle accouchée est jaunâtre, épais, filant, très séreux ; il a des propriétés purgatives évidentes, et, comme tel, il facilite l'excrétion du *meconium* chez le nouveau-né. Au bout de quelques jours, il devient d'un blanc plus ou moins mat et conserve cette couleur jusqu'à la fin de l'allaitement. Son odeur est fade, sa densité varie entre 1,025 et 1,032. Il se distingue des autres laits par sa saveur plus sucrée, son caséum moins abondant, le défaut presque total de beurre dans sa crème. Avec le lait d'ânesse, il constitue le plus léger de tous les laits, c'est-à-dire le moins nourrissant et le plus facile à digérer. Aussi est-il prudent, lorsqu'on veut nourrir un enfant à la fiole, de lui couper le lait de vache ou le lait de chèvre qu'on doit lui faire prendre avec la moitié d'eau ou d'une tisane adoucissante.

Un grand nombre de médecins, pour s'assurer de la bonne nature ou de l'abondance du lait d'une nourrice, s'en font traire quelques gouttes dans une cuiller : s'il jaillit de la mamelle par cinq ou six ouvertures, comme à travers la pomme d'un arrosoir, on en conclut que la quantité est considérable ; si en le versant lentement de la cuiller il y laisse un dépôt et que chaque goutte *fasse la perle,* on en induit qu'il est des plus nutritifs.

Mais ces caractères sont tout à fait insuffisants. Certaines femmes ont beaucoup de lait et elles ne peuvent pas en faire sortir une seule goutte. D'autres ne paraissent pas en avoir, et pourtant elles nourrissent de très beaux enfants. Dans le premier cas, les canaux galactophores ne sont pas faciles à comprimer ; dans le second, le lait n'afflue dans leur intérieur qu'au fur et à mesure de la succion.

Que dire maintenant des femmes qui ont un lait abondant, épais, nutritif et qui sont de mauvaises nourrices ? Cela dépend de ce que leur lait parfois trop nourrissant devient nécessairement indigeste ; ou bien de ce que, entaché d'un vice héréditaire, il le communique à l'enfant et lui détériore par cela même la constitution.

L'examen du lait à l'œil nu ne nous donne donc pas des renseignements certains sur le choix d'une nourrice ; nous allons voir que l'examen au *microscope* et à l'*analyse chimique* ne nous fournit pas de meilleurs résultats. Sans doute, le microscope nous permet de constater la richesse du lait en globules, en crème, en matières grasses, salines, etc. ; sans doute, l'analyse chimique nous permet de fixer la proportion des éléments de ce liquide ; mais ce sont des opérations longues, difficiles, laborieuses, au-dessus du savoir de la grande majorité des praticiens, et qui d'ailleurs ne peuvent pas nous amener à des conclusions rigoureuses.

D'après M. le professeur Bouchut, le lait doit contenir *cent deux milliards six cents millions* de globules ou globulins par litre : voilà pour la qualité. L'enfant doit en ingérer dans les vingt-quatre heures de 800 à 1,200 grammes : voilà pour la quantité. Enfin l'enfant doit peser 250 à 300 grammes de plus tous les dix jours : voilà pour la digestibilité.

Quant aux modifications du lait de femme, elles

sont sujettes à varier avec les *tempéraments*, le *régime alimentaire*, le *séjour plus ou moins prolongé du lait dans les mamelles*, les *fonctions génitales*, les *substances médicamenteuses*, les *maladies aiguës ou diathésiques*, les *affections morales*, les *abcès du sein et les gerçures du mamelon*.

On sait très peu de chose de l'influence des *tempéraments* sur les propriétés du lait. Une constitution forte, vigoureuse, donnera un meilleur lait qu'une constitution délicate ; mais il y a à ce sujet des variations tellement nombreuses, qu'il est impossible de se prononcer d'une façon catégorique.

Le *régime alimentaire* a son importance. Une bonne nourriture facilite la sécrétion du lait ; une nourriture grossière ou insuffisante la diminue d'une manière sensible. Les bons potages, les viandes saignantes, les fromages, les vins, les farineux, les purées de pois, de fèves, de lentilles, épaississent le sang, donnent du lait en abondance ; tandis que les fruits, les salades, les crudités affaiblissent la constitution, rendent le lait aqueux, insuffisant ou indigeste.

Il y a à considérer encore, pour les modifications du lait, *son séjour plus ou moins prolongé dans les mamelles*. Dans une même tétée, le premier tiré est le plus pauvre ; le dernier tiré est le plus riche. Il est d'autant plus séreux qu'on met un plus long intervalle entre deux tétées consécutives : aussi plus souvent il en est tiré, meilleur il est et plus les femmes s'épuisent. Cet épuisement est fréquent chez les personnes qui ont très peu de lait. Les en-

'ants les suçent jour et nuit. Au bout de quelques ours elles ont perdu l'appétit, les forces, l'embonpoint et la santé.

D'autres modifications du lait sont produites par es fonctions génitales. Elles sont dues au retour les règles, aux rapports conjugaux ou à la grossesse. La réapparition précoce des époques mensruelles annonce généralement de mauvaises nourices ; le lait est moins bon, moins abondant ; il lonne à la plupart des enfants des insomnies, des oliques, de la diarrhée. Les rapprochements exuels trop répétés peuvent nuire à la quantité du ait ; il faut, non pas les interdire, mais en coneiller un usage modéré. Enfin la grossesse altère e lait au point de le faire passer à l'état de colosrum et de le rendre nuisible. S'il y a quelques rares xceptions, le plus souvent l'allaitement continué ans cette condition spéciale produit les plus mauais effets.

Un certain nombre de *substances médicamenuses* prises par la nourrice passent dans le lait et gissent d'une manière évidente sur le nourrisson, e ce nombre sont : le fer, le mercure, le bismuth, l quinine, l'arsenic, l'iode, l'opium, l'alcool, etc. u'une femme boive beaucoup de vin et son enat sera fortement surexcité, il ne pourra pas dorir ! Qu'elle prenne un puissant narcotique pour almer une névralgie, et les paupières de son enat seront appesanties par un sommeil de plomb !

Pendant les *maladies aiguës*, le lait diminue dans es proportions considérables ; les femmes se voient forcées de suspendre l'allaitement ; mais, une fois l'inflammation guérie, le lait reparait le plus souvent sans avoir perdu aucune de ses propriétés. Il n'en est pas de même dans les *maladies diathésiques ;* si le lait ne tarit pas, il est toujours altéré et nuisible à un plus ou moins haut degré.

Et les *affections morales*, quelles modifications profondes n'apportent-elles pas dans la composition du lait ! Un trouble momentané, un chagrin subit, une colère violente déterminent chez l'enfant les convulsions, quelquefois même une mort instantanée. J'ai vu de ces cas navrants dans ma pratique ; ils ne se seraient pas présentés, si les nourrices avaient eu la précaution de prendre une infusion calmante, de tirer leur lait, et de ne donner à téter à l'enfant que lorsque le calme serait complètement revenu.

Nous avons aussi les *abcès du sein* et les *gerçures du mamelon* qui altèrent profondément la sécrétion du lait. Le sang afflue en trop grande abondance dans les mamelles, il sort en partie de ses vaisseaux, se transforme en pus, passe dans les conduits galactophores et est absorbé par l'enfant qui dépérit de jour en jour. Il faut, en pareil cas, cesser l'allaitement du côté affecté, faire sucer le lait par un petit chien ou le tirer avec des bouts de sein, des ventouses, un tire-lait, mettre sur le mamelon de la pommade de concombres, du collodion riciné, etc., et ne donner le sein à l'enfant que lorsque toute trace d'inflammation a totalement disparu.

III. Allaitement artificiel. — Lorsque la mère ne peut pas nourrir, lorsqu'on est obligé d'enlever l'enfant à la nourrice et que celui-ci ne veut pas en téter d'autre, on est forcé d'avoir recours à l'allaitement artificiel.

C'est le plus mauvais de tous les allaitements, surtout dans les villes où il est difficile de se procurer du bon lait : aussi la mortalité est-elle quatre ou cinq fois plus grande par ce procédé. Il n'en est pas tout à fait de même à la campagne où il est facile d'avoir du lait du même animal, de le tirer aux heures voulues et de le donner à l'enfant dans les meilleures conditions possibles.

Quelques médecins prescrivent le lait d'ânesse : s'il est le plus analogue à celui de la femme par sa composition, il a l'inconvénient de revenir fort cher (six francs le litre à Paris), et de manquer presque totalement vers les derniers mois de l'année. Le lait de chèvre revient à un bon prix : il est adopté par un certain nombre de familles. Mais il ne primera jamais le lait de vache par la triple raison que celui-ci est accessible à toutes les bourses, qu'il se trouve partout en abondance, qu'il élève généralement de très beaux enfants.

Il y a pourtant un certain régime à faire suivre à la vache pour obtenir du lait de bonne qualité. Il faut d'abord lui supprimer le travail, les fourrages verts, les substances échauffantes ; lui donner ensuite de la paille, du foin, des barbotages avec les farines d'orge, de seigle ou de maïs.

Le lait étant trop riche en matières nutritives, on

doit le couper soit avec de l'eau pure, soit avec une
tisane d'orge, de riz, de gruau, légèrement sucrée.
La première semaine, on y ajoute les trois quarts
d'eau ; les trois premiers mois la moitié, les trois
suivants le quart ; puis à partir de ce moment, c'est-
à-dire du sixième mois, on peut le donner pur et,
autant que possible, à la température normale,
qu'il sorte du pis de la vache ou qu'il ait été ré-
chauffé au bain-marie.

On fait boire le lait à l'enfant avec la cuiller, la
timbale ou le verre, le biberon ou le petit pot. Les
premiers instruments ont l'avantage de pouvoir se
nettoyer avec la plus grande facilité ; le professeur
Tarnier leur donne la préférence pour les enfants
qui n'ont pas été nourris au sein ; pour les autres,
il vaut mieux le biberon, à la condition toutefois
qu'il soit tenu dans un état de propreté parfaite.

Les deux biberons les plus employés sont : le
biberon Monchovaut et le biberon Robert ; ils sont
très commodes et conviennent à tous les enfants
qui savent pratiquer la succion, ils n'ont que l'inconvénient de n'être pas faciles à nettoyer. Aussi
je préfère une simple fiole à médecine à laquelle on
adapte un bout en caoutchouc que l'on retire plusieurs fois par jour pour le tremper dans l'eau et
le soumettre à des lavages réitérés.

IV. ALLAITEMENT ANIMAL. — A peu près inu-
sité en France, il serait encore en usage, dit-on,
dans certaines contrées de la Suisse et de la
Russie. Deux circonstances particulières peuvent

cependant le faire admettre : 1° lorsque l'enfant sevré et malade a besoin d'une alimentation exclusivement lactée ; 2° lorsqu'un lait médicamenteux lui est nécessaire et qu'il n'est pas facile de lui faire prendre le remède par un autre moyen.

Ce sont les chèvres que l'on emploie le plus souvent en pareil cas, elles ont le naturel doux, paisible, susceptible de contracter un tel attachement pour les nourrissons, qu'on en a vu quelques-unes se présenter d'elles-mêmes à heures fixes dans la journée pour leur donner à téter. Il n'en faut pas moins prendre, dès les débuts, de nombreuses précautions, afin d'éviter les accidents que la pétulance de ces animaux pourrait faire naitre.

V. Allaitement mixte. — L'allaitement mixte est la combinaison de l'allaitement naturel (par la mère ou la nourrice) avec l'allaitement artificiel. Il doit être permis à la femme dont le lait pèche soit par la qualité, soit par la quantité, soit par ces deux modes réunis.

Pendant les premiers jours qui suivent la naissance, l'enfant trouve généralement assez de lait au sein de sa mère ; mais il arrive un moment où il manque petit à petit, parfois même tout d'un coup ; il faut alors donner du lait de vache en quantité suffisante pour remplacer celui qui fait défaut ; il faut, en outre, prescrire dès le troisième ou quatrième mois des bouillies et des potages féculents. En procédant de la sorte, l'enfant s'habitue de bonne heure à une nourriture substantielle et peut

être sevré vers la fin de l'année sans aucun inconvénient.

Aussi la plupart des médecins s'accordent-ils à
préférer l'allaitement mixte pratiqué avec intelligence à l'allaitement par une nourrice à la campagne, lors même que la mère ne donnerait que deux
ou trois tétées par jour. Connaissant le peu de soins
que donnent au nourrisson le plus grand nombre des
nourrices, on ne peut que louer la mère qui se dévoue pour son enfant en de pareilles circonstances.

Pour se rendre compte de l'accroissement d'un
nourrisson, il faut le peser et prendre pour point de
repère les chiffres donnés par le docteur Bouchaud
dans le tableau suivant :

ÉPOQUES.	POIDS MOYEN de l'enfant.	AUGMENTATION de poids par jour.	AUGMENTATION de poids par mois.
	grammes.	grammes.	grammes.
Naissance. . .	3,250	»	»
1er mois . . .	4,000	25	750
2e — . . .	4,700	23	700
3e — . . .	5,350	22	650
4e — . . .	5,950	20	600
5e — . . .	6,500	18	550
6e — . . .	7,000	17	500
7e — . . .	7,450	15	450
8e — . . .	7,850	13	400
9e — . . .	8,200	12	350
10e — . . .	8,500	10	300
11e — . . .	8,750	8	250
12e — . . .	8,950	6	200

Tout enfant qui n'augmente pas dans les proportions indiquées ci-dessus doit être considéré comme
atteint de quelque vice de conformation, ou comme
pourvu d'un lait soit insuffisant, soit de mauvaise
nature. Il est nécessaire alors de chercher un lait
qui lui soit plus favorable.

CHAPITRE VI

PREMIÈRE ENFANCE

Son évolution de la naissance à sept ans. — Époque où l'enfant est le plus en danger de mourir; soins particuliers. — Allaitement : bureaux de nourrices, loi Roussel. — Dentition : sa durée, ses accidents locaux et généraux. — Sevrage : prématuré, tardif, sevrer de préférence au printemps. — Coucher : berceau, y mettre l'enfant avant qu'il dorme. — Toilette : propreté de la tête, du corps, des vêtements; lotions et bains. — Promenades: tous les jours dans les jardins des villes ou mieux à la campagne. — Régime alimentaire : régler le nombre des tétées ou des repas suivant l'âge de l'enfant. — Maladies de la première enfance, leur traitement.

La première enfance comprend une période qui s'étend depuis la naissance jusqu'à l'âge de sept ans. Pendant ce long intervalle, le nouvel être est sujet à de nombreuses causes de dépérissement. Il faut surveiller avec la plus grande attention son allaitement, sa dentition, son sevrage. Il faut s'occuper aussi de son coucher, de sa toilette, de ses promenades, de son régime alimentaire. On doit enfin entourer le jeune âge des soins les plus assidus, du plus affectueux dévouement.

ALLAITEMENT. — C'est pendant la première enfance que la mortalité est la plus effrayante. Un sixième des enfants succombe dans les douze premiers mois, un cinquième parvient à peine à deux ans et un quart à quatre ans. A Paris, il en meurt chaque année 3 ou 4,000 qui pourraient être sauvés, et dans toute la France ce chiffre s'élève à plus de 100,000. Ceci est d'autant plus à regretter que, pour 1,000 habitants, il y a :

En Prusse. . . 39 naissances.	En Suisse. . . 32 naissances.
En Autriche . 37 —	En Belgique . 30 —
En Italie . . . 35 —	En Suède. . . 28 —
En Angleterre 33 —	En France . . 24 seulement.

La France n'occupe que le onzième rang. Il n'est pas étonnant, d'après cela, qu'avec si peu de naissances et une si grande quantité de morts, notre puissance n'augmente pas de population en proportion des autres puissances de l'Europe. Ne sait-on pas d'ailleurs que l'excédent des naissances sur les décès est, par 1,000, de :

14,1 en Angleterre.	9,5 en Italie.
12,2 en Suisse.	7,7 en Bavière.
9,7 en Belgique.	Et 2,5 en France.

ce qui nous met toujours au dernier rang.

Émus de ce triste état de choses, quelques philanthropes ont cherché à remédier à la trop grande mortalité des enfants du premier âge. Les essais tentés au début ont été tout à fait insuffisants. Le grand bureau municipal des nourrices de Paris, situé rue Sainte-Apolline, n'a pas rendu les services qu'on en attendait ; il a été supprimé en 1872. A sa place se sont substitués quatorze bureaux particuliers, dont les uns ne sont guère mieux organisés que les autres (1). A part la salle de réception, qui est à peine convenable, ces logements se composent de chambres petites, étroites, mal aérées ; les lits y sont entassés pêle-mêle ; point de berceaux pour mettre les enfants des nourrices ; point de langes propres en suffisante quantité pour les changer ; nourriture grossière et malsaine, surveillance trop négligée, personnel insuffisant ; voilà, en résumé, le bilan de ces bureaux de location dont chacun est dirigé par la patronne et un meneur. La patronne garde la maison, surveille les nourrices, les présente aux familles qui en désirent, reçoit les mois de location, donne des nouvelles de l'enfant, s'occupe enfin de la direction générale. Un tout autre rôle est réservé au meneur ; c'est une sorte de commis-voyageur destiné à parcourir dans les campagnes les trente départements des alentours de Paris. Il ramène au bureau toutes les nourrices qu'il rencontre et visite, chemin faisant, les nourrissons dont le bureau a la responsabilité.

Si ce service avait été fait régulièrement, nul doute que la mortalité de ces pauvres petits êtres

______

(1) Donné. *Conseils aux mères sur la manière d'élever les nouveau-nés*, 6ᵉ édition, Paris, 1880.

ne fût devenue moindre. Mais il n'en a rien été. Aussi les abus sont-ils restés les mêmes; ils ont été tellement révoltants qu'une *Société protectrice de l'enfance* s'est formée dans le but de remettre en honneur l'allaitement maternel, de veiller attentivement à ce que tous les soins utiles fussent donnés en temps opportun. L'inspection médicale était faite à titre gratuit par plus de trois cents médecins qui entraient dans les maisons, visitaient les enfants et donnaient des renseignements au bureau sur leur santé respective. Toutefois, comme cette société n'avait pas de caractère officiel, les nourrices et les bureaux ont cherché à s'y soustraire; les médecins ont été mal vus, leurs rapports n'ont pas été pris en considération; il en est résulté du découragement pour les uns, un zèle moins actif pour les autres, et la mortalité n'a pas diminué d'une manière sensible.

Il faut en venir à la loi Roussel, votée par les Chambres en décembre 1874, pour trouver un véritable progrès sur la protection des enfants du premier âge. A partir de ce moment, les principaux départements se sont organisés d'après la nouvelle loi, dont l'article 1er est ainsi conçu : « *Tout enfant de moins de deux ans qui est placé, moyennant salaire, en nourrice, en sevrage ou en garde, hors du domicile de ses parents, devient par ce fait seul l'objet d'une surveillance de l'autorité publique ayant pour but de protéger sa vie et sa santé.* » A cet effet, il est nommé un médecin inspecteur par canton. Celui-ci est chargé de visiter les enfants dans la huitaine de leur placement, puis au moins une fois par mois et à toute réquisition du maire lorsque le cas l'exige ; il change la nourrice qui n'a pas de lait, veille à ce que le bébé, jeune encore, ne soit pas bourré de soupes ni de panades, indique les moyens hygiéniques et médicaux les plus utiles pour conserver la santé de ces frêles créatures.

Les résultats obtenus jusqu'ici ont été des plus encourageants : ainsi dans l'Allier, l'Ariège, le Calvados, l'Aube, les Bouches-du-Rhône, la Seine-Inférieure, la moyenne des décès réunis était de 21,66 p. 100 avant l'application de la loi ; elle est descendue à 8 p. 100 depuis l'organisation de la protection. Il en est à peu près de même dans les autres départements ; quinze ou seize seulement continuent à refuser les crédits nécessaires ; une pareille obstination me paraît blâmable au suprême degré. On subventionne les théâtres, les écoles publiques, les chapitres diocésains, que sais-je encore ? et on ne peut pas trouver quelques deniers pour arracher chaque année à la mort des milliers d'enfants ! La chose est incroyable.

Et cependant qui oserait me dire que la question de l'allaitement n'est pas une question vitale de la plus haute importance ? Prendre l'enfant à son berceau, le confier à une bonne nourrice, surveiller attentivement les soins qui lui sont donnés jusqu'au sevrage, n'est-ce pas accomplir une œuvre philanthropique des plus méritoires ? Le médecin cantonal rend à ce sujet les plus grands services. Il choisit un bon lait à l'enfant abandonné ou peu estimé de ses parents, le couvre de sa protection toute-puissante, le remet ensuite à une gardeuse intelligente et dévouée, en attendant qu'il puisse entrer successivement à l'asile, au refuge, à l'ouvroir ou à l'orphelinat, c'est-à-dire dans des maisons particulières destinées à lui donner gratuitement, avec la nourriture, l'éducation et l'instruction qui lui sont nécessaires pour se créer une position dans le monde. Cet enfant, délaissé dès sa naissance, serait mort ou serait devenu, au physique comme au moral, un mauvais citoyen ; conduit pas à pas dans les sentiers de la vie, ce sera un jour un honnête homme, un travailleur méritant, un utile patriote.

Il est donc urgent que la loi Roussel soit appliquée d'abord, et perfectionnée plus tard, afin qu'on puisse sauver le plus grand nombre d'enfants qu'il sera possible. A quoi bon patronner à outrance la fertilité des mariages, si la plupart des enfants naissants sont voués à une mort certaine, faute de soins intelligents ! A quoi bon mettre au monde une nombreuse famille, si les sujets créés sont scrofuleux, rachitiques ou impropres au travail ! Mieux vaut le petit nombre avec la qualité que la surabondance avec les défauts qui lui sont inhérents. D'ailleurs, les pouvoirs publics ne pouvant jamais avoir une autorité suffisante pour favoriser la multiplicité des enfants, en auront toujours une incontestable pour leur conservation sans porter atteinte à la liberté de conscience ; car si on a le droit de créer ou de ne pas créer, on n'a pas le droit de faire ni de laisser mourir.

DENTITION. — L'enfant n'a pas de dents à la naissance. On cite bien Louis XIV et Mirabeau qui sont nés avec des dents, et on en augure même, à ce sujet, un présage de grand avenir; mais cette exception est si rare qu'elle confirme la règle. Les premières dents ne paraissent qu'entre cinq et huit mois, et leur éruption n'est terminée qu'à deux ans ou deux ans et demi. On a alors un nombre total de vingt dents, qui évoluent comme l'indique le tableau suivant :

PREMIÈRE DENTITION OU DENTS TEMPORAIRES.			
ORDRE ET SUCCESSION.	ÉPOQUE de l'éruption.	ÉPOQUE de la chute.	NOMBRE.
Incisives centrales inférieures	7ᵉ mois.	7ᵉ année.	2 dents.
Incisives centrales supérieures	9ᵉ —	8ᵉ —	2 —
Incisives latérales inférieures	14ᵉ —	9ᵉ —	2 —
Incisives latérales supérieures. . . .	18ᵉ —	9ᵉ —	2 —
Premières petites molaires inférieures .	20ᵉ —	10ᵉ —	2 —
Premières petites molaires supérieures.	22ᵉ —	10ᵉ —	2 —
Canines inférieures.	25ᵉ —	11ᵉ —	2 —
Canines supérieures	26ᵉ —	12ᵉ —	2 —
Deuxièmes petites molaires inférieures.	29ᵉ —	12ᵉ —	2 —
Deuxièmes petites molaires supérieures.	31ᵉ —	13ᵉ —	2 —
		Total.	20 dents.

Cet ordre de succession n'est pas invariablement le même. Quelquefois les incisives centrales supérieures se montrent avant les inférieures, et les deuxièmes petites molaires avant les canines. L'époque de la chute varie encore plus que celle de l'éruption.

Quoi qu'il en soit, l'apparition des dents occasionne des accidents locaux et des accidents généraux d'une certaine importance. Aux premiers se rattachent la chaleur, la rougeur et le gonflement douloureux des gencives, une salivation abondante, souvent des aphtes et l'engorgement des glandes du cou. Les seconds sont marqués par de la diarrhée, des accès fébriles, des convulsions dans les cas graves. L'appétit est capricieux, la soif vive, le sommeil agité ; un malaise indéfinissable envahit tout le corps ; l'enfant se lamente et crie pour la moindre chose : il ne goûte de véritable repos que lorsque la dent est sortie. Cependant le hochet traditionnel, le petit bâton de réglisse ou de racine de guimauve, les sirops de dentition, la scarification des gencives calment en partie les souffrances.

Sevrage. — En venant au monde, notre seule nourriture est le lait ; notre estomac délicat ne peut pas supporter d'autre alimentation. Peu à peu les organes se développent, la constitution se forme. Il faut ajouter à la lactation des bouillons, des potages, des soupes, des fécules. Puis le moment arrive de donner du pain, de la viande, des légumes, et de cesser l'allaitement. C'est l'époque du sevrage ; elle doit s'effectuer du quatorzième au dix-huitième mois.

Plus tôt, le *sevrage* est *prématuré ;* il occasionne des indigestions nombreuses : le ventre se distend, l'appétit se perd, les selles sont grumeleuses ; il faut choisir les mets les plus légers, limiter le nombre des repas, et encore il est toujours à craindre que cette alimentation trop précoce n'aboutisse rapidement à la cholérine, à l'athrepsie ou au rachitisme.

Plus tard, le *sevrage* est *tardif,* il n'a pas sans doute d'aussi graves inconvénients, mais il rend les enfants pâles, bouffis, anémiques. D'ailleurs, on ne doit pas attendre que l'enfant se sèvre de lui-même, la mère risquerait à ce jeu de contracter un épuisement incurable. Il faudrait alors allaiter pendant très longtemps, comme le fit cette dame dont le docteur Baffos, médecin de l'hôpital des enfants, rapporte l'histoire. Ayant perdu son premier né à l'époque du sevrage, elle voulut nourrir le second jusqu'à trois ans pour qu'il ne lui en arrive pas de même. Un jour qu'elle l'appelait pour lui donner à téter, celui-ci lui répondit : « *Maman, je n'en veux plus.* »

Je reconnais, à vrai dire, qu'en général on sèvre trop tôt les enfants. On leur crée un tempérament faible au détriment de leur santé, quelquefois de leur vie. Nos ancêtres faisaient mieux ; ils ne pratiquaient le sevrage qu'après la sortie des dents. Les aliments bien triturés par la bouche arrivaient

dans l'estomac prêts à être digérés. Le travail
d'assimilation était simple, facile, la nutrition
complète; de là, en grande partie, la source de
ces santés si florissantes qu'on voyait autrefois et
qui sont devenues si rares aujourd'hui.

Il est facile pourtant de prendre des précautions
pour que le sevrage s'opère sans danger. La tran-
sition entre l'allaitement et le nouveau régime doit
être graduelle. Il faut d'abord cesser d'allaiter
pendant la nuit et donner simplement de l'eau
d'orge sucrée, coupée ou non avec du lait. On présente ensuite le sein de moins en moins souvent
dans le courant de la journée; les enfants s'habi-
tuent insensiblement à une nourriture de plus en
plus substantielle et se sèvrent sans aucune difficulté. Si on en rencontre quelques-uns qui soient
plus difficiles à priver du sein, deux ou trois badigeonnages du mamelon avec une substance amère,
comme la teinture de gentiane, d'absinthe ou d'a-
loès, suffisent pour les en dégoûter complètement.

Une seule disposition essentielle reste à accomplir, c'est de ne jamais sevrer les enfants pendant
les fortes chaleurs de l'été, à cause des affections
intestinales qui sont si fréquentes à cet âge et parfois si dangereuses. Cette saison étant souvent
fatale pour les jeunes enfants, il est nécessaire de
leur conserver, en pareil cas, l'allaitement comme
une précieuse ressource. Aussi doit-on choisir de
préférence le commencement du printemps ou la
fin de l'automne; la plupart des médecins sont de
cet avis.

Coucher. — Les plus petits détails ont leur importance lorsqu'il s'agit des soins que réclame un jeune enfant. Son berceau est construit en fer, en bois ou en osier ; il est rempli dans la moitié de sa profondeur d'un paillasson plein de varech, de balle d'avoine sèche ou de feuilles de fougère odorantes. Par-dessus on met un oreiller au niveau de la tête, un long coussin au niveau du dos, du bassin et des jambes ; ce dernier est également garni de balle d'avoine, il est destiné à absorber l'urine et à garantir le paillasson sur lequel on place souvent une toile cirée ou des feutres absorbants pour le préserver de toute souillure. La plume et la laine sont bannies de la confection d'un tel lit, par la raison qu'elles développent trop de chaleur, suffoquent les enfants, les affaiblissent et arrêtent leur croissance. Enfin, la garniture se complète avec un petit drap, un couvre-pied, un édredon pour l'hiver et des rideaux ; rarement une couverture est nécessaire.

Le berceau étant ainsi disposé, on y fait reposer l'enfant, revêtu de son maillot, sur un plan incliné, avec une bouteille d'eau chaude aux pieds pour les maintenir à une température constante. Pas n'est besoin de le porter tout endormi dans sa couchette ; c'est une mauvaise habitude qu'il faut éviter de lui donner. Les enfants qui s'endorment sur les genoux de leur mère ou de leur nourrice sont capricieux, exigeants, toujours prêts à pleurer pour la moindre chose. On ne peut pas les poser sans qu'ils se réveillent. Il faut passer une partie de la

nuit à les bercer. Les gardeuses se fatiguent et les
enfants vivent dans un état d'agacement continuel.
Mieux vaut agir sans ménagements ; les mettre
éveillés dans leur berceau, les laisser pleurer jusqu'à ce qu'ils s'endorment, sans crainte de leur
occasionner les convulsions ou toute autre maladie
grave. Au bout de trois ou quatre jours, leur résis-
ance est vaincue ; ils ont perdu la manie du réveil ; un sommeil calme et réparateur vient immédiatement appesantir leurs paupières.

Toilette. — Généralement on néglige trop la
toilette des petits enfants. Il est nécessaire de les
tenir dans une grande propreté. Leurs langes doivent être changés souvent pour qu'il ne survienne
pas de rougeurs aux parties génitales, ni de faiblesse dans les membres. Quand ils sont plus âgés,
on leur fait porter des vêtements souples, légers,
commodes. On leur met des bas courts et des jupons
étroits. La maman doit les habituer de bonne heure
à rester constamment nu-tête ; elle doit les pei-
gner deux fois par jour, leur enlever soigneuse-
ment les poux, la crasse, les croûtes de lait, toutes
les pellicules enfin qui sont les avant-coureurs de
la teigne, des dartres et de la plupart des maladies
du cuir chevelu. Aucun enfant tenu parfaitement
propre n'a jamais eu du mal sérieux à la tête et surtout la teigne.

Il y a aussi la toilette du corps qui mérite de
grands soins. Les lotions d'eau tiède, pratiquées de
la tête aux pieds tous les matins avec une éponge

fine, fortifient l'organisme et le mettent en état de résister aux influences atmosphériques. Ces lotions sont aussi utiles chez les tout jeunes enfants dont la peau est fréquemment salie par les déjections naturelles que chez ceux qui sont plus avancés en âge, envers lesquels il ne paraît pas avantageux ne mettre ces précautions en pratique. Chez tous, elles ont pour résultat d'activer le fonctionnement des organes, de donner de la vigueur, de relever les forces.

« Cette salutaire coutume, dit le D' Seraine (1), hardiment pratiquée, est véritablement un des plus puissants moyens de prévenir l'abâtardissement de l'espèce humaine et de la régénérer. C'est surtout aux enfants faibles et délicats des villes qu'il faut l'appliquer ; elle peut pour eux remplacer en grande partie la plupart des conditions hygiéniques qui leur manquent et qui les conduisent à l'étiolement. Le lavage quotidien à l'eau froide est une pratique si excellente et si salutaire, qu'elle devrait être continuée sans interruption pendant toute la durée de la vie. On peut en contracter l'habitude à tout âge, et il n'est jamais trop tard pour y recourir. » Elle constitue un des principaux facteurs de la longévité humaine.

Quant aux bains locaux et généraux, ils sont d'une utilité certaine, incontestable. Ils combattent efficacement l'irritation, les rougeurs de la peau,

____

(1) D' Seraine. *De la santé des petits enfants*, 5e édition, page 62, Paris.

l'état nerveux sous toutes les formes. Pour les faire prendre, on porte l'enfant dans une baignoire, en lui soutenant la tête d'une main, tandis que l'autre est placée sous les cuisses ; on l'y tient pendant dix à quinze minutes, puis on le retire pour l'essuyer avec un linge chaud. On peut le maintenir dans la baignoire au moyen d'un appareil, connu dans le commerce sous le nom de *ceinture Hélène-Julienne*. « Je l'ai employé bien des fois, dit M. Bouchut (1), avec avantage. C'est une sorte de brassière à crochet dans un cas et un hamac dans l'autre qui, étant fixés dans la baignoire par un système de vis, maintiennent l'enfant assis ou couché, selon la volonté de la mère ».

PROMENADES. — Rien n'est plus utile pour la santé des petits enfants que l'exercice, la promenade et le grand air. Aussi doit-on commencer à les sortir vers la troisième ou quatrième semaine. S'ils sont chétifs et délicats, on les enveloppe un peu plus et on les expose moins de temps à l'action de l'air. Ceux qui sont robustes doivent affronter les intempéries des saisons, c'est le vrai moyen de leur former un tempérament solide.

Gardez-vous de tenir vos enfants renfermés ; ils feront comme la plante sous cloche, ils s'étioleront. Un proverbe italien dit : *où le soleil n'entre pas, le médecin entre souvent*, et c'est avec raison, car les rues étroites et les appartements obscurs sont

____

(1) Bouchut. *Hygiène de la première enfance*, 7ᵉ édition, p. 104.

des bouges souvent infects où prennent ordinairement naissance le rachitisme, la scrofule et les
épidémies. Promenez vos enfants dans les jardins,
dans les squares, sur les quais, où encore mieux à
la campagne ; mais ne leur faites pas faire des
courses au-dessus de leurs forces, vous les pré-
disposeriez à des déformations des membres. Vous
feriez comme ces nourrices qui pressées de voir
partir leurs enfants les font marcher avant que leur
ossature soit capable de supporter le poids du corps.

Veillez sans cesse sur eux. Habituez-les à se
tenir tout seuls pendant quelques instants devant
une chaise ou un meuble quelconque. Présentez-
leur ensuite à une certaine distance un objet qui
leur convienne ; ils feront de la sorte quelques pas
en avant et leurs progrès deviendront de plus en
plus sensibles. Mais de grâce, s'ils tombent ne les
effrayez pas. Laissez-les gambader à leur aise, au
contraire, pendant une partie du jour, sur une couverture, un tapis ou sur le gazon sec, où ils apprendront à se relever d'eux-mêmes, comme il leur
plaira. D'autres fois, vous les promènerez en voiture ou bien vous les mettrez dans le chariot Fla-
mant, destiné à les faire courir sans les exposer au
moindre risque. Cet appareil est à roulettes ; il est
rembourré à l'intérieur et sur les bords pour ne
pas blesser le corps, ni le dessous des bras ; la
ceinture est garnie d'une agrafe à crémaillère qui
permet de serrer à volonté suivant l'épaisseur du
tour de taille de l'enfant.

Dès qu'il sait marcher, il faut le laisser jouer

avec d'autres enfants de son âge ou à peu près. Avec eux, il développe son intelligence, apprend à commander et à obéir. La solitude lui est nuisible, retarde ses facultés, le rend jaloux, taquin, intraitable ; elle devient souvent la source de mauvaises habitudes.

Ainsi donc, il faut à la première enfance la distraction, l'exercice, les jeux, l'air pur de la campagne ; les enfants grêles, maladifs, prédisposés héréditairement à la phtisie devraient y être élevés exclusivement. Un jour, un riche négociant de Paris demandait au professeur Péter le plan d'existence qu'il y avait à faire suivre à son enfant dont la mère était morte phtisique : « *En faire un petit paysan* », répondit le savant professeur, voulant dire par là qu'il fallait qu'il abandonne la ville, l'air renfermé des appartements, les cours de l'école pour habiter la campagne, y jouir de l'air pur, des rayons du soleil, du changement des saisons, de la vie des champs en un mot, la seule capable de reconstituer son tempérament affaibli. Le négociant mit en pratique ce sage précepte et son fils est aujourd'hui un jeune homme frais et bien portant. Son instruction, sans doute, laisse beaucoup à désirer ; mais, en revanche, il possède la santé, le plus précieux de tous les trésors.

RÉGIME ALIMENTAIRE. — Dans les premières semaines, l'enfant doit être mis au sein toutes les deux heures. On éloigne ensuite graduellement les tétées jusqu'à les réduire à quatre ou cinq par jour et une ou deux dans le courant de la nuit. Voilà la meilleure manière d'élever de beaux enfants. Jusqu'à six mois, le lait doit être leur unique nourriture, à moins que la mère en manque, l'on y supplée alors par le lait artificiel, car les bouillies ou les fécules sont plus pesantes et leur occasionnent souvent par cela même des indigestions.

Vers sept à huit mois, les enfants deviennent assez forts pour que le lait ne leur suffise plus ; il faut ajouter à la lactation, jusqu'au sevrage, des aliments demi-solides, pris en quantité de plus en plus grande. A ce moment-là, les potages, les soupes, les panades deviennent d'un usage journalier et ne présentent aucun inconvénient pourvu qu'ils soient donnés avec modération. Ce qu'il faut laisser de côté surtout, ce sont les bonbons, les gâteaux, les sucreries qui leur donnent des douceurs d'estomac et leur forment un mauvais tempérament. Je ne suis pas partisan non plus du thé, du café, des liqueurs : cela ne peut leur être que nuisible. Le vin lui-même pris en trop grande quantité réagit sur leur caractère, les rend bouillants, emportés, capricieux ; il réveille de bonne heure les passions et devient ainsi l'origine de tous les excès.

A cinq ou six ans, il est bon que les enfants ne fassent que quatre repas par jour. Cependant ceux qui ont un grand appétit peuvent manger plus souvent, surtout s'ils ne demandent que du pain. Il n'en est pas moins vrai que la régularité dans les heures des repas est une chose excellente, non

seulement pour assurer la santé des enfants, mais
encore la tranquillité des mères qui sont à chaque
instant tourmentées par des demandes inopportu-
nes. On ne veut pas les contrarier, on leur accorde
ce qu'ils désirent, des indigestions surviennent,
amenant après elles un long cortège de maladies, qui malheureusement sont plus nombreuses
et plus graves pendant la première enfance qu'à
tout autre âge de la vie. Les principales de ces
maladies sont : la jaunisse, le sclérème, l'ophtalmie purulente, le muguet, les coliques, l'athrepsie,
la cholérine, les convulsions, les vers intestinaux,
les gourmes, le rachitisme, la scrofule, la coqueluche, le croup.

JAUNISSE DES NOUVEAU-NÉS. — Cette maladie,
appelée aussi *ictère*, se montre chez presque tous
les nouveau-nés au moment de la chute du cordon,
c'est-à-dire quatre ou cinq jours après la naissance ;
elle résulte d'une inflammation de la veine ombilicale, compliquée ou non d'une inflammation aiguë
du foie. De là, l'*ictère bénin* qui guérit très rapidement, et l'*ictère grave* qui est promptement mortel
si la veine ombilicale se remplit de pus.

Dans l'ictère des nouveau-nés, on combat la couleur jaune de la peau par les bains, les frictions,
les cataplasmes, les laxatifs, le sirop de chicorée
et les lavements avec le miel de mercuriale.

SCLÉRÈME DES NOUVEAU-NÉS. — On appelle *sclérème* ou *œdème algide des nouveau-nés* une affec-

tion caractérisée par le refroidissement avec endur-
cissement de la peau et du tissu cellulaire sous-
cutané. Le sclérème survient habituellement du
premier au septième jour après la naissance ; il
attaque surtout les enfants faibles, mal nourris ou
nés avant terme. On observe la coloration livide de
leur peau, un abaissement prononcé de la température du corps, un assoupissement profond, entrecoupé par des cris aigus, la gêne de la respiration,
l'enflure des extrémités qui devient plus tard générale et amène rapidement la mort.

Il faut contre une maladie aussi grave combattre
au plus vite le refroidissement, raviver la circulation, stimuler les forces. Pour cela, les bains chauds,
les frictions aromatiques, les potions stimulantes,
le massage, les fumigations de baies de genièvre,
le lait chaud additionné d'eau-de-vie, les lavements
de bouillon sont autant de remêdes qui sont très
utiles, mais qui parviennent rarement à rétablir la
santé.

OPHTALMIE DES NOUVEAU-NÉS. — L'*ophtalmie*
ou *conjonctivite purulente des nouveau-nés* est
une inflammation de l'œil épidémique, contagieuse
et d'une gravité excessive. En quelques jours, la
vue des petits enfants peut être complètement
perdue. Une lumière trop vive, un coup d'air froid,
la poussière, la malpropreté, la leucorrhée des
femmes en couches, en sont les causes déterminantes.

Elle débute vers le quatrième jour, quelquefois

plus tard. Elle se reconnaît au gonflement, à la rougeur des paupières qui restent fermées, chassieuses, et à l'écoulement abondant d'un pus épais qui s'échappe des yeux toutes les fois qu'on les entr'ouvre.

Le traitement préservatif consiste à tenir les yeux dans un état de propreté parfait, tout en évitant les causes susceptibles d'engendrer l'ophtalmie. Le traitement curatif exige l'emploi d'un collyre avec une solution au nitrate d'argent à la dose de 5 à 15 centigrammes pour 15 grammes. Un pinceau trempé dans cette solution est passé sur le globe oculaire deux ou trois fois par jour; on complète le pansement avec des cataplasmes ou des compresses froides trempées dans de l'eau de rose. On fait, en outre, des scarifications quand il y a chémosis. Des agents aussi énergiques ne s'emploient pas sans avoir eu recours au médecin qu'on a dû faire appeler dès le commencement de la maladie.

Muguet. — Le muguet, appelé aussi *blanchet, millet, stomatite crémeuse*, est une forme de stomatite qui se développe fréquemment chez les nouveau-nés et qui est caractérisée par l'apparition de granulations blanchâtres, semblables à du lait caillé, disséminées sur la langue et tout l'intérieur de la bouche. Cette maladie guérit facilement chez les enfants en badigeonnant quatre ou cinq fois par jour la cavité buccale avec un pinceau trempé dans le sirop de mûres, le miel rosat, ou

mieux dans un collutoire boraté dans les proportions de 6 grammes de borax pour 10 grammes de
miel blanc. Il n'en est pas de même chez les
adultes où le muguet est ordinairement symptomatique d'une cachexie, comme le cancer, la phtisie, etc., et ne tarde guère à être suivi de mort.

COLIQUES. — Rien de plus commun que les
coliques chez les enfants à partir de la naissance
jusqu'à l'âge de trois ou quatre mois. On les voit
se tordre, pousser des cris pendant quelques minutes, puis des vents sortent de l'anus et tout
rentre dans le calme. Si les enfants ne maigrissent
pas, il y a peu à s'en préoccuper. Dans le cas
contraire, on leur fait prendre par la bouche de
l'huile d'amandes douces pure ou coupée avec du
lait, on leur donne des lavements de pavot, on leur
met des cataplasmes sur le ventre, enfin une cuil-
lerée à café de sirop de violette ou de laitue amène
souvent du soulagement.

ATHREPSIE. — Le professeur Parrot a donné ce
nom à un ensemble de phénomènes morbides qui
révèlent chez les enfants en bas âge une nutrition
incomplète. Ces enfants ont la diarrhée verte, des
vomissements, le muguet; leur appétit est nul ou
capricieux, leur soif vive, leur amaigrissement
profond. Ils dépérissent de jour en jour jusqu'au
moment où ils rendent le dernier soupir, sans
qu'aucun tonique ait pu les relever.

On doit en attribuer la cause à l'allaitement artificiel, à l'alimentation prématurée, à tous les défauts de régime qu'on fait suivre aux enfants. Aussi est-il indiqué de leur choisir une bonne nourrice qui ne les fasse pas manger trop jeunes, qui leur évite les indigestions, qui, en un mot, leur donne tous les soins désirables. Car une fois la constitution détériorée, il est fort difficile de sauver les malades.

CHOLÉRINE. — La *cholérine*, ou *choléra infantile*, est une maladie d'été qui sévit surtout sur les enfants au moment du sevrage. Elle est caractérisée par la diarrhée, les vomissements et une soif inextinguible. L'estomac ne peut rien supporter sans le vomir; l'enfant maigrit rapidement; ses yeux s'excavent, son nez s'étire, son corps se refroidit et la mort survient à courte échéance. Le bismuth contre la diarrhée; la tisane albumineuse, le lait d'amande, les vésicatoires sur le creux de l'estomac contre les vomissements; le bouillon froid, le jus de viande, les cataplasmes sur le ventre, les lavements amidonés ou laudanisés contre l'irritation gastro-intestinale en ont difficilement raison. C'est une des maladies les plus graves de la première enfance.

CONVULSIONS. — On donne le nom de convulsions à des contractions involontaires des muscles du corps, revenant par accès d'une durée variable et accompagnées ou non de perte de connaissance. Elles se déclarent chez les petits enfants sous l'influence des causes les plus diverses. En général, une indigestion, une insolation, la dentition, les vers, un refroidissement subit, une frayeur inattendue, le lait d'une nourrice qui vient d'éprouver des émotions vives les occasionnent.

Pendant l'accès, le corps se renverse en arrière, les jambes se raidissent, les yeux se convulsent, le visage devient livide, l'enfant ne peut ni parler, ni avaler, ni voir les personnes de son entourage. Cet état grave dure de quelques minutes à une ou deux heures ; s'il ne se reproduit pas, la guérison est rapide ; s'il se répète plusieurs fois le premier jour et les jours suivants, la mort est inévitable.

Le traitement des convulsions varie suivant la cause qui les a produites. Au moment de la crise, on place l'enfant dans un endroit frais, on desserre ses vêtements, on lui fait respirer de l'éther, du vinaigre, des odeurs fortes. Après la crise, et lorsqu'il peut avaler, on lui donne du thé, de l'eau de menthe, de fleurs d'oranger ou de mélisse, un léger purgatif, des lavements, des bains, une potion au bromure de potassium, au castoréum et aux principaux antispasmodiques.

Vers intestinaux. — Ces vers comprennent les lombrics et les oxyures.

Les *ascarides lombricoïdes* ou *lombrics* ressemblent à des vers de terre ; ils ont le corps cylindrique, rosé, luisant, ayant de 20 à 25 centimètres de long sur 2 à 5 millimètres de diamètre. Leur siège habituel est l'intestin grêle ; mais ils sont en si grand nombre parfois qu'ils émigrent et forment des pelotons capables d'arrêter le cours des matières fécales ou de produire des suffocations promptement mortelles. Si le plus souvent ils n'oc-

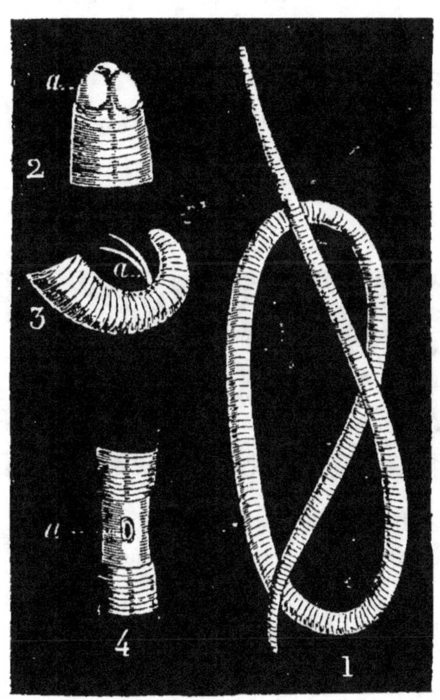

Fig. 14. — Ascaride lombricoïde.

1. Ascaride. — 2. *a*. Extrémité céphalique avec les trois nodules de la bouche. — 3. *a*. Extrémité caudale du mâle avec les deux spicules. — 4. Étranglement génital de la femelle avec *a*, l'orifice sexuel.

casionnent aucun malaise, il est des fois où ils déterminent des convulsions et des coliques excessivement intenses. On les expulse en faisant prendre par la bouche l'huile de ricin, le calomel, le semen-contra, la mousse de Corse, les tablettes de santonine, etc. (V. mon *Manuel de thérapeutique*, p. 737 et suiv.)

Les *oxyures*, comme les lombrics, s'observent plus fréquemment dans la première enfance qu'à tout autre âge de la vie. Ce sont de petits vers blancs, demi-transparents, d'une longueur de 4 à 8 millimètres ; ils habitent le rectum et les plis radiés de l'anus. Les matières fécales rendues chaque jour en sont souvent recouvertes, sans que les patients en ressentent la moindre incommodité. Ce-

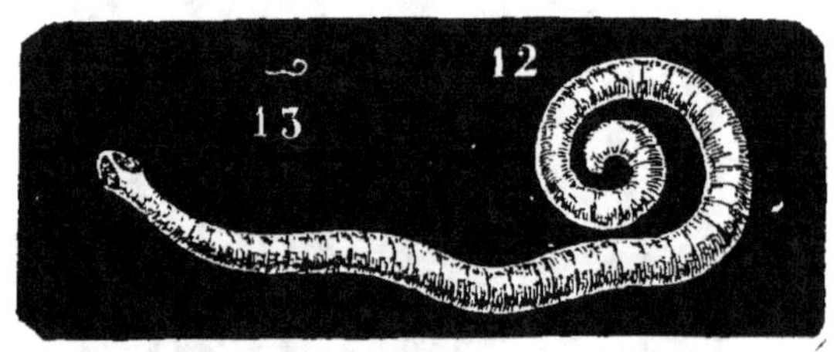

Fig. 15. — Oxyure vermiculaire.

12. Oxyure vermiculaire considérablement grossi. — 13. Oxyure vermiculaire de grandeur naturelle.

pendant ils produisent quelquefois des démangeaisons insupportables, et, chez les jeunes filles, en s'introduisant dans la vulve et le vagin, ils peuvent amener des pertes blanches ou la funeste habitude de la masturbation. Les décoctions d'ail, de suie, d'absinthe, de semen-contra, d'écorce de racine de grenadier prises en lavements les font rapidement disparaître.

GOURMES. — On appelle ainsi l'impétigo de la face et du cuir chevelu. Ce sont de petites pustules blanchâtres, de la grosseur d'une tête d'épingle, remplies de pus donnant lieu à des croûtes jaunâtres, demi-transparentes. Ces gourmes sont, particulièrement une maladie de la première enfance. A la face, elles affectent les joues, les paupières, le menton, et forment par leur réunion un véritable masque de *croûtes laiteuses* qui durent pendant tout le temps de l'allaitement. A la tête, leur suintement colle les cheveux et occasionne des démangeaisons continuelles.

S'il ne survient pas de complications, les gourmes finissent par guérir avec des tisanes dépuratives, l'huile de foie de morue, le sirop antiscorbutique ioduré, les exutoires temporaires, la propreté la plus absolue. Dans les cas graves, les gourmes se compliquent d'ophtalmie purulente, d'otite, d'adénite suppurée, de tuberculose, c'est-à-dire de maladies fort sérieuses qui exigent un traitement particulier.

RACHITISME. — Le rachitisme, maladie de la première enfance, et l'ostéomalacie, maladie de la puberté, ne sont qu'une seule et même maladie modifiée par l'âge des sujets qui en sont atteints. Le rachitisme est marqué par le défaut de développement, l'incurvation des os et le gonflement de leurs extrémités. Il se forme surtout de un à trois ans. Toute cause débilitante y prédispose. L'alimentation prématurée, l'habitation de locaux humides, la privation de soleil, d'exercice et de grand air le détermine.

Un enfant rachitique a la tête volumineuse, les fontanelles non ossifiées ; sa poitrine ressemble à celle d'un oiseau : elle est aplatie latéralement, bombée en avant. L'extrémité sternale des côtes présente des nodosités superposées qui ont reçu le nom de *chapelet rachitique*. Enfin sa colonne vertébrale est déviée, ses membres sont noués, c'est-à-dire gonflés au niveau des jointures, amincis dans leurs intervalles, le bassin lui-même est plus ou moins déformé, ce qui rend plus tard pour la jeune femme l'accouchement dangereux ou impossible.

Avec de tels symptômes, le rachitisme partiel est peu grave quand il affecte les membres à un faible degré. Il n'en est pas de même lorsqu'il déforme tout le squelette ; car alors, non seulement les os ne se redressent pas, mais leur déformation entraîne les conséquences les plus funestes. Il faut prescrire, comme traitement, une bonne hygiène, les bains de mer, les toniques, la peptone, le phosphate de chaux surtout, et les appareils orthopédiques.

Scrofule. — La scrofule est une maladie diathésique caractérisée par la viciation de toutes les humeurs et de tous les tissus du corps. Elle débute dès la plus tendre enfance, devient plus rare dans la jeunesse et disparaît à peu près complètement chez les vieillards. Les enfants doués de cette constitution ont la peau pâle, les lèvres grosses, le nez aplati, les yeux chassieux, la figure bouffie, le corps volumineux, le tempérament apathique, les glandes du cou engorgées (*écrouelles*). Des éruptions cutanées surviennent à la tête et au visage (*gourmes*). On observe aussi au nez, aux yeux et aux oreilles de la rougeur avec des écoulements plus ou moins abondants.

Cette maladie est souvent héréditaire ; elle peut se contracter encore sous l'influence d'une nourriture grossière, d'un sevrage précoce. L'habitation dans des maisons basses, froides, humides, peu aérées, où sont entassés un grand nombre d'individus, est la condition qui la détermine ordinairement. Elle attaque d'abord la peau, les ganglions lymphatiques, les muqueuses ; elle envahit ensuite, si elle prend des proportions considérables, les articulations, les os et les organes internes (tumeur blanche, carie, mal de Pott, phtisie). Sa marche est lente. Sa guérison est certaine dans les formes légères ; mais si elle se porte sur les os ou les organes, sa terminaison par suppuration devient de la dernière gravité.

Son traitement comprend une foule de remèdes. L'iode, les iodures, l'huile de foie de morue, le sirop antiscorbutique, les arsénicaux, les sulfureux, les bains de mer, comptent au nombre des principaux.

COQUELUCHE. — C'est une maladie de la première enfance épidémique, contagieuse, revenant par quintes de toux dont les secousses successives sont entrecoupées par une inspiration sifflante. A

10.

chaque crise, l'enfant se cramponne aux objets qui sont à sa portée, sa tête se rejette en arrière, sa face bleuit, ses yeux pleurent, ses pieds trépignent, son angoisse est extrême, et le paroxysme se termine le plus souvent par une expectoration abondante et des vomissements, quelquefois par des saignements de nez, plus rarement par des hémorrhagies auriculaires ou des apoplexies conjonctivales.

La coqueluche dure de quinze à vingt jours à trois ou quatre mois. Elle débute par la toux catarrhale, puis apparaît la toux quinteuse convulsive, et quand la maladie va guérir la toux catarrhale revient. La terminaison est toujours favorable, pourvu qu'il ne survienne pas des complications sérieuses.

Dès le début de la maladie, il faut prescrire les vomitifs légers, les évacuants, les révulsifs sur la poitrine, les bains de pied sinapisés, les tisanes pectorales, les sirops béchiques. Il faut, en outre, préserver l'enfant du froid, de l'humidité, des courants d'air, lui faire porter la flanelle sur la peau, l'envoyer à la campagne, ce qui, dans beaucoup de cas, amènera très vite sa guérison. Une fois la maladie confirmée, il n'y aura que les pastilles d'ipéca, les potions au kermès, les sirops calmants, les fumigations et les pulvérisations au goudron, qui seront de quelque utilité.

Croup. — On nomme *croup, laryngite diphtéritique, laryngite pseudo-membraneuse,* une maladie épidémique caractérisée par le développement de fausses membranes dans le larynx enflammé.

Cette affection morbide a son maximum de fréquence chez les enfants de deux à sept ans. Elle se développe rarement d'emblée. Le plus souvent elle débute par une *angine couenneuse*, c'est-à-dire par l'apparition de fausses membranes sur les amygdales et le voile du palais, et c'est l'extension de ces peaux blanches au larynx qui constitue le véritable croup. D'autres fois, la maladie commence par la laryngite simple pour se transformer, en temps d'épidémie, dans quelques heures en laryngite diphtéritique.

Quoi qu'il en soit des débuts de la maladie, les symptômes sont fort graves une fois qu'elle est confirmée. Les enfants ont la toux rauque, la voix éteinte, la respiration très gênée. Ils ont un malaise indescriptible, leur face devient bouffie, plombée, leurs lèvres sont violacées, leurs yeux larmoyants, leur cou est gonflé par la distension des veines jugulaires et l'engorgement des ganglions lymphatiques. Par intervalles, ils s'étouffent littéralement; ils portent la main au gosier pour extraire le corps étranger qui les étrangle. Mais rien ne les soulage, l'asphyxie fait des progrès incessants et la mort survient au milieu des plus terribles angoisses.

La durée moyenne du croup est de trois à six jours; sa terminaison est souvent fatale, malgré les soins les mieux entendus. Les garçons y sont plus prédisposés que les filles dans une assez forte proportion. Le froid, le froid humide surtout, et les changements brusques de température sont ses causes déterminantes les plus ordinaires.

Au moindre soupçon de croup, on doit faire appeler immédiatement le médecin. Celui-ci cautérise l'arrière-gorge deux ou trois fois par jour avec la pierre infernale ou avec une solution au nitrate d'argent; il fait mettre des cataplasmes autour du cou et prescrit, soit une potion, soit un gargarisme au chlorate de potasse. Quelques heures après la cautérisation, il ordonne un vomitif pour faciliter l'expulsion des fausses membranes. Enfin il recommande de faire amuser l'enfant et de l'alimenter autant que possible, malgré son dégoût; car il sait par expérience que celui qui s'alite et cesse de manger est à peu près perdu. Une seule ressource lui reste, c'est l'opération de la trachéotomie, dont les suites sont presque toujours funestes.

Après cette longue nomenclature de maladies plus graves les unes que les autres, n'avais-je pas raison de dire que la première enfance réclamait les soins les plus assidus, le plus complet dévouement? Qu'il me soit permis ici de rendre un public hommage à tous les cœurs généreux qui se sont dévoués pour la protection des enfants du premier âge; ils ont bien mérité de la patrie et de l'humanité!

CHAPITRE VII

SECONDE ENFANCE

La seconde enfance est comprise entre sept et quatorze ans. — A cet
âge, l'enfant quitte sa mère pour vivre avec ses camarades et ses
professeurs : bienfaits de l'instruction. — Gratuité et obligation de
l'enseignement primaire jusqu'à treize ans révolus. — Cette obligation d'instruire les enfants se pratique dans presque tous les états
de l'Europe. — Ne pas regretter les millions pour l'instruction primaire : instituteurs, écoles, programmes. — Brevet de capacité ;
lettre d'obédience. — Écoles d'apprentissage ; écoles profession-
nelles. — Hygiène de la seconde enfance, ses avantages. — Maladies de la seconde enfance, leur traitement.

Nous voici arrivé à la seconde enfance, c'est-à-
dire à un âge où l'enfant commence à comprendre
et à raisonner. Il a sucé d'abord le lait maternel,
il a été habitué peu à peu à une nourriture plus
substantielle ; il a appris ensuite à faire quelques
pas, à balbutier des mots et maintenant sa démarche est assurée, sa parole facile, son estomac vigoureux. Mais par combien de crises n'est-il pas
passé ? Que de fois n'a-t-il pas été en danger de
mourir ! Sa mère ne l'a pas quitté un seul instant,

elle lui a servi tout à la fois de nourrice, de bonne, de précepteur, de garde-malade. Ses bons soins l'ont préservé de tous les périls. Hier le petit bébé était fragile, délicat ; aujourd'hui, il est devenu un garçon fort et plein de vie.

C'est que, pendant la première enfance, l'enfant n'a appartenu pour ainsi dire qu'à sa mère. Elle l'a eu toujours à ses côtés ; elle lui a prodigué son amour, ses caresses, sa plus vive sollicitude. « C'est elle qui lui a enseigné la tendresse sans en parler, en la prodiguant ; elle aussi qui lui a enseigné le devoir. Avant même que l'enfant sache bégayer, elle lui a donné les premières leçons de l'honneur ; elle l'y a destiné, elle l'y a préparé. Elle lui a inspiré l'horreur de la lâcheté et de l'injustice. Elle a développé dans sa jeune âme tout ce que la nature humaine peut porter de généreux instincts. Dans ces conversations, pour nous inintelligibles, qu'elle n'a cessé d'avoir avec lui, elle a jeté à profusion les préjugés, les ignorances, les niaiseries, les folies, et au milieu de tout, les grands préceptes humains, que l'humanité transmet par toutes les mères à tous les enfants au berceau (1). » C'est elle, elle seule, qui lui a donné l'éducation physique, morale et intellectuelle, absolument indispensable, pour entrer dans le monde et s'y comporter convenablement. Que serait-il devenu sans son précieux concours ? Aurait-il pu échapper aux nombreuses maladies qui se sont abattues sur sa frêle

_____

(1) Jules Simon. *L'École*, 11ᵉ édition, Paris.

créature. Il est permis d'en douter. Nous savons, par expérience, que les soins mercenaires n'ont jamais valu les soins d'une bonne mère. Nous savons aussi qu'elle a été toujours prête à tout sacrifier pour son enfant : son repos, ses plaisirs, sa fortune et sa santé.

Mais une fois qu'il a atteint l'âge de sept ans, il ne lui appartient plus. Il passe la plus grande partie du jour avec ses camarades et ses professeurs : les uns l'amusent à ses récréations; les autres l'instruisent à ses heures de classe; tous, lui sont utiles pour développer ses facultés. On sait, en effet, que l'enfant n'a pas de meilleurs amis que les enfants de son âge; il folâtre avec eux, il apprend à supporter leurs défauts sans se plaindre. S'il survient entre eux une discussion, le plus âgé et le plus raisonnable est pris pour arbitre, on écoute ses décisions, on met en pratique ses préceptes et le jeu recommence avec le même entrain.

Règle générale, tout enfant qui ne s'amuse pas avec ses camarades est malade, soit physiquement, soit moralement. Au physique, la maladie est facile à reconnaître; l'enfant est pâle, ne mange pas et reste blotti dans un coin sans se donner aucun mouvement. Au moral, la chose est plus difficile, il peut s'être fait détester des autres par ses extravagances, ou bien il est l'esclave de quelque passion honteuse qui le mine et lui rend la vie en commun tout à fait insupportable. Un tel sujet ne fera jamais des progrès dans ses études. Il n'aboutira plus tard à aucun bon résultat.

Ce sera par sa faute ; car, de nos jours, l'instruction est répandue à grands flots dans toutes les classes de la société. Il n'est permis à personne de rester ignorant. Bien coupables sont ceux qui n'en profitent pas. L'enseignement primaire est obligatoire et gratuit pour tous les enfants jusqu'à l'âge de treize ans révolus. Nul n'a le droit de s'y soustraire. Le père de famille ne peut les garder à la maison qu'à la condition de les faire instruire et de les rendre aptes à passer avec succès les examens de fin d'année. Il ne peut pas non plus les envoyer à l'atelier, ni à l'usine, sous aucun prétexte (loi du 19 mai 1874). A cet âge, la culture de l'intelligence doit primer tout. Le travail manuel retarderait leurs facultés et arrêterait leur croissance ; l'instruction en fera des hommes connaissant leurs droits et leurs devoirs envers eux-mêmes, envers leurs semblables, envers la patrie.

Et d'ailleurs, cette obligation de s'instruire qu'offre-t-elle de vexant pour le père de famille ? Ne se pratique-t-elle pas dans presque tous les États de l'Europe ? En Allemagne, tous les enfants sont tenus d'aller à l'école et il ne s'est jamais formé aucune opposition sérieuse contre cette loi. Les citoyens doivent à l'État de savoir lire, comme ils lui doivent de porter les armes et de payer l'impôt (1). En Autriche, en Bavière, en Danemark, en Suède, en Norwège, dans la Suisse, en

(1) Saint-Marc Girardin. *De l'instruction en Allemagne*, 1835, page 70.

Portugal, en Turquie, dans la plus grande partie des États-Unis de l'Amérique l'obligation est de rigueur; elle s'exécute non seulement sans murmure, mais avec empressement. Dans plusieurs de ces États, dit M. Jules Simon, la loi remonte à deux siècles. En Prusse, il n'y a eu, en 1863, toujours d'après le même auteur, que sept condamnations à des peines insignifiantes pour délit d'école. Les pères et les mères étaient contents de les y envoyer, parce qu'ils savaient qu'ils en retireraient des avantages certains, incontestables. Aussi qu'était-il arrivé? C'est que pendant que le nombre des jeunes soldats de 1865 ne sachant ni lire, ni écrire était de 3 p. 100 en Allemagne, de 7 p. 100 en Bavière, etc., etc., il était en France de 30 et même 33 p. 100! Ce qui est déplorable. La statistique officielle de 1868 relevait l'existence de 600,000 enfants de douze à treize ans complètement illettrés, et l'on nous disait pourtant, à cette époque, que la France était la nation la mieux civilisée du monde!

Ce défaut d'instruction provenait du faible budget voté chaque année pour les écoles primaires : il était de 100,000 francs en 1829, de 1 million et demi en 1833, de 7 millions en 1864. Mais que sont 7 millions pris sur un budget total de plus de 3 milliards! Évidemment, la dépense était illusoire : instituteurs, écoles, programmes, tout laissait à désirer. C'est ce que je vais démontrer en peu de mots. On comprendra, le peuple surtout comprendra, combien nous serions à plaindre s'il fallait revenir sous un régime semblable.

L'instituteur gagnait en moyenne, de 1853 à 1862, 4 à 500 francs et avec la rétribution scolaire 6 à 700 francs par an, c'est-à-dire moins de 2 francs par jour. Comme ce traitement ne suffisait pas pour nourrir et entretenir lui, sa femme et ses enfants, il remplissait en même temps les fonctions de secrétaire de mairie, de sacristain, de bedeau, de chantre, etc. Secrétaire de mairie, cela voulait dire, presque toujours, bureaucrate, sinon valet de M. le maire; sacristain équivalait à domestique de M. le curé. Ces attributions diverses n'étaient pas faites pour relever la noble profession d'instituteur. Un tel état de choses nuisait gravement aux progrès de l'instruction primaire; car il était hors de doute qu'un instituteur mal nourri, inquiet pour sa famille, exposé à faire des dettes, ne pouvait apporter l'indépendance, le zèle et l'attention nécessaires dans l'exercice de ses délicates et laborieuses fonctions (J. Simon). Aussi qu'en résultait-il? L'instituteur était mal recruté, peu dévoué, fort peu instruit. Les élèves quittaient souvent l'école sans avoir rien appris.

Et quelles écoles avait-on alors? La plupart des communes en manquaient. La classe se faisait dans la salle de la mairie, dans un cabaret, dans une salle de danse, sous le porche d'une église, dans une cave (1). Les enfants qui venaient de très loin étaient là exposés au froid, à l'humidité, aux

(1) P. Lorain. *Tableau de l'instruction primaire en France.* Paris, 1837.

courants d'air; ils y contractaient des maladies quelquefois très graves sans en retirer le bénéfice d'une instruction solide, parce que les maîtres et les élèves étaient mal secondés par l'administration.

Les programmes étaient très incomplets. On y enseignait la lecture, l'écriture, un peu d'histoire, de géographie et de calcul, et c'était à peu près tout. Encore, si les élèves en étaient sortis connaissant bien ces notions élémentaires, le mal eût été moindre. Mais le plus grand nombre étaient presque aussi ignorants qu'avant d'y entrer, surtout ceux de la campagne. Ces derniers, en effet, manquaient la classe pendant toute la belle saison pour garder les troupeaux et, lorsque l'hiver arrivait, la pluie ou la neige retardait leurs études, de telle sorte que l'année entière s'écoulait sans avoir suivi les cours d'une manière suffisante, et cela par la grande faute du gouvernement et des pères de famille.

Aujourd'hui, les conditions ne sont plus les mêmes. L'instituteur gagne de 1,000 à 2,000 francs par an, comme le démontre le tableau suivant :

Loi du 19 juillet 1889.

Classe.	Nombre.	Traitement des	
		instituteurs.	institutrices.
Stagiaires	20,000	800	800
5ᵉ classe.	32,000	1,000	1,000
4ᵉ classe. . . .	25,000	1,200	1,200
3ᵉ classe.	15,000	1,500	1,400
2ᵉ classe.	5,500	1,800	1,500
1ʳᵉ classe.	2,500	2,000	1,600

L'Etat lui assure pour ses vieux jours une retraite convenable. Il n'a pas besoin d'être le domestique de personne pour vivre. Sa profession est honorable et respectée. Il passe tout son temps à instruire ses élèves, et il en est capable par la raison que nul n'a le droit d'enseigner s'il n'est muni de son brevet de capacité. La lettre d'obédience n'est plus admise. On ne doit pas avoir deux genres d'instituteurs, les uns instruits, les autres ignorants. Ce favoritisme était révoltant ; il a été supprimé et c'était justice. Le niveau scientifique des élèves ne s'en trouve que plus élevé. Nous ne voyons plus des quantités d'enfants sortant des écoles sans savoir lire couramment et encore moins écrire.

Les écoles sont mieux disposées ; les nouvelles surtout sont exécutées sur un plan qui est destiné à satisfaire les principales règles de l'hygiène. Elles sont vastes, aérées, commodes ; elles sont percées de grandes ouvertures pour que le soleil y pénètre et l'air s'y renouvelle sans cesse. Toutes les communes en sont pourvues, la plupart des villages et un certain nombre de hameaux. Presque toutes ont le matériel renouvelé et très confortable. Les unes comprennent cinq ou six classes avec deux divisions chacune, la première et la seconde division, c'est le petit nombre ; les autres n'en ont qu'une seule partagée en trois cours : inférieur, moyen et supérieur, c'est la grande majorité. Ces écoles sont, en France, au nombre de 85,000, occupant 140,000 instituteurs ou institutrices, comprenant 15 millions d'élèves, filles ou garçons, âgés de six à treize ans, et coûtant plus de 140 millions par an, répartis ainsi qu'il suit :

Dépenses approximatives de l'instruction primaire en 1889.

Dons et legs.	600,000 fr.
Ressources des communes . . .	35,500,000
Subventions des départements .	6,000,000
Subventions de l'État.	100,000,000
Total.	142,100,000 fr.

Ces dépenses sont énormes si on les compare à celles de 7 millions de l'année 1864. Mais aussi, grâce à l'instruction obligatoire et gratuite, le nombre des écoles et celui des instituteurs a plus que doublé. Les riches comme les pauvres n'ont aucune rétribution à payer ; tous les livres leur sont fournis gratuitement et ils sont nombreux, car outre ceux déjà mentionnés, le programme comprend l'arithmétique appliquée aux opérations pratiques ; des notions de sciences physiques et d'histoire naturelle ; des instructions élémentaires sur l'agriculture, l'industrie et l'hygiène ; l'arpentage, le nivellement et le dessin linéaire ; enfin, le chant, la musique vocale, la gymnatique et les exercices militaires.

Avec ce bagage scientifique bien appris, l'élève aurait des notions suffisantes non seulement pour être un bon ouvrier, un bon agriculteur ou un bon contremaître, mais encore pour remplir les fonctions d'employé, de commis, de bureaucrate, de

géomètre, de négociant, de clerc de notaire, etc.
Malheureusement les instituteurs ont trop à enseigner pour tout savoir et les enfants âgés ne peuvent pas recevoir une instruction aussi étendue de
la part de leurs maîtres. Il serait utile, je dirai
même urgent, que le gouvernement crée des écoles
gratuites d'apprentissage dans les principaux centres industriels et des écoles gratuites profession-
nelles dans tous les départements. Nous aurions
alors des professeurs spéciaux pour ces écoles et
des élèves connaissant plus tard parfaitement leur
état.

Cet avantage serait immense. Un grand nombre
d'enfants sont retardés dans leurs études, perdent
le goût du travail, s'adonnent à la paresse et à
l'oisiveté parce qu'ils quittent trop tôt l'école. Si
le père de famille ne surveille pas de près leur
apprentissage, ils sont livrés à eux-mêmes trop
jeunes ; ils fréquentent avant l'âge les buvettes et
les lieux de débauche, ce qui est leur perdition. Dès
lors, leur intelligence diminue, leur croissance s'arrête, leurs muscles s'émacient. Ils n'ont ni force,
ni vigueur. La vie leur devient insupportable. Ce
sont, dans la suite, des malheureux pour la plupart ;
un certain nombre deviennent des criminels.

On les compte par milliers ces enfants qui ont
manqué leur position, faute d'une surveillance suffisante. L'État qui ne regrette pas les millions pour
l'armée ne doit pas les regretter non plus pour l'enseignement. Il a fait beaucoup pour les écoles primaires, il doit faire de même pour les écoles pro-

fessionnelles. Il faut moins de collèges payants et plus d'écoles pratiques : voilà ce que je demande pour l'enfant du prolétaire. L'État doit le prendre dès le berceau, le conduire pas à pas dans les sentiers de la vie, l'élever, l'instruire, le rendre apte à exercer un métier qui lui permette de vivre honorablement : ce sera le vrai moyen d'en faire un honnête homme, un citoyen utile à la patrie.

Mais l'instruction ne peut pas s'acquérir sans la santé, et la santé ne peut se conserver sans suivre les règles d'une bonne hygiène. L'enfant doit avoir une nourriture saine, confortable, suffisamment abondante ; ses repas seront au nombre de quatre par jour et son sommeil devra durer huit à neuf heures au moins. Il faudra entrecouper ses heures de classe et ses heures d'étude par des récréations assez longues pour que le développement du corps coïncide avec celui de l'esprit. Enfin les précautions les plus minutieuses seront prises pour l'empêcher de commettre des imprudences qui tôt ou tard lui seraient nuisibles.

En d'autres termes, surveiller l'enfant, le nourrir, l'habiller, l'instruire, lui faire apprendre un état en rapport avec ses moyens et ses aptitudes : tel est le devoir d'un bon père de famille. Il sera puissamment aidé dans cette tâche, s'il est pauvre par le gouvernement, l'assistance publique, les sociétés de secours, et même par les bienfaiteurs particuliers qui se trouvent toujours en certain nombre lorsqu'il s'agit de venir en aide à un élève intelligent et studieux.

Cela dit, je ne dois pas terminer ce chapitre sans parler des maladies les plus fréquentes à cet âge. La chose est importante à connaître. Il ne suffit pas, en effet, d'enseigner l'instruction et l'hygiène, il faut encore répandre dans le public des notions sur les affections morbides les plus connues. Le premier venu pourra être utile à son semblable en l'absence du docteur. On saura mieux à quoi s'en tenir sur le début, la durée ou la gravité d'une maladie. On pourra donner des soins utiles en temps opportun, enfin on calmera au besoin le moral de la personne atteinte par de bons conseils et d'utiles secours. Les principales maladies de la seconde enfance, comprise entre sept et quatorze ans, sont les suivantes : les fièvres éruptives, les oreillons, les teignes, les dartres, le carreau, la danse de Saint-Guy, etc.

Fièvres éruptives. — Ces fièvres sont au nombre de trois : variole, rougeole et scarlatine. Elles sont épidémiques, contagieuses, parfois d'une gravité extrême. Elles atteignent tous les âges, sévissent dans tous les climats, surviennent à toutes les saisons et occasionnent dans tous les pays une mortalité considérable. Leur évolution se fait par périodes dont la première, appelée *incubation*, dure six à douze jours et n'offre pas de dérangements appréciables dans la santé.

La *variole*, la plus meurtrière de toutes, suit son cours en cinq périodes successives. Dans la seconde période ou *l'invasion*, le malade accuse une céphalalgie vive, une douleur de reins intense, des nausées, des vomissements, des sueurs, la perte de l'appétit et des forces. Dans la troisième ou l'*éruption*, il sort des boutons qui commencent généralement à la face et s'étendent ensuite à tout le reste du corps. S'ils sont en petit nombre, la variole est *discrète* ; s'ils sont en grand nombre, elle est *confluente* ; si enfin au lieu d'être rouges, pointus, ils sont violacés, grisâtres, aplatis et en nombre incalculable, la *variole* est *hémorrhagique* ou *noire*. Dans la quatrième période ou la *suppuration*, il y a un redoublement de la fièvre, une augmentation d'enflure au visage, aux pieds et aux mains, souvent du délire, quelquefois de l'agitation seulement. A la cinquième période ou la *desquamation*, tout se sèche, la peau se ride, les croûtes tombent et laissent après elles des cicatrices indélébiles.

Sa durée moyenne est de dix à vingt jours. Son pronostic est grave et la mort survient le plus souvent soit au quatrième jour lorsque l'éruption ne peut pas sortir, soit au quatorzième lorsque la suppuration est insuffisante. Son traitement curatif est fort peu efficace puisqu'on doit se borner à combattre la gravité des symptômes ; mais le traitement préservatif est des plus avantageux en ce sens qu'il empêche la maladie de se déclarer ou lui donne une allure bénigne : il consiste dans la désinfection des appartements et dans la revaccination en masse de toute la population atteinte par l'épidémie.

Le Parlement devrait édicter une loi, comme en

Allemagne, par laquelle la vaccination serait obligatoire pour tous les enfants dans la première année et la revaccination obligatoire pour tout le monde tous les dix ans. Les familles qui ne l'exécuteraient pas seraient soumises à une amende ou à la prison. Par ce moyen, les décès par variole se réduiraient à zéro, comme le démontre le tableau suivant, dressé par le Dr Dujardin-Beaumetz, membre de l'Académie de Médecine (1).

Mortalité par la variole à Paris et à Berlin par 100,000 habitants.

Années.	Paris.	Berlin.
1881.	44	0,80
1882.	28	4,74
1883.	20	0,43
1884.	3,3	0,33
1885.	3	0
1886.	9	0
1887.	17	0
1888.	11	0

D'après ces résultats, il ne faut pas s'étonner qu'aujourd'hui, grâce aux nouveaux règlements qui président aux vaccinations et aux revaccinations, la mortalité soit absolument nulle dans notre armée comme dans l'armée allemande. Il en sera de même parmi la population civile de toute la France du moment où chacun de nous sera revacciné à l'époque voulue. Que le gouvernement prenne

(1) *Bulletin général de thérapeutique*, 1889, page 206.

en main une mesure aussi utile, il n'en coûtera presque rien au Trésor et chaque année des milliers d'existences seront sauvées.

La *rougeole*, la moins grave des trois fièvres éruptives, présente à la période d'*invasion* le coryza, le larmoiement, la fièvre et la toux ; à la période d'*éruption*, de petites tâches rouges semblables à des piqûres de puce ; à la période de *desquamation*, le détachement de lamelles d'épiderme minces comme du son, ne laissant après elles aucune cicatrice apparente.

Cette maladie a une durée moyenne de huit à dix jours. Comme la variole et la scarlatine, elle n'affecte presque toujours qu'une seule fois le même individu. Son diagnostic est facile, son pronostic bénin, à moins qu'elle ne se complique d'une fluxion de poitrine ou d'une maladie consécutive rebelle. Elle est plus commune de sept à quinze ans qu'à tout autre âge de la vie. Son traitement est à peu près nul : le repos au lit et quelques boissons pectorales suffisent pour amener sa guérison.

La *scarlatine*, plus grave que la précédente, évolue comme elle en quatre temps : l'*invasion* caractérisée par l'angine, la céphalalgie, la fièvre dure de vingt-quatre à quarante-huit heures ; l'*éruption* marquée par de larges plaques rouges granitées et framboisées persiste six à huit jours ; la *desquamation* se fait par de grandes écailles, toujours fort longues à se détacher. La maladie dure en tout dix à quinze jours. Elle a une forme bénigne qui guérit facilement et une forme maligne dont les symptômes ressemblent à ceux de la fièvre typhoïde ; elle se complique souvent à son déclin d'une hydropisie générale.

En définitive, le pronostic de la scarlatine est grave. Les hémorrhagies, le délire, l'anasarque, l'état puerpéral occasionnent des morts rapides et inattendues. Aussi le traitement est variable : Est-elle simple ? la diète et les tisanes la guérissent. Est-elle maligne ou compliquée ? les meilleurs remèdes n'ont souvent sur elle aucun effet.

OREILLONS. — On donne ce nom au gonflement douloureux des glandes parotides. Les oreillons existent généralement des deux côtés du cou, rarement d'un seul, et dépendent presque toujours d'une influence épidémique. Ils sont caractérisés par le gonflement, la chaleur, la douleur, et quelquefois un peu de rougeur de la région parotidienne. Lorsqu'ils surviennent en pleine santé, leur guérison a lieu dans six ou sept jours ; s'ils se déclarent, au contraire, à la fin des fièvres graves, ils annoncent une terminaison fatale.

Leur traitement est fort simple : il suffit de préserver du froid la partie malade en la recouvrant de pommade camphrée, d'un morceau d'ouate et d'une mentonnière. S'il y a métastase sur le testicule, des applications de cataplasmes émollients feront disparaître la congestion de cet organe.

TEIGNES. — Ce sont des affections du cuir chevelu parasitaires, contagieuses, facilement transmissibles, qui sont au nombre de trois : la teigne faveuse, la teigne tonsurante et la teigne pelade. La teigne faveuse ou favus est caractérisée par des croûtes jaunâtres, présentant au début l'aspect de godets semblables aux alvéoles d'une ruche à miel ; ceux-ci se réunissent plus tard pour former de larges plaques terreuses à la surface desquelles se voient quelques cheveux décolorés, rares, secs et cassants. La teigne tonsurante présente des plaques arrondies, parsemées d'aspérités, recouvertes de cheveux friables, coupés très également à deux ou trois millimètres au-dessus de l'épiderme, de manière à former une véritable tonsure. Enfin la teigne pelade se reconnaît à une altération spéciale des poils qui tombent subitement dans une certaine étendue, laissant la peau unie, brillante et souvent d'une blancheur remarquable.

Presque jamais la teigne tonsurante ne produit d'alopécie irrémédiable, mais elle est souvent opiniâtre et très longue à guérir. Il n'en est pas de même du favus et de la pelade qui, si elles ne sont pas bien traitées, ne cessent de faire des progrès tant qu'il y a des cheveux sur la tête et ne guérissent qu'en produisant la destruction des follicules pileux et la chute définitive des poils.

Quant au traitement des teignes, il a fait de tout temps le désespoir des médecins et des malades. Il n'est pas d'affections cutanées où l'on ait essayé un plus grand nombre de remèdes, il n'en est pas non plus qui se soient montrées plus rebelles aux divers modes de traitement que l'on a employés.

Aujourd'hui encore, malgré les soins les plus opiniâtres, on ne parvient à les guérir qu'en un, deux ou trois mois et souvent on y met beaucoup plus de temps à cause des récidives dont la fréquence est extrême. Voici le procédé opératoire mis en usage par les médecins de l'hôpital Saint-Louis de Paris :

1° *Cataplasmes émollients* pour faire tomber les croûtes, s'il en existe.

2° *Épilation avec les pinces* en plusieurs séances et, après chaque séance, lotion parasiticide sur la partie épilée (1 à 5 gr. sublimé pour 1,000 gr. eau).

3° *Pommade parasiticide* jusqu'à la poussée du poil qui ne doit être ni sec, ni cassant, sinon nouvelle épilation avec pommade consécutive (2 à 4 gr. huile de cade ou turbith minéral pour 30 gr. axonge). *Voir pour plus amples informations mon* Manuel de thérapeutique, *page 720 et suivantes.*

DARTRES. — Toutes les maladies de peau autres que les gourmes, les teignes, les syphilides, les scrofulides sont vulgairement appelées des dartres. Elles sont le résultat d'un vice organique du sang et constituent un état difficile à guérir parce qu'elles attaquent la constitution générale. Elles donnent lieu à des éruptions furfuracées (*pityriasis*), papuleuses (*acné*), vésiculeuses (*eczéma, herpès*), pustuleuses (*impetigo*), squameuses (*psoriasis*), etc. Les dartres se transmettent par hérédité ; elles se répercutent à l'intérieur quand on ne les a pas soignées avec toute l'attention désirable.

Leur traitement doit être local et général. Dans le premier cas, les lotions mucilagineuses ou astringentes, les poudres d'amidon ou de bismuth, les bains alcalins, sulfureux ou de sublimé, les pommades au goudron, au calomel, au précipité rouge sont utiles. Dans le second, on prescrit de préférence les tisanes amères, les solutions arsénicales, les préparations ferrugineuses, un régime privé d'excitants et d'alcooliques et les eaux minérales appropriées : La Bourboule, Royat, Luchon, le Mont-Dore.

CARREAU. — On nomme carreau la tuberculisation des ganglions mésentériques, c'est-à-dire des glandes contenues dans le repli membraneux de l'intestin grêle. C'est une maladie grave qui débute lentement, d'une manière obscure. Elle a son maximum de fréquence de six à douze ans et attaque plutôt les garçons que les filles. L'enfant qui en est atteint pâlit, faiblit, maigrit de plus en plus ; il a constamment de la fièvre accompagnée d'une diarrhée persistante. Son ventre est gros, distendu, parsemé de bosselures nombreuses qu'on trouve facilement à la palpation et qui sont le signe caractéristique de cette maladie.

Nul doute que le carreau ne soit susceptible de guérison, mais cette guérison est rare. Aussi ne faut-il pas confondre cet état morbide avec la disposition ballonnée habituelle du ventre des petits enfants affectés de diarrhée ou de rachitisme ; car en pareil cas, l'abdomen est rempli de gaz sans liquides, ni tumeurs.

Le traitement consiste dans l'application de topiques résolutifs, auxquels il faut ajouter une bonne hygiène, une nourriture substantielle, non échauffante, le séjour à la campagne, l'hydrothérapie, les bains salés, iodés ou sulfureux. Il ne reste après cela qu'à combattre quelques symptômes : les coliques par les calmants, la diarrhée par le bismuth, etc.

DANSE DE SAINT-GUY. — La danse de Saint-Guy ou chorée est une maladie apyrétique, nerveuse, caractérisée par des mouvements involontaires, essentiellement irréguliers de la face et des membres. Son début est lent, sa marche progressive. C'est dans un bras ou une jambe que commencent les contractions choréiques ; de là, elles s'étendent aux membres du côté opposé, gagnent les muscles de la face qu'elles peuvent tous atteindre les uns après les autres. Il résulte de cet état de choses les contorsions les plus bizarres. Les choréiques lancent les membres à tort et à travers dans toutes les directions ; ils titubent et tombent parfois comme des personnes ivres ; ils ne portent le verre à la bouche qu'après lui avoir fait suivre un certain nombre de détours ; enfin leur front se plisse, leurs yeux se convulsent, leurs lèvres grimacent, tout le visage en un mot simule la mimique la plus ridicule qu'on puisse imaginer, lorsque la maladie est parvenue à son plus haut degré. A la longue, la danse de Saint-Guy occasionne la perte de la mémoire, l'hébétude, les hallucinations et quelquefois la démence.

Cette maladie a une durée moyenne de deux à trois mois; rarement elle persiste une ou plusieurs années. Ses récidives sont fréquentes, mais sa guérison est à peu près certaine. Elle s'observe surtout chez les filles et pendant la seconde enfance. Les causes principales qui la produisent sont l'anémie, le nervosisme, la frayeur, la masturbation, le rhumatisme, les vers intestinaux.

De ces diverses causes dérive un traitement variable. Aussi on a préconisé suivant les cas les ferrugineux, les antipasmodiques, les vermifuges, les plaques aimantées, l'hydrothérapie, l'électricité, la gymnastique, le massage et beaucoup d'autres médications.

CHAPITRE VIII

PUBERTÉ

A l'âge de douze à quatorze ans chez la femme, de quatorze à quinze ans chez l'homme, les premiers signes de la puberté apparaissent et l'adolescence commence. On observe un changement complet dans l'aspect et les fonctions de l'appareil génital des deux sexes. Les testicules du garçon jusqu'alors très petits prennent tout à coup un développement important. Ses bourses se recouvrent de poils fins et soyeux ; sa verge se dilate par l'érection et donne émission à une liqueur sé-

minale contenant un certain nombre de spermatozoïdes. La fille a aussi, à ce moment-là, ses ovaires
qui triplent de volume : ils sécrètent un ou deux
ovules à chaque ponte menstruelle. Ce sont ces
ovules et ces spermatozoïdes qui sont essentiels à
la reproduction de l'espèce. Sans eux la fécondation est impossible. Il faut même un concours de
circonstances favorables pour que la conception
puisse avoir lieu ; sinon ces germes restent à
jamais stériles.

Dès la puberté, le mont de Vénus chez la jeune
fille est parsemé d'un léger duvet, son hymen est
intact, ses grandes et ses petites lèvres sont très
peu marquées. Sa voix est frêle ; les seins sont à
peine rebondis. Dans cinq ou six ans de plus, tous
ces organes auront atteint leur complet développement. Alors sa physionomie douce, son aspect
voluptueux, ses formes arrondies, sa bouche ver-
meille s'épanouiront à nos yeux dans toute leur
grâce et toute leur beauté.

Le garçon, à son tour, prend les traits caractéristiques de l'homme. Ses muscles acquièrent de
la force, ses nerfs de l'élasticité, ses mouvements
de l'ampleur. Il perd la timidité de son enfance et
devient communicatif, fier, audacieux. Les jouets
ne l'amusent plus. Le besoin d'air, de lumière, de
liberté le transporte. Un horizon nouveau s'ouvre
devant lui. Un changement complet s'opère dans
tout son être. C'est la nature qui le pousse et réveille dans ses sens engourdis les premiers
effluves de l'amour.

Que de précautions ne faut-il pas prendre à cet âge ! Surveillance assidue, soins affectuenx, dévouement sans bornes, rien ne doit manquer pour éviter la corruption de la première jeunesse. Le père et la mère auront toujours les yeux fixés sur leurs enfants. Qu'ils soient au collège, à l'atelier ou dans les champs, ils ne les perdront jamais de vue : car c'est de la puberté que découlera le bonheur ou le malheur de toute leur vie.

S'ils sont au *collège*, il faudra s'occuper continuellement de leur travail, des notes de la semaine, des places qu'ils ont eues à la composition. Il sera utile d'aller les voir de temps en temps pour les recommander aux maîtres d'études, aux professeurs et même au principal qui a la haute direction et qui pourra donner sur leur conduite et leur applicatien les meilleurs renseignements. Ces démarches porteront leurs fruits, soyez-en persuadés. Les enfants qui seront surveillés attentivement travailleront avec plus d'ardeur, passeront leurs examens avec succès, obtiendront sans peine leurs diplómes, et, plus tard, lorsqu'ils seront étudiants, ayant été toujours habitués à plier sous le joug de l'autorité paternelle, ils s'appliqueront avec le même zèle et arriveront aux professions libérales sans aucune difficulté. Les uns deviendront des savants dans les lettres, les autres dans les sciences, d'autres dans les arts, tous seront utiles à eux-mêmes, à la famille et à la patrie.

Il n'en est pas de même des adolescents peu studieux dont les parents auront négligé la première instruction. Ils seront les derniers de leurs classes, ne parviendront pas à obtenir leurs titres et deviendront des déclassés. Les réprimandes données trop tard ne produiront aucun effet. Aucun frein ne pourra les retenir. Ils quitteront le foyer tutélaire, iront dans la grande ville, gaspilleront les biens de leurs ancêtres, se livreront à la débauche et au libertinage, ne rentreront enfin dans leurs foyers que pour y apporter une santé délabrée, la honte ou le déshonneur.

A l'*atelier*, la même attention devra être mise à surveiller les enfants,

Le père s'occupera particulièrement de son fils, de ses aptitudes, de ses progrès. Il lui recommandera d'être laborieux, appliqué et soumis. Il ne lui permettra jamais d'avoir pour amis des camarades trop dépensiers. L'argent lui sera distribué avec parcimonie pour qu'il ne soit pas tenté d'en faire un mauvais usage. Enfin il le fera lever matin et coucher de bonne heure. Par ce moyen, le jeune garçon ne contractera pas des habitudes vicieuses : ce sera un jour un travailleur consciencieux, un ouvrier capable, un bon citoyen.

La mère aura la direction de sa fille. Elle l'apprendra à être économe dans son ménage, modérée dans ses paroles, simple dans ses toilettes. Tous ses actes seront contrôlés avec soin. Si elle va faire une commission, il lui sera expressément défendu de se retarder. Si elle se rend à son travail, elle ne partira pas trop tôt et devra être arrivée à temps. La nuit, elle ne rentrera jamais seule, elle aura pour compagne une parente ou une amie sur laquelle la mère pourra compter. Avec la bonne éducation de famille et la surveillance de tous les instants, cette jeune fille restera toujours chaste et pure. Elle fera plus tard un bon mariage : ce sera une épouse vertueuse, digne de respect et d'admiration.

Dans les *champs*, les mêmes occasions de débauche ne se présentent guère. Les maisons sont éloignées, le village et la ville le sont encore davantage. Le garçon est occupé du matin au soir à creuser le sillon, à ensemencer la terre ou à récolter les fruits. Il est presque toujours accompagné de ses parents qui l'aident dans son pénible labeur. La fille garde le plus souvent le foyer domestique ; elle pourvoit avec sa mère aux besoins du ménage. Chacun s'occupe de son travail. Tous vivent dans la tranquillité la plus parfaite, si la famille possède une certaine aisance.

Mais les enfants ont grandi ; leur nombre a augmenté ; la terre ne leur donne plus suffisamment à vivre. Il faut que quelques-uns quittent la maison paternelle. Celui-ci ira apprendre un métier ; celle-là cherchera une place de servante ; cette troisième sera couturière dans la ville voisine. Que deviendront ces pauvres enfants livrés à eux-mêmes ! Conserveront-ils toujours la mâle vertu de leurs parents ? L'oisiveté, la faim, la misère ne les feront-elles pas dévier du droit chemin ? La chose est à craindre ; les mauvaises compagnes sont là pour leur en donner le funeste conseil.

Et d'ailleurs, lors même qu'il en serait ainsi, qu'y aurait-il de si extraordinaire ! Il faut vivre ; le travail manque, le terme du loyer est échu. On se trouve sans argent, sans pain, sans ressources. Combien de malheureuses ne sont-elles pas dans des conditions semblables ! Quelques-unes n'ont ni père, ni mère ; d'autres ont été abandonnées par leurs parents dès leur plus tendre enfance. Celles-ci ont vu mourir leur mère, et leur père qui s'est remarié ne les a plus regardées ; celles-là ont des parents dénaturés qui les battaient tous les jours. Sans doute, avec une volonté de fer, elles auraient pu résister à la tentation et se comporter en honnêtes filles. Sans doute, elles auraient conservé leur vertu, si elles avaient réfléchi que le vice les entraînerait dans la dégradation la plus abjecte. Mais la jeunesse sait-elle réfléchir ? Elle a le choix entre le luxe et la misère, l'excès de plaisir et l'excès de souffrance. Elle choisira sans aucune hésitation. Tout l'y pousse et pour ainsi dire à son insu. Comment en serait-il autrement ! Ces pauvres ouvrières voient en sortant de l'atelier les magasins étincelants de parures, de bijoux, de diamants. Elles voient des dames richement vêtues dans des voitures de gala. Cela les enchante ; les romans les enivrent, ceux surtout où l'adultère y est préconisé, et emportées par les occasions, la passion et les mauvaises compagnes, elles se laissent entraîner et se jettent en plein dans l'orgie, faute d'avoir eu le père, la mère, la famille, le suffisant.

Voulez-vous savoir combien peuvent gagner par jour les ouvrières de Paris? M. Jules Simon (1), un grand écrivain qui fait autorité en cette matière, va vous l'apprendre : « Pour un salaire de 2 fr., la chemisière devra coudre huit chemises dans sa journée ; la gantière, pour 1 fr. 80 cent. devra coudre six paires de gants ; la giletière, pour 1 fr. 70 cent. devra confectionner six gilets droits ou six pantalons, en un jour. La piqueuse de bottines reçoit 1 fr. par paire et dépense 15 cent. pour fil et cordonnet. Les plus habiles n'en peuvent achever que deux paires dans une journée de seize heures, et gagnent ainsi 1 fr. 70 cent. »

« En supputant avec une inexorable rigueur le prix des choses indispensables à la vie, ajoute le docteur Mayer (2), on trouve qu'une ouvrière qui gagne un salaire de 2 fr., logée dans un taudis et vêtue misérablement, n'a que 50 centimes par jour pour se nourrir, à condition encore qu'elle ne sera pas arrêtée un seul jour dans l'année, pour cause de maladie. Mais comment vivent celles qui gagnent 50 centimes, voire même 75 centimes de moins, et c'est le plus grand nombre! En mangeant tous les jours de l'année du pain avec un peu de lait, à chacun de leurs repas. »

Faut-il s'étonner, après cela, que de pauvres filles dans cette condition, délaissées de leurs parents aussi pauvres qu'elles, succombent aux étrein-

---

(1) M. Jules Simon. *L'Ouvrière.*
(2) Dʳ Mayer. *Des rapports conjugaux.*

tes de la misère et cèdent à la tentation d'améliorer
leur existence? Elles voient les autres filles autour
d'elles qui ont un amant. Cet amant leur achète
de belles toilettes, les prend au restaurant, au
café, au spectacle, leur donne souvent de l'argent
à profusion pour leurs menus plaisirs. Cela ne doit-
il pas les tenter? Elles ne réfléchissent pas, les
malheureuses! que ce premier pas dans le vice
peut les entraîner plus loin, et que lorsqu'elles
auront perdu leur fraîcheur et leur beauté, elles
seront obligées de se livrer à la prostitution pour
vivre. Par ce commerce infâme leur santé s'alté-
rera ; d'horribles maladies viendront les assaillir
et, reléguées dans un taudis ou dans une salle
d'hôpital, le plus grand nombre verront venir la
mort à pas lents après avoir enduré les souffrances les plus atroces.

En présence d'une situation aussi triste : la misère sans espoir d'un côté ; le déshonneur, la maladie vénérienne et souvent la mort à la fleur de
l'âge de l'autre, des esprits innovateurs ont préconisé l'*émancipation des femmes*. Ils ont demandé
qu'on leur donne une instruction égale à celle de
l'homme pour les rendre aptes à toutes les fonctions publiques qui sont aujourd'hui l'apanage
exclusif de celui-ci.

Mais la chose est-elle aussi facile qu'on a bien
voulu le dire? Avec son tempérament anémique et
nerveux, la jeune fille arrivera-t-elle aisément au
doctorat dans les sciences, les lettres, le droit, la
médecine, etc? Sa santé ne sera-t-elle pas profon-

dément ébranlée par des études aussi longues,
aussi sérieuses? Et en supposant qu'elle y arrive,
comment exercera-t-elle sa profession? La menstruation, la grossesse, l'accouchement, la puerpéralité, l'allaitement n'apporteront-ils pas un sérieux obstable à cette tentative? Et puis voudra-
t-elle attendre pour faire un plus riche mariage de
s'être créée une certaine clientèle? Mais alors à
quel âge se mariera-t-elle?

Poser en ces termes de semblables questions,
c'est les résoudre. On veut émanciper la femme,
c'est-à-dire lui concéder les mêmes droits et sans
doute aussi lui imposer les mêmes devoirs qu'à
l'homme. Est-ce raisonnable? Ne sait-on pas qu'il
faudrait avant tout émanciper la femme du joug
de son organisation, nous dit le docteur Mayer, ce
qui n'est pas en notre pouvoir. Sa constitution
débile, son esprit inconstant, sa qualité d'épouse
et de mère s'y opposent. Laissons-lui les soins du
ménage, la modestie, la pudeur, son exquise sensibilité, ses ravissants appâts et ne permettons pas
que des études trop sévères lui enlèvent les deux
attraits les plus nobles de son sexe : la beauté et
la vertu.

Loin de nous la pensée que nous ne voulions
pas l'instruction de la femme. Nous en sommes, au
contraire, le plus zélé partisan. Qu'on forme des
collèges et des lycées de jeunes filles, qu'on les
instruise, qu'on leur donne une bonne éducation;
avec leur cœur et leur sagacité d'esprit elles peuvent faire de grandes choses, et, puisque leur

main-d'œuvre n'est pas payée, qu'elles se tournent du côté des professions qui sont à leur portée, qui les maintiendront dans leur rôle et leur donneront une rémunération suffisante.

Ainsi donc, nous n'admettons pas l'instruction supérieure pour la jeune fille ; elle exige un travail intellectuel trop au-dessus de son intelligence et de ses forces ; quelques natures d'élite seules peuvent l'aborder avec succès et en retirer plus tard de précieux avantages. Mais nous désirons que l'instruction secondaire se répande de plus en plus. Il faut que la femme connaisse ses droits et ses devoirs aussi bien que l'homme ; il faut qu'elle soit notre digne compagne : ses charmes en seront doublement accrus. Elle pourra mettre à chaque instant à profit les connaissances acquises. Ce moyen sera suffisamment efficace pour la préserver de la misère et du vice honteux.

Quant à l'ouvrière, jusqu'ici on n'a rien fait pour elle. Son travail n'est pas payé, ses ressources sont nulles, son sort est parfois lamentable ; il serait utile de trouver un remède à des maux aussi graves. Réglementer la prostitution, ne pas permettre qu'elle dépasse certaines limites, c'est bien. Agir à temps avant que la jeune fille en soit arrivée à ce degré de dégradation physique et morale, ce serait beaucoup mieux. Il existe une loi protectrice du premier âge qui sauve la vie chaque année à des milliers d'enfants. Pourquoi ne formerait-on pas une société protectrice de la jeune fille qui la mettrait à l'abri de l'indigence ou du déshonneur ?

Dirigée par des dames charitables, patronnée par l'État, cette société aurait ses bureaux de placement qui s'occuperaient de lui chercher du travail dans de bonnes maisons, qui lui trouveraient un logement dans un hôtel convenable. A son mariage, on pourrait lui faire un trousseau, lui constituer une petite dot. Ce serait là de la vraie philanthropie, de la moralisation parfaite. Le gouvernement y trouverait un grand avantage pour l'amélioration de l'individu, de la famille et de la société. La multiplication des mariages dans de telles conditions rendrait la France nombreuse, prospère, puissante et forte.

Il est bon de faire tout ce qu'il est possible pour éviter la dépravation des mœurs, la ruine des tempéraments, l'affaiblissement progressif des générations futures. L'hygiène la mieux entendue doit être pratiquée avec le plus grand soin, et si la maladie vient nous surprendre, nous devons la combattre sans retard par un traitement énergique. C'est précisément à l'époque de la puberté que se déclarent les affections morbides les plus dangereuses, savoir : la chlorose, l'anémie, la phtisie pulmonaire, l'ostéomalacie, la fièvre typhoïde et tant d'autres états maladifs graves qui surviennent également aux autres âges de la vie.

CHLOROSE. — La chlorose est une maladie cachectique, appelée encore *chloro-anémie* ou *pâles couleurs*, affectant spécialement les jeunes filles ou les femmes mal réglées, et caractérisée par la couleur vert jaunâtre de la peau, la difficulté de la menstruation, la flaccidité des chairs, la perte de l'appétit, la faiblesse du pouls, les palpitations, le dégoût pour la viande, le choix des mets fortement épicés, salés ou vinaigrés. Le traitement est le même que celui de l'anémie. Il faut faire prendre de préférence les emménagogues, les ferrugineux et les toniques pour en obtenir la guérison.

Anémie. — L'anémie est, comme la chlorose, une maladie produite par la diminution des globules rouges dans le sang. Elle est causée par une alimentation insuffisante, la privation de lumière et de grand air, les préoccupations morales, les évacuations répétées, les hémorrhagies abondantes, les maladies organiques et la plupart des névroses.

Dans les villes, les trois quarts des sujets sont anémiques. Ils offrent tous une décoloration marquée de la peau et des muqueuses. La face est pâle ; les lèvres, les gencives, les conjonctives sont décolorées, exsangues. On observe une respiration difficile avec essoufflement, des battements cardiaques, un appétit capricieux, nul ou dépravé, des névralgies, des bizarreries de caractère, une impressionnabilité excessive. Enfin l'anémie portée à un très haut degré occasionne toujours l'œdème des membres, la bouffissure de la face, quelquefois une anasarque mortelle. Aussi est-il nécessaire d'établir des différences. L'anémie consécutive à une maladie aiguë ou à une hémorrhagie accidentelle guérira facilement, tandis que l'anémie produite par une affection organique se terminera le plus souvent par la mort.

Quoi qu'il en soit, le traitement consiste à donner du sang à l'organisme affaibli. Pour cela, il faut recommander les viandes saignantes, les vins généreux, le séjour à la campagne, les frictions stimulantes, les eaux minérales, l'hydrothérapie, les bains de mer, les tisanes amères, le vin de quinquina et surtout les ferrugineux sous toutes les formes : tisane (eau avec des clous rouillés), poudres (limaille de fer, fer réduit par l'hydrogène), sirop (sirop d'iodure de fer), pilules (pilules de Blaud, de Vallet, de Blancard), etc., etc... En cas de non réussite par ces moyens, il existe une dernière ressource curative, c'est la transfusion.

PHTISIE PULMONAIRE. — Qui ne connaît cette terrible maladie qui affecte plus particulièrement la jeunesse et qui entre à elle seule pour un cinquième dans le chiffre de la mortalité totale ? Elle vient souvent de famille, parce que le père ou la mère sont morts poitrinaires. Elle se déclare aussi à la suite d'un refroidissement, d'une sueur rentrée, d'un rhume négligé ou d'un excès quelconque.

Ses débuts sont trompeurs, insidieux. Tantôt elle éclate tout d'un coup et tue infailliblement dans l'espace de trois à six semaines, c'est la *phtisie aiguë* ou *phtisie galopante*. Tantôt, et ce sont les cas les plus fréquents, sa forme est lente, pro-

gressive ; elle parcourt alors trois périodes successives dont la durée moyenne est de deux à trois
ans. Cette forme prend le nom de *phtisie chronique* ou *phtisie ordinaire.*

Dans la première période, ou période de crudité
des tubercules, le malade tousse, crache, maigrit ;
son expiration est rude, prolongée, accompagnée
de quelques craquements secs perçus au sommet
de l'un des deux poumons. Des soins hygiéniques
et thérapeutiques sérieux peuvent arrêter les progrès du mal. Dans la seconde période, ou période
de ramollissement, les symptômes précédents ont
augmenté de gravité ; il survient de la diarrhée,
des sueurs nocturnes, de la fièvre vespérale, la
perte de l'appétit et des forces. On trouve à la
percussion de la matité et à l'auscultation des
craquements humides mêlés de gros râles muqueux. La guérison devient beaucoup plus difficile. Enfin, dans la troisième période, ou période
d'ulcération pulmonaire, le malade crache son
poumon qui se creuse de vastes cavernes. La respiration est accompagnée de râles caverneux avec
gargouillements ; les crachats sont purulents, la
voix est enrouée, parfois éteinte, l'appétit est nul,
la fièvre intense, l'amaigrissement extrême, la
cicatrisation à peu près impossible, et le dernier
souffle de la vie s'exhale après que le malade a fait,
en présence de tous les assistants, les recommandations les plus touchantes.

D'après ce court exposé, il est facile de comprendre qu'on aura d'autant plus de chance de

guérir la phtisie qu'on l'aura mieux soignée à son début. C'est alors surtout que l'on prescrira avec avantage l'hygiène, le repos, les soins assidus, le lait d'ânesse, le jus de viande, l'huile de foie de morue, le phosphate de chaux, la créosote de hêtre, l'arséniate de soude, etc. Plus tard, les vésicatoires, les thapsias, la teinture d'iode en badigeonnages rendront les plus grands services. En dernier lieu, les potions calmantes contre la toux, le bismuth contre la diarrhée, le sulfate d'atropine contre les sueurs nocturnes, les opiacés contre l'insomnie apporteront un peu de calme aux principales souffrances.

OSTÉOMALACIE. — C'est une maladie du système osseux caractérisée par le ramollissement des os et les déformations considérables du squelette. Elle rend les adolescents bossus, bancals, rachitiques. Il faut la traiter par le phosphate de chaux, les bains de mer, les corsets contentifs, les appareils orthopédiques, qui finissent bien des fois par en avoir raison.

FIÈVRE TYPHOÏDE. — La fièvre typhoïde est une fièvre continue qui se présente sous deux formes : une forme légère et une forme grave.

La forme légère, appelée encore *fièvre muqueuse*, est caractérisée par de la céphalalgie, de l'inappétence, quelques douleurs gastriques et abdominales. Sa durée moyenne est de trois à sept semaines, souvent même davantage. Son traitement consiste en purgatifs, tisanes émollientes, lavements, cataplasmes et diète relative. Sa guérison est à peu près certaine.

Il n'en est pas de même de la forme grave, ou *fièvre typhoïde* proprement dite. Ici les symptômes sont marqués par de l'agitation, du délire, de la surdité, de la stupeur, une fièvre intense, le ballonnement du ventre, le gargouillement dans la fosse iliaque droite, la diarrhée, les taches rosées lenticulaires, la bronchite, la sécheresse de la langue, la fuliginosité des lèvres et quelquefois la carphologie, le délire furieux, le coma et la mort. Elle règne parfois à l'état épidémique et fait un grand nombre de victimes. Elle a une durée moyenne de quinze jours à trois semaines. Sa terminaison est assez souvent fatale, quel que soit le traitement que l'on ait mis en œuvre pour la maîtriser.

On a essayé tour à tour les calmants, les toniques, les purgatifs, le sulfate de quinine, les bains froids, les potions fortement alcoolisées sans en obtenir de grands avantages. Mais il ne faut jamais se décourager, car c'est la seule maladie qui affaisse le plus, tout en laissant au médecin, jusqu'au dernier moment, l'espoir de sauver son malade.

CHAPITRE IX

APPAREIL GÉNITAL DE L'HOMME

Anatomie : testicules, canaux déférents, vésicules séminales, conduits éjaculateurs, prostate, glandes de Cooper, urèthre, verge, gland. — Physiologie : sperme, spermatozoïdes.

Dans la description de l'appareil génital de l'homme, nous ferons connaître d'abord les organes qui le composent, nous décrirons ensuite les fonctions que ces organes sont destinés à remplir. Nous étudierons donc successivement les *testicules* qui sécrètent le sperme, les *canaux déférents* qui le transmettent, les *vésicules séminales* qui le reçoivent en dépôt, les *conduits éjaculateurs* et l'*urèthre* qui le lancent par l'intermédiaire d'un organe érectile, la *verge*, dans les parties sexuelles de la femme. Nous dirons quelques mots de la *prostate* et des *glandes de Cooper* qui en sont des annexes importants. Nous terminerons par le *sperme* et les *spermatozoïdes* et nous ferons ressortir que ces derniers sont les agents essentiels de la fécondation.

Testicules. — Les testicules sont deux glandes ovoïdes, de la grosseur d'un œuf de pigeon, situées à la partie inférieure de l'abdomen entre la verge et le périnée. Ces glandes sont recouvertes de quatre enveloppes, appelées *bourses*, représentant : le *scrotum*, la peau ; le *dartos*, le tissu cellulaire sous-cutané ; la *tunique fibreuse*, l'aponévrose où s'insère le muscle crémaster, releveur du testicule ; la *tunique vaginale*, la séreuse qui tapisse toute la surface testiculaire à laquelle elle est fortement adhérente.

Quant au testicule lui-même, il se compose : 1° d'une coque fibreuse inextensible, la *tunique albuginée* ; 2° d'une pulpe jaunâtre divisée en *lobules* au nombre de deux à trois cents. Chaque lobule renferme un à quatre *canalicules séminifères* enroulés sur eux-mêmes, ayant chacun la longueur de soixante centimètres environ et la grosseur d'un cheveu. Ces canalicules se terminent à une de leurs extrémités en culs-de-sac. De l'autre côté, ils deviennent rectilignes, traversent la tunique albuginée, pénètrent à l'intérieur du *corps d'Highmore* et y forment un réseau inextricable. De là partent les dix à douze *conduits efférents* qui pénètrent dans l'*épididyme* et se réunissent plus tard en un canal unique, le *canal de l'épididyme*, qui se replie plusieurs fois sur lui-même, a une longueur moyenne de six mètres et se continue avec le *canal déférent*.

Dès l'origine, les testicules sont situés près des reins dans la région lombaire ; ils y restent jusqu'au huitième mois de la vie intra-utérine. A cette époque, ils descendent dans les bourses où on les trouve généralement au moment de la naissance. Mais si leur migration n'a pas eu lieu vers l'âge de

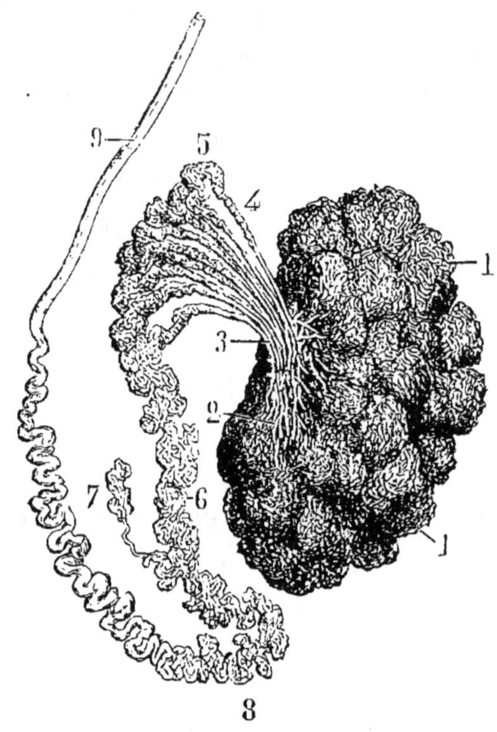

Fig. 16. — Testicule dépouillé de ses enveloppes.

1, 1. Testicule dont on a enlevé la tunique albuginée et à la surface duquel se dessinent les lobules. — 2. Réseau admirablement formé par les tubes séminifères dans l'épaisseur du corps d'Highmore. — 3. Cônes efférents formant par leur réunion (4 et 5) la tête de l'épididyme. — 5. Tête de l'épididyme. — 6. Corps de l'épididyme. — 7. Vas aberrans. — 8. Queue de l'épididyme. — 9. Canal déférent.

quinze à vingt ans, on peut dire qu'ils se sont atrophiés et l'individu sera stérile, à moins qu'on en trouve un dans le scrotum qui suffira à lui seul pour le rendre fécond.

CANAL DÉFÉRENT. — Ce canal est un cordon arrondi, épais, résistant, gros comme une plume à

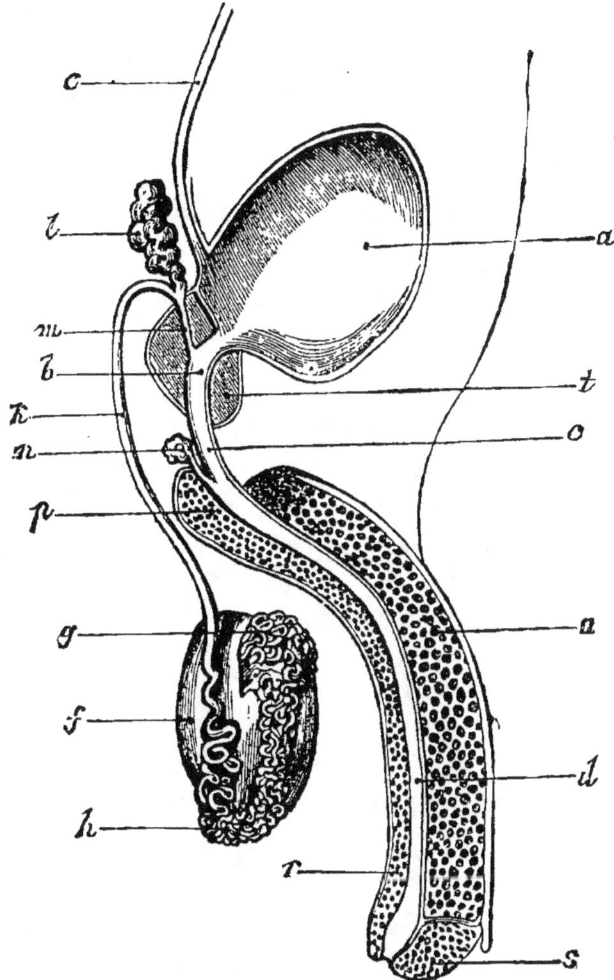

Fig. 17. — Appareil génito-urinaire de l'homme.

a. Vessie. — *l.* Prostate. — *b.* Portion prostatique de l'urèthre. — *r.* Bulbe. — *e.* Portion membraneuse de l'urèthre. — *d.* Portion spongieuse. — *r.* Paroi spongieuse de l'urèthre. — *s.* Gland et fosse naviculaire. — *o.* Corps caverneux. — *n.* Glande de Cooper. — *e.* Uretère. — *f.* Testicule. — *g.* Tête de l'épididyme. — *h.* Queue de l'épididyme. — *k.* Canal déférent. — *l.* Vésicule séminale. — *m.* Canal éjaculateur.

écrire. Sa longueur est de trente centimètres. Sortant des bourses avec les nerfs et les vaisseaux testiculaires pour former le *cordon spermatique*, il monte le long du trajet inguinal, pénètre dans le ventre, gagne un des côtés de la vessie et se jette dans la *vésicule séminale* correspondante. Les canaux déférents s'oblitèrent quelquefois, et alors le sperme ne pouvant plus être lancé au dehors, la reproduction n'est plus possible.

VÉSICULES SÉMINALES. — Ce sont deux réservoirs, de la grosseur d'une aveline, placés entre la vessie et le rectum, derrière la prostate. Leur rôle est de recevoir la liqueur fécondante à mesure qu'elle est sécrétée par le testicule et de se contracter à certains moments pour projeter au loin ce liquide.

CONDUITS ÉJACULATEURS. — Chaque vésicule se termine par un conduit de deux à trois centimètres de longueur qui va s'ouvrir dans l'urèthre après avoir traversé la prostate dans une partie de son étendue.

PROSTATE. — Glande en grappe très dense, charnue, grosse comme un marron, ayant la forme d'un cône tronqué, dont la base embrasse le col de la vessie, et le sommet la portion de l'urèthre qui l'avoisine. Son volume s'accroît beaucoup avec l'âge. Presque rudimentaire chez l'enfant, elle s'hypertrophie toujours chez le vieillard et prend quelquefois des proportions si considérables (œuf de dinde) qu'elle cause la rétention de l'urine et du sperme. Sa propriété est de sécréter un liquide blanc, épais, visqueux, plus fluide que la liqueur testiculaire dont il diminue la viscosité. Ce liquide prostatique est versé dans l'urèthre par une douzaine de petits canaux ; il facilite le glissement de la verge dans le vagin pendant l'érection ; il se mêle au sperme et facilite aussi sa sortie pendant l'éjaculation.

GLANDES DE COOPER. — Ce sont deux glandes oblongues, rougeâtres, grosses comme un pois, situées en avant de la prostate, ayant chacune un canal excréteur qui se déverse dans l'urèthre. Un fluide visqueux, jaunâtre, un peu huileux s'en échappe pour lubrifier le conduit uréthral et le préserver de l'acidité de l'urine.

URÈTHRE. — Le canal membraneux destiné à éjaculer le sperme à l'extérieur est désigné sous le nom d'*urèthre*, lequel sert encore de passage à l'urine, au liquide de la prostate et à celui des glandes de Cooper. Sa longueur est de quatorze à vingt centimètres. Il s'étend du col de la vessie à l'extrémité du *gland* et comprend deux portions distinctes : une partie libre, mobile, externe, élastique est située derrière la verge et en suit tous les mouvements ; une partie cachée, interne, fixe est placée dans le bassin où elle est sujette à être comprimée par les tumeurs de la prostate.

VERGE, PÉNIS OU MEMBRE VIRIL. — La verge est l'organe qui distingue, à première vue, l'homme de la femme. Molle, cylindrique, courte et pendante dans l'état habituel, elle devient, par l'érection, dure, longue, beaucoup plus volumineuse, se relève du côté de l'abdomen et prend la forme d'un prisme triangulaire. Elle est constituée par la peau, les corps caverneux, l'urèthre, des muscles propres qui l'attachent au pénis, des vaisseaux et des nerfs.

La peau de la verge est très fine, généralement dépourvue de poils. Sa souplesse extrême est due au peu d'adhérence qu'elle contracte avec les parties voisines. Avant d'arriver au gland, elle devient tout à fait libre, se replie sur elle-même après l'avoir coiffé et lui forme une sorte de capuchon mobile, qui porte le nom de *prépuce*. Celui-ci présente au-dessous du méat urinaire un repli muqueux, désigné sous le nom de *filet* ou *frein du prépuce*.

Quant aux *corps caverneux* qui constituent presque toute la verge, ils sont formés par un tissu érectile destiné à lui donner une rigidité suffisante pour lui permettre d'accomplir l'acte du coït. Cette rigidité résulte de l'accumulation du sang dans les mailles de son tissu. En effet, le sang y étant apporté en affluence par les artères, à la suite d'un ébranlement nerveux particulier, ne peut en sortir par les veines que lorsque les contractions musculaires ont perdu la totalité ou du moins une grande partie de leur tension.

GLAND. — Enfin le gland occupe l'extrémité antérieure de la verge. Il est surajouté pour ainsi dire aux corps caverneux dont il forme le couronnement. Sa surface est recouverte par une muqueuse rouge, humide ou sèche suivant qu'elle est plus ou moins enveloppée par le prépuce. Il a une base dont le relief volumineux, circulaire est désigné sous le nom de *couronne du gland* et son sommet arrondi est percé d'un orifice, appelé *méat urinaire*, qui donne issue à la fois au sperme et à l'urine.

Le gland, comme la verge, est un organe excessivement nerveux. Sa sensibilité est si vive qu'il suffit de quelques titillations pour que le sang y afflue en grande abondance. Il devient alors érectile, turgescent et produit une sensation indéfinissable de bien-être qui ne se termine le plus souvent qu'après une éjaculation abondante.

SPERME, SEMENCE, LIQUEUR SPERMATIQUE OU SÉMINALE. — L'appareil génital de l'homme a pour fonction de sécréter et d'expulser le sperme. C'est un liquide blanchâtre, épais, filant, d'un goût salé, d'une odeur fade spéciale qui rappelle celle de l'eau de javelle. Il se compose d'une partie liquide, transparente et d'une autre grumeleuse et filamenteuse dont la proportion est d'autant moindre que l'individu est doué d'un plus faible tempérament. Ces grumeaux sont dus à un nombre considérable de petits corps extrêmement agiles, auxquels on a donné le nom de *spermatozoïdes* et dont l'aspect

14.

ressemble beaucoup à des têtards de grenouille.

On a admis pendant longtemps que le sperme contenait une vapeur, l'*aura seminalis*, qui fécondait l'œuf par son contact. Spallanzani fut le premier à réfuter cette assertion. Il exposa des œufs de grenouille à cette vapeur et ils ne furent point fécondés, tandis qu'il réussit parfaitement en y répandant dessus la liqueur séminale du mâle. Prévost et Dumas complétèrent plus tard ces expériences et prouvèrent que le sperme privé de spermatozoïdes par une forte chaleur avait complètement perdu son pouvoir fécondant.

SPERMATOZOÏDES, ZOOSPERMES, ANIMALCULES SPERMATIQUES. — Vus au microscope, ces animalcules présentent une partie renflée, ovoïde qu'on nomme *tête* (V. fig. chap. II), et un appendice long et grêle, appelé *queue*. Ce sont les agents essentiels de la fécondation. Ils sont pour les naturalistes les rudiments de l'espèce humaine, de véritables hommes en miniature, suivant Buffon. Leur longueur est de un trentième de millimètre. Leurs mouvements sont rapides ; ils peuvent parcourir un centimètre en trois ou quatre minutes environ. Enfin leur vitalité est puissante. On en a trouvé un certain nombre de vivants dans les vésicules séminales vingt-quatre heures après la mort de l'individu. Ils conservent leurs mouvements bien plus longtemps encore lorsqu'ils ont été lancés par la copulation dans les organes génitaux de la femme. Alors ils possèdent souvent toutes leurs propriétés fécondantes pendant huit à dix jours consécutifs. C'est ce qui contribue à expliquer pourquoi la conception peut avoir lieu à peu près à toutes les époques.

Les spermatozoïdes sont fabriqués par les testicules. Ils prennent naissance dans des cellules situées au fond des culs-de-sac qui terminent les canalicules séminifères. Ces cellules contiennent à leur début une masse granuleuse et chacune de ces granulations forme un spermatozoïde, lorsqu'elles ont atteint leur complet développement. A partir de ce moment, l'enveloppe se rompt, les spermatozoïdes se redressent, parcourent en faisceaux les canaux déférents pour se rendre dans les vésicules séminales où ils se dissocient. Le plus pur de notre sang les a formés, un ébranlement nerveux considérable les expulse : de là l'épuisement rapide des individus qui se livrent au coït d'une façon désordonnée. La jeunesse et la vieillesse sont les deux âges de la vie qui en ressentent les plus terribles étreintes.

Est-ce une raison pour défendre les plaisirs de l'amour aux personnes qui sont en âge de s'y livrer ? Évidemment non. C'est l'abus seul qui est nuisible. Il en est de même d'une continence forcée, elle entraîne toujours après elle de graves désordres. On peut mentionner, à cet égard, l'histoire d'un jeune ecclésiastique qui, ayant voulu observer rigoureusement le vœu de chasteté, tomba dans la mélancolie, prit les hommes en horreur et entra fréquemment dans des accès de folie épouvantable. Il ne

fallut que l'accomplissement des devoirs conjugaux
pour le rappeler à la santé (1).

Aujourd'hui tous les physiologistes admettent
que les spermatozoïdes n'existent pas pendant l'enfance ; leur apparition signale le commencement
de la puberté ; ils disparaissent dans la vieillesse
à des âges variables : les eunuques en sont privés ;
certaines maladies les altèrent ou les font disparaître. On doit les considérer comme l'élément fon-
damental du sperme et la condition *sine qua non*
de la fécondité du mâle. L'homme, à ce sujet, a
une supériorité marquée sur la femme. En effet,
tandis que cette dernière perd sa puissance procréatrice à la ménopause, c'est-à-dire vers l'âge de
quarante à quarante-cinq ans ; celui-ci, au contraire, a des spermatozoïdes dans sa semence jusqu'à l'âge de quatre-vingts ans et possède parfois
toute sa virilité fécondante jusqu'à cette époque.

(1) Burdach. *Traité de physiologie.*

CHAPITRE X

APPAREIL GÉNITAL DE LA FEMME

Organes génitaux internes : ovaires, oviductes, matrice, vagin. — Organes génitaux externes : mont de Vénus, vulve, clitoris, vestibule, urèthre, hymen, fosse naviculaire, fourchette, grandes lèvres, petites lèvres, glandes vulvo-vaginales. — OEuf humain ou ovule. — Analogie de structure et de fonctions entre les organes génitaux mâles et les organes génitaux femelles.

L'appareil génital de la femme comprend un grand nombre d'organes dont les principaux sont : les *ovaires* qui sécrètent les œufs, les *oviductes* qui les transportent dans la matrice, l'*utérus* qui les reçoit et leur donne le développement voulu lorsqu'ils ont été fécondés, le *vagin* qui leur livre passage à l'état d'ovule ou à l'état de fœtus et qui reçoit la verge et la semence de l'homme pendant la copulation, enfin la *vulve* qui est entourée de divers accessoires (*mont de Vénus, clitoris, hymen, grandes et petites lèvres*) dont tous sont des organes de volupté nécessaires à la perpétuation de l'espèce.

Pour mettre plus de clarté dans la description de ces organes, nous les diviserons en organes génitaux internes, et en organes génitaux externes. Les premiers sont les *ovaires*, les *oviductes*, la *matrice*, le *vagin*. Les seconds comprennent le *clitoris*, le *méat urinaire*, l'*hymen*, les replis membraneux des *grandes* et des *petites lèvres*, le tout surmonté d'une éminence, appelée *mont de Vénus*, située au-devant du pubis et recouverte, dès la puberté de poils abondants.

OVAIRES. — Les ovaires sont deux organes glanduleux, destinés à la sécrétion de l'œuf humain. Leur forme aplatie ressemble à une amande de 4 à 5 centimètres de longueur sur 1 à 2 centimètres de largeur. Le poids de 6 à 8 grammes chacun dans la période intermenstruelle. Ils sont situés à l'intérieur du bassin, de chaque côté de la matrice, en arrière des oviductes, dans un repli du péritoine, appelé *ligament large*, et sont maintenus en place par deux ligaments dont l'un vient s'insérer au fond de l'utérus et l'autre au pavillon de la trompe. Leur surface, parfaitement lisse chez la jeune fille avant l'établissement des menstrues, présente plus tard des bosselures d'autant plus nombreuses que la femme est réglée depuis plus longtemps. Après la ménopause, ces organes étant devenus inutiles, leur atrophie ne tarde pas à survenir.

Comme le testicule, l'ovaire se compose d'une tunique fibreuse analogue à la tunique albuginée, et d'un contenu cellulo vasculaire divisé en plusieurs compartiments qui forment les *vésicules de Graaf*, dans chacune desquelles est renfermé un *ovule*.

Tous les mois, à partir de l'adolescence jusqu'à

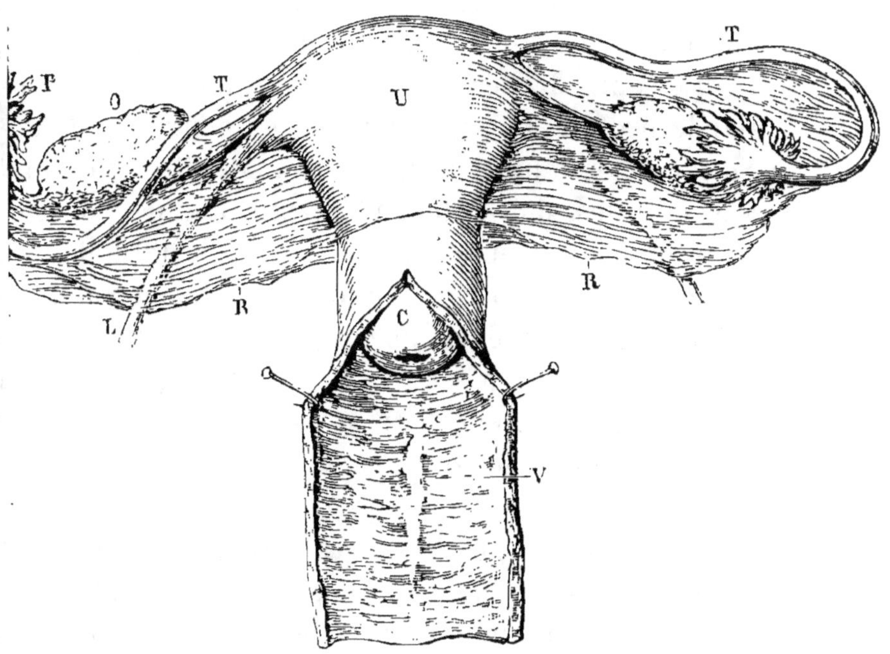

Fig. 18. — Organes génitaux internes de la femme.

V. Vagin. — U. Corps de l'utérus. — C. Partie antérieure du col de l'utérus. — O. Ovaires. — T. Trompes utérines. — P. Pavillons des trompes utérines. — R. Ligaments larges. — L. Ligaments ronds.

âge critique, une de ces vésicules, rarement plusieurs, mûrit, se rompt et laisse échapper l'ovule qu'elle contient. Cette expulsion constitue le phénomène de la *ponte mensuelle* de la femme. A la place de l'ovule on trouve un vide environné de petites cicatrices, nommées *corps jaunes*, en rai-

son de leur couleur. Celles-ci disparaissent au
bout de quelques mois ; il se développe sur ce point
une foule d'autres proéminences qui formeront
plus tard de nouvelles vésicules.

Leur nombre apparent visible sur chaque ovaire
est d'une vingtaine environ, mais leur nombre réel,
à différents degrés de développement, est évalué
par le professeur Sappey à plus de deux cent mille.
Si tous ces œufs arrivaient à maturité et étaient
susceptibles d'être fécondés, une femme pourrait
peupler à elle seule une ville de 400,000 âmes. Si
on réfléchit, en outre, qu'une goutte de sperme renferme des quantités de spermatozoïdes, on devra en
conclure que ce n'est pas la semence qui manque
pour la formation des êtres, mais plutôt un terrain
propre à leur éclosion et à leur développement.

OVIDUCTES, TROMPES UTÉRINES, TROMPES DE
FALLOPE. — Ce sont deux conduits étroits, gros
comme une plume d'oie, placés dans l'épaisseur
du ligament large, entre les ovaires qui sont en
arrière et les ligaments ronds qui sont en avant. Ils
naissent des deux angles supérieurs et opposés de
la matrice, se dirigent chacun vers l'ovaire corres-
pondant et se terminent en une sorte de capuchon
évasé et frangé, appelé *pavillon de la trompe.*
Leur longueur est de 12 centimètres environ. Leur
calibre du côté de l'utérus laisse passer avec peine
une soie de porc. Leurs fonctions se bornent à
donner passage aux spermatozoïdes et aux ovules ;
les premiers montent, après la copulation, dans l'u-

térus et dans les oviductes ; les seconds sont lancés
par les ovaires dans les pavillons des trompes qui
les aspirent et les conduisent dans l'utérus. Le
point où a lieu la rencontre de l'ovule et des spermatozoïdes est le point où s'opère la fécondation.

MATRICE, UTÉRUS. — On appelle ainsi un organe creux destiné à recevoir le produit de la conception et à le garder pendant le temps nécessaire
à son développement. L'utérus est situé dans le
bassin, sur la ligne médiane, entre la vessie et le
rectum. Il a la forme d'une poire aplatie d'avant en
arrière. Il est recouvert en haut par les intestins,
en bas par le vagin avec lequel il se continue. Les
ligaments larges et les ligaments ronds le maintiennent en place en le fixant aux os de l'excavation pelvienne.

L'utérus a 6 à 8 centimètres de longueur, 3 à 4
de largeur, 1 à 2 d'épaisseur. Son poids est de 40
à 60 grammes. Sa capacité ne dépasse guère 3 centimètres cubes ; aussi sa cavité pourrait-elle tout
au plus contenir une fève à son état normal, tandis
qu'elle contient la tête d'un fœtus à terme à la fin
de la grossesse. Cet organe doit donc jouir d'une
grande élasticité, si utile au développement régulier
de l'embryon.

On divise l'utérus en deux parties, le corps et le
col. Le corps est triangulaire. Ses angles supérieurs donnent naissance aux conduits des trompes.
Son angle inférieur se confond avec le col. Ce dernier est arrondi, percé d'un orifice étroit, muni de

deux lèvres appelées *museau de tanche*, à cause de leur ressemblance avec l'ouverture buccale de certains poissons. Pendant le coït, le museau de tanche titille l'extrémité du gland, se dilate d'abord pour recevoir la semence, se contracte en-

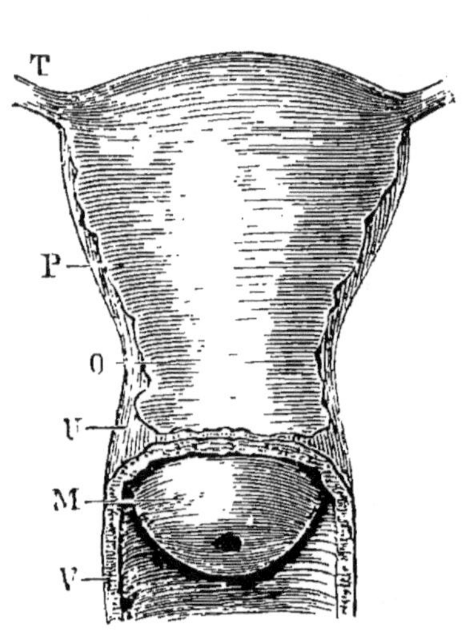

Fig. 19.— Utérus de femme vierge, vu par sa face antérieure.

M. Portion vaginale du col. — U. Isthme utérin séparant le col du corps.— P. Corps de l'utérus. — T. Trompes utérines ou de Fallope. — V. Vagin.

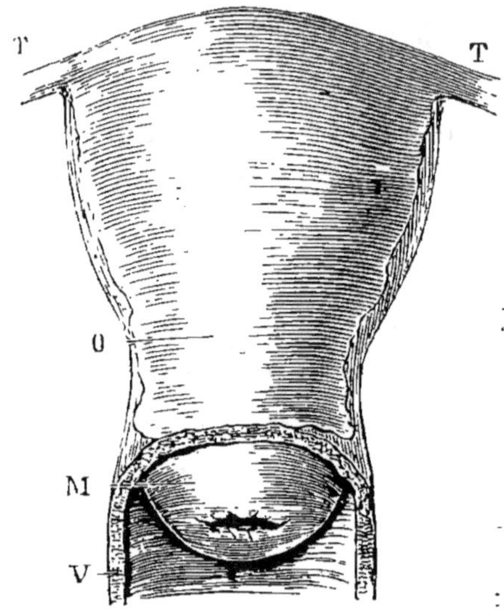

Fig. 20. — Utérus d'une femme qui a eu des enfants.

M. Museau de tanche.— O. Isthme utérin séparant le corps du col. — T, T. Trompes utérines ou de Fallope. — V. Vagin.

suite pour favoriser son ascension dans la cavité de la matrice.

Sans contredit, l'utérus est l'un des organes les plus importants de la femme. Lui seul préside à la menstruation ; lui seul prend un accroissement exagéré pendant tout le cours de la grossesse ; lui seul enfin avec l'ovaire s'atrophie à l'époque de la ménopause. Tous ces changements doivent nécessairement exercer une influence décisive sur la vie de la femme, sur sa délicatesse, son nervosisme, ses attributs particuliers.

Vagin. — Le vagin est un canal membraneux, de 10 à 12 centimètres de longueur, qui s'étend du col de l'utérus à la vulve. Il est cylindrique, très extensible, très dilatable, un peu aplati d'avant en arrière et à parois toujours contiguës.

On lui considère une surface externe, une surface interne, deux extrémités. La surface externe le met en rapport, en avant avec le bas-fond de la vessie et le canal de l'urèthre, dont il est séparé par la cloison *vésico-vaginale*, en arrière avec le rectum, dont il est séparé par la cloison *recto-vaginale*. La surface interne est tapissée par une muqueuse se continuant avec celle de la vulve; elle est sillonnée de rides transversales qui viennent aboutir à deux raphés médians, les *colonnes du vagin*. Son extrémité supérieure embrasse le col de l'utérus et forme autour de cet organe une rigole circulaire plus profonde en arrière qu'en avant. Sa partie inférieure est circonscrite par un anneau musculaire, surnommé le *constricteur du vagin*. Cet anneau surmonté de la membrane hymen resserre tellement l'ouverture du canal sur ce point qu'il est impossible les premières fois chez les vierges d'introduire complètement le membre viril.

Comme le vagin a une structure éminemment souple, élastique et érectile, il s'ensuit que dans certaines circonstances il s'applique intimement sur la verge de l'homme et la serre avec énergie, tandis que dans d'autres il se dilate au point de laisser passer, sans trop de difficulté, la tête d'un enfant naissant.

Si nous passons maintenant à l'étude des organes génitaux externes de la femme, nous trouvons d'abord sur la ligne médiane en allant de haut en bas : le mont de Vénus, la vulve, le clitoris, le vestibule, l'urèthre, l'hymen, la fosse naviculaire, la fourchette ; nous avons ensuite sur les côtés en allant de dehors en dedans : les grandes lèvres, les petites lèvres, les glandes vulvo-vaginales.

MONT DE VÉNUS, MOTTE, PÉNIL. — C'est une éminence plus ou moins saillante, de forme triangulaire, située au-devant des os du pubis, entre le bas-ventre et la vulve. Elle est formée par du tissu cellulo-adipeux très dense qui forme un point d'appui moelleux pour les rapprochements sexuels.

Chez l'enfant, le mont de Vénus est glabre, peu marqué. Il se couvre d'un léger duvet aux approches de la puberté et de poils fins, nombreux, frisés, lorsque la jeune fille devient femme. Avec l'âge, ces poils diminuent de nombre, deviennent rares, droits et souvent très longs.

Certains physiologistes ont avancé que plus le mont de Vénus est touffu, plus la femme est vigoureuse et portée aux plaisirs de l'amour. Il y a quelque chose de vrai dans cette assertion. Il est évident que l'abondance des poils dénote toujours une constitution robuste et souvent des appétits sexuels prononcés.

Vulve. — La vulve est une fente longitudinale comprise entre le mont de Vénus en haut, le périnée en bas, les grandes lèvres sur les côtés. Sa longueur est de 10 à 12 centimètres environ. Elle est complètement fermée lorsque les cuisses sont rapprochées ; mais elle s'ouvre à volonté par leur écartement, les doigts ou un corps étranger quelconque : pénis, spéculum, etc. Elle renferme dans sa cavité qui n'a guère plus de 1 à 2 centimètres de profondeur tous les organes génitaux externes.

Clitoris. — On donne ce nom à un petit organe érectile, imperforé, situé à la partie supérieure de la vulve, immédiatement au-dessus du vestibule et du canal de l'urèthre. Il est l'analogue du pénis chez l'homme. En effet, comme celui-ci, il se compose d'un corps caverneux qui préside à son érection, d'un ligament suspenseur qui le soutient, d'un prépuce formé par les petites lèvres qui le protège, d'un gland qui est le siège principal des sensations voluptueuses.

Le clitoris a une longueur moyenne de 2 centimètres ; il peut s'hypertrophier et acquérir un volume beaucoup plus considérable. Parent-Duchâtel a vu une prostituée de vingt-trois ans dont le clitoris avait une longueur de 8 centimètres et la grosseur du petit doigt ; il était comparable, à s'y méprendre, à la verge d'un enfant de 14 à 15 ans. D'après cela, il n'est pas étonnant qu'on ait cru à l'*hermaphrodisme* de certains individus. Tout ce qu'il y a de certain, c'est que le clitoris prend toujours un plus grand développement sous l'influence de la masturbation, de la succion ou des coïts répétés.

Cet organe étant érectile par excellence, la moindre titillation voluptueuse le fait gonfler. Il est la source de beaucoup d'égarements solitaires ; les personnes qui s'y livrent trop souvent ne tardent pas à en ressentir les funestes effets.

Vestibule. — Le vestibule est un petit espace triangulaire situé à la partie supérieure de la vulve, limité en haut par le clitoris, en bas par l'urèthre, sur les côtés par les petites lèvres. Il renferme des glandes qui sécrètent un liquide onctueux.

Urèthre. — Ce canal, beaucoup plus court que celui de l'homme, n'a que 3 centimètres de longueur. Son extrémité supérieure se confond avec la vessie ; son extrémité inférieure se termine à la vulve par un orifice étroit appelé *méat urinaire*. Ce dernier est placé immédiatement au-dessus du tubercule saillant de la partie antérieure du vagin. On le trouve facilement grâce à ce tubercule qui permet, en le touchant avec le doigt, de sonder les femmes sans les découvrir.

L'urèthre et le vagin forment deux canaux absolument séparés : l'un donne issue à l'urine, l'autre reçoit la verge pendant le coït. De là, deux sortes de blennorrhagies que les femmes peuvent contracter : la vaginale (*vaginite*) indolore en urinant, se propageant quelquefois à l'utérus, est de beaucoup la plus fréquente ; l'urétrale (*uréthrite*), analogue à la blennorrhagie de l'homme, est plus rare et rend toujours la miction douloureuse.

Nous en aurons fini avec l'urèthre de la femme, si nous ajoutons que, par suite de la brièveté de son canal, les urines peuvent s'échapper malgré elle à la moindre secousse, ce qui est un sérieux inconvénient ; en revanche, les calculs qui se forment dans sa vessie en sortent d'eux-mêmes et la maladie de la pierre lui est à peu près inconnue.

HYMEN. — Cloison membraneuse incomplète qui sépare la vulve du vagin. Elle renferme dans son épaisseur des vaisseaux et des nerfs ; ceux-ci se brisent généralement au moment de la défloration et occasionnent de la douleur accompagnée d'une légère hémorrhagie. Cette perte de quelques gouttes de sang serait un indice certain que la jeune fille était vierge, surtout si l'on s'en rapporte à l'ancien adage : *Prima Venus debet esse cruenta*, le premier rapport sexuel doit être sanglant.

Aujourd'hui, on est revenu de cette erreur et l'on sait que la présence de l'hymen n'est pas toujours une preuve de virginité, pas plus que son absence n'en démontre d'une manière absolue la perte. Il arrive, en effet, que cette membrane est parfois assez résistante pour ne pas se déchirer. Il arrive aussi qu'elle est parfois assez lâche et assez élastique pour se laisser refouler et permettre la copulation sans éprouver la moindre rupture. Si la fécondation a lieu en pareil cas, la membrane ne se brise qu'au moment de l'accouchement. Mais il est d'autre cas où ce repli muqueux est très fragile : un mouvement brusque, un saut, la danse, l'équitation, l'onanisme, un écoulement blanc, une chute peuvent en occasionner la destruction avant ou après la puberté, ce qui fait que, de l'existence ou de l'absence de cette membrane, on ne peut rien déduire de rigoureusement exact relativement à la virginité.

L'hymen a généralement la forme d'un croissant à convexité inférieure et à concavité supérieure. Il est percé quelquefois d'une ouverture centrale circulaire ou de plusieurs petites ouvertures. Il peut même n'être pas perforé du tout et alors l'*imperforation de l'hymen* est un sérieux obstacle à l'écoulement des règles. Une incision est nécessaire pour réparer cet oubli de la nature.

Qu'elle soit déchirée par le coït ou par une cause mécanique, la membrane hymen se rétracte, ses lambeaux forment au pourtour de l'anneau vaginal deux à quatre saillies charnues, appelées *caroncules myrtiformes*, parce qu'elles ressemblent à la fleur du myrte. Ces petites saillies diminuent peu à peu de volume et finissent avec l'âge par s'atrophier complètement.

Les peuples de l'antiquité ont généralement attaché une très grande importance à l'existence de l'hymen, et de nos jours, encore, bien des mariages malheureux n'ont d'autre origine que les suppositions faites par les maris de l'absence de cette prétendue preuve de virginité. Pourtant, il est si facile de se tromper qu'aucun médecin compétent ne pourrait se prononcer en la matière. Parent-Duchatelet a visité, lui-même, une fille de cinquante et un ans, qui depuis l'âge de seize ans se livrait à la prostitution, et dont les parties génitales auraient pu être confondues avec celles d'une vierge sortant de la puberté. Ninon de l'Enclos n'était-elle pas toujours jeune, malgré ses cinquante-cinq printemps !!!

FOSSE NAVICULAIRE. — La fosse naviculaire est une petite dépression de un centimètre et demi d'étendue qui est limitée en arrière par la *fourchette*, en avant par l'entrée du vagin où s'insère le bord convexe de l'hymen ; elle disparait après l'accouchement.

FOURCHETTE. — Rebord membraneux très mince, formé par la commissure postérieure des grandes lèvres et susceptible de se déchirer chez les primipares lors de la sortie de la tête du fœtus, si l'on ne porte la main au périnée pour lui servir de point d'appui.

GRANDES LÈVRES. — Les grandes lèvres sont deux replis cutanés, aplatis transversalement, plus épais en avant qu'en arrière, qui circonscrivent l'entrée de la vulve. Elles sont réunies entre elles par deux commissures : la première se confond avec le mont de Vénus, la seconde avec le périnée. Elles présentent une face externe recouverte de poils rares à la puberté, une face interne, muqueuse, humide et rosée, parsemée d'une grande quantité de follicules mucipares.

Chez les jeunes filles, les grandes lèvres sont fermes et tellement rapprochées l'une de l'autre qu'elles obturent complètement l'orifice vulvaire. Chez les femmes qui ont eu plusieurs enfants, au contraire, elles sont flasques, molles, pendantes, et la vulve est ainsi constamment entr'ouverte.

Certains peuples de l'Orient et de l'Afrique, jaloux de la virginité de leurs filles, pratiquent sur elles l'*infibulation*, c'est-à-dire une opération qui consiste à leur passer un anneau à travers les grandes lèvres pour qu'il ne leur soit pas possible de se livrer à aucun rapprochement sexuel.

Dans l'antiquité, nous dit le docteur Paul Labarthe, les dames romaines de la décadence, dont la débauche et la luxure sont restées légendaires, faisaient infibuler (1) les jeunes esclaves dont elles voulaient, plus tard, faire leurs amants, afin

(1) Chez l'homme, on passait un anneau à travers le prépuce préalablement ramené sur le gland.

d'avoir les prémisses de leur virginité ardente et vigoureuse.

PETITES LÈVRES OU NYMPHES. — Ce sont deux replis muqueux, minces, délicats, légèrement érectiles, ayant quelques ressemblances à la crête d'un jeune coq. Elles naissent aux environs de la fosse naviculaire et, toujours placées en dedans des grandes lèvres, elles montent en s'élargissant jusqu'au clitoris où elles se divisent en deux branches : la supérieure lui forme une sorte de capuchon qu'on nomme *prépuce du clitoris*, l'inférieure s'attache à sa partie postérieure et constitue le *frein du clitoris*.

La coloration des petites lèvres est généralement rosée. Mais, chez les femmes qui ont eu des enfants et chez celles qui s'adonnent à la masturbation, cette couleur devient plus foncée et même quelquefois d'un bleu noirâtre. On voit alors les petites lèvres allongées, flétries, ridées, plus saillantes qu'à l'ordinaire, puisqu'elles dépassent de beaucoup les grandes lèvres. Cette hypertrophie est très remarquable chez les Hottentotes, les Boschimanes et la plupart des races asiatiques ; elles acquièrent une longueur de 15 à 20 centimètres, tombent sur les cuisses et forment ce qu'on appelle le *tablier des Hottentes*. Elles constituent pour quelques-unes une exubérance si gênante qu'on est obligé de les leur couper afin de rendre possibles les rapprochements sexuels.

A leur état normal, les petites lèvres sont remplies de papilles nerveuses extrêmement sensibles ; cela ne contribue pas peu à rendre la copulation plus voluptueuse par le frottement qui en résulte.

GLANDES VULVO-VAGINALES.—Elles sont situées de chaque côté du vagin, ont la forme d'une amande d'abricot et se terminent par un canal excréteur qui s'ouvre dans la vulve, à la base des caroncules myrtiformes latérales. Elles fournissent un liquide incolore, filant, onctueux qui n'est pas toujours sécrété en même quantité. Celle-ci augmente surtout pendant le coït, les attouchements illicites et, sous l'influence des pensées, des désirs et des rêves lascifs. Quelquefois l'expulsion peut avoir lieu par jets saccadés et intermittents, comme cela se passe pour l'éjaculation du sperme chez l'homme. Cette sécrétion abondante a pour but de faciliter l'introduction et le glissement des organes reproducteurs, de maintenir entre eux une humidité constante pendant toute la durée de l'acte, de développer enfin, jusqu'à leur paroxysme, leur extrême sensibilité. Puis, cette éjaculation est suivie, comme chez l'homme, de l'extinction du désir vénérien avec accompagnement momentané d'un sentiment de faiblesse et de lassitude.

ŒUF HUMAIN OU OVULE. — L'œuf humain est sécrété par l'ovaire. Il est contenu dans une vésicule de Graaf qui se rompt à la puberté et le lance dans la trompe où il est susceptible d'être fécondé par les spermatozoïdes de l'homme. De là, il descend dans la matrice, s'y développe pendant neuf mois consécutifs en passant par les deux phases successives d'*embryon* et de *fœtus*. Il est ensuite expulsé au dehors au moment de l'accouchement et prend le nom de *nouveau-né*.

Je ne ferai connaître ici ni la composition de l'ovule, ni ses diverses transformations, cette description a été suffisamment développée au chapitre III. Je me contenterai d'ajouter que sa fécondation est indispensable pour la reproduction de l'espèce humaine.

Il me reste maintenant à faire ressortir la similitude étroite de fonctions qui existe entre les organes génitaux de l'homme et ceux de la femme. En effet, les testicules sécrètent le sperme, comme les ovaires sécrètent les ovules. Les canaux déférents conduisent le sperme dans les vésicules séminales, comme les trompes conduisent les ovules dans la matrice. Les vésicules séminales sont les dépositaires du sperme, tout aussi bien que la matrice est le réceptacle de l'œuf fécondé. La verge a la structure érectile du clitoris, les glandes de Cooper fabriquent un liquide onctueux semblable à celui des glandes vulvo-vaginales. Enfin, le prépuce répond aux petites lèvres, le frein du gland de la verge au frein du gland du clitoris, etc., etc. Ces analogies peuvent paraître forcées aux personnes étrangères à la médecine, ne connaissant, par conséquent, ni la structure

ture des organes, ni leurs fonctions. Elles sont réelles pourtant. Cela est si vrai que, pendant les premiers mois de la vie intra-utérine, il est impossible de pouvoir distinguer le sexe mâle du sexe femelle.

CHAPITRE XI

MENSTRUATION

La menstruation est un écoulement sanguin qui se produit une fois par mois à travers les organes génitaux de la femme, depuis l'âge de la puberté jusqu'à la ménopause. Ce phénomène n'est pas particulier à l'espèce humaine. Les singes présentent un écoulement sanguinolent. D'autres mammifères ont un écoulement muqueux. Quelques espèces nous offrent une simple turgescence, de telle sorte que la fonction diminue d'importance à mesure que l'on descend dans la série des êtres supérieurs. Il n'en existe pas moins des ressemblances manifestes entre les fonctions des organes sexuels de la femme et celles d'un grand nombre d'animaux. Tout le monde sait que les femelles animales présentent un flux sanguinolent ou muqueux à l'époque du rut.

On a poussé l'analogie plus loin et l'on a prétendu que les hémorrhoïdes, les saignements de nez, les pollutions nocturnes équivalent chez l'homme à une sorte de menstruation susceptible de débarrasser l'économie du trop-plein qu'elle pouvait contenir. Mais il n'en est rien. De tels phénomènes sont morbides et ne sauraient être comparés avec un phénomène physiologique de cette nature.

La menstruation, vulgairement appelée *règles*, *menstrues*, *mois*, *lunes*, *affaires*, *époques*, *perte rouge*, *flux cataménial*, se déclare en moyenne vers l'âge de treize à quatorze ans. Elle est précédée par de la lassitude, de la tension dans le bas-ventre, de la pesanteur dans les lombes, des coliques abdominales, une légère tuméfaction des parties sexuelles, un gonflement douloureux des mamelles. Quelques gouttes de sang mêlées aux mucosités vaginales apparaissent à la vulve pendant les deux premiers jours. Les douleurs et le malaise se calment en grande partie; le flux devient tout à fait sanguinolent les deux jours suivants. Puis les mucosités reparaissent et l'écoulement cesse deux ou trois jours après.

Voilà comment les choses se passent habituellement. Mais ces malaises précurseurs n'existent pas toujours. Quelquefois c'est en dansant, en jouant ou pendant le sommeil qu'apparaît tout à coup le premier flux menstruel, tantôt léger, tantôt constituant une véritable perte. Si, en pareil cas, la jeune fille n'a pas été prévenue par sa mère, elle peut en ressentir un trouble si profond que sa santé en sera sérieusement compromise. Cela s'est vu plusieurs fois. Il n'est pas de médecin qui n'ait par devers lui l'observation de quelques-unes de ces catastrophes affligeantes. A la mère donc de prévenir son enfant; elle lui évitera un grand danger auquel peut l'exposer la pudeur et l'ignorance (de Lignac).

Une fois la première menstruation accomplie, la seconde revient au bout d'un mois, les subséquentes suivent ensuite régulièrement leur apparition périodique. Il y a toutefois des exceptions, et ce n'est souvent qu'après quatre ou cinq époques que les règles se régularisent. On a beau consulter les matrones, les médicastres ou les empiriques; on a beau mettre à contribution toute la série des emménagogues, rien n'y fait. Si la jeune fille est bien portante, il faut savoir patienter, le moment viendra où tout rentrera dans l'ordre. Si elle est anémique ou maladive, le médecin seul pourra prescrire un traitement avantageux et la jeune fille ne sera pas exposée à prendre des remèdes préjudiciables à sa santé.

Il est rare que les douleurs abdominales soient les mêmes à chaque menstruation. Généralement elles vont en diminuant à mesure que les femmes s'éloignent de la puberté. Pour quelques-unes, les coliques sont peu marquées. Pour d'autres, elles sont si vives qu'elles les forcent à se rouler sur leur lit en poussant de véritables gémissements. Toutes éprouvent du mal de tête, de l'oppression, un malaise indéfinissable : leurs yeux sont ternes, cerclés de noir ; leur teint est pâle, bistré ; leur humeur est chagrine.

Cet état dure ordinairement cinq ou six jours ; quelquefois plus, d'autres fois moins. Dans le premier cas, un affaiblissement considérable peut s'ensuivre ; les toniques sont nécessaires pour réparer les déperditions. Dans le second, la perte n'est pas suffisante ; il est souvent utile d'y porter remède.

La quantité de sang écoulé est fort variable ; la moyenne est de 250 grammes ; elle peut s'élever à à 500 grammes ou ne consister qu'en quelques gouttes seulement. La constitution, le régime, le climat ont une influence manifeste sur l'abondance de l'écoulement. Il est plus considérable chez les femmes ardentes, passionnées, lascives, bien nourries, que chez celles d'un tempérament faible, apathique, nonchalant, dont la nourriture est grossière ou insuffisante. Les climats chauds augmentent le flux cataménial, les climats froids le diminuent d'une manière sensible. Tel est l'avis des physiologistes et du professeur Pajot. Celui-ci a remarqué, en outre, que plusieurs dames étaient beaucoup plus fortement menstruées en été qu'en hiver.

La qualité du sang des règles n'est pas aussi
nocive qu'on a voulu le prétendre. Il est bien évident que, chez les femmes qui négligent les soins
de propreté, le sang se coagule, se décompose, se
putréfie et répand sur toute leur personne une
odeur forte, désagréable, parfois même fétide. Il
irrite les parties génitales, fait sortir des rougeurs,
des boutons, ou occasionne l'inflammation de la
verge, souvent aussi des excoriations superficielles
entre le prépuce et le gland, qui ressemblent à s'y
méprendre à des chancres sans en avoir la gravité.
Mais il faut un défaut de soins notoire pour que
les menstrues produisent de semblables lésions.

En réalité, le sang des règles est fluide, rutilant
et pur comme celui du corps. Il ne détermine aucune
irritation si les femmes se lavent assez souvent
avec de l'eau tiède et changent de linge toutes les
fois que le cas l'exige. Aussi Michelet a-t-il pu
comparer la menstruation, dans sa poétique rêverie de la *Femme*, à la saignée d'une plaie d'amour.
C'est qu'en effet, à ce moment-là, la femme est
plus amoureuse que jamais. La congestion de ses
organes sexuels est portée à son summum d'intensité, et l'évolution qui en résulte rend ses
aptitudes procréatrices plus prononcées à cette
période que dans toute autre circonstance dans le
courant du mois.

Cette appréciation paraît tellement vraie que,
lorsque la femme n'est plus apte à la reproduction,
la menstruation cesse ou se supprime. Alors il y a
afflux de sang vers d'autres organes plus ou moins

essentiels à la vie. Pendant la ménopause, appelée avec juste raison âge critique, le sang, au moindre refroidissement, peut faire irruption au cerveau où il occasionne une congestion cérébrale, à la face où il produit souvent un érysipèle périodique, aux poumons où il détermine une bronchite généralisée, etc. Pendant la grossesse, le liquide sanguin des menstrues sert uniquement à nourrir le fœtus. Pendant l'allaitement, ce même liquide se porte en grande quantité vers les mamelles, s'y transforme en lait et sert d'alimentation à l'enfant jusqu'au sevrage. Que la mère mette son nouveau-né en nourrice, et aussitôt la menstruation reparaît pour ne cesser qu'à la suite d'une nouvelle grossesse.

La menstruation est donc d'une très grande importance chez la femme ; c'est elle qui préside à ses qualités d'épouse et de mère. Une fille qui n'est pas menstruée ne doit point se marier. On cite bien quelques rares exemples de personnes qui ont eu plusieurs enfants sans avoir jamais leurs mois. La rareté même d'un pareil fait ne peut qu'en confirmer la règle. Il en est tout autrement des jeunes filles qui ont un flux cataménial très irrégulier, le mariage et surtout un premier accouchement suffisent, en général, pour régulariser cette fonction.

D'où vient ce sang menstruel ? Est-ce des ovaires ? Est-ce de la matrice ? On a cru pendant longtemps qu'il venait des ovaires. Leur absence congénitale, en effet, entraîne toujours le défaut de menstruation ; leur extirpation la fait cesser im-

médiatement. Comme la castration des testicules
chez l'homme, la castration des ovaires chez la
femme rend la fécondation impossible. Dans l'Asie
centrale, les jeunes filles soumises à cette opération ne voient jamais paraître leurs menstrues. Il
en est de même chez les animaux, où l'on peut
considérer le rut, avec écoulement concomitant,
comme l'analogue de l'ovulation chez la femme;

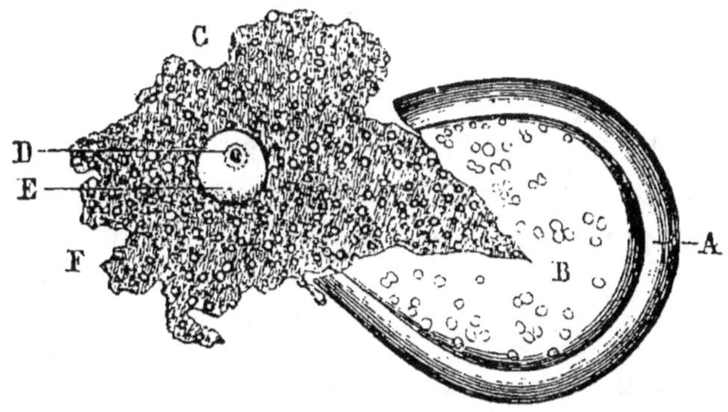

Fig. 21. — Rupture de la vésicule de de Graaf et issue de l'œuf.

A. Vésicule de de Graaf. — B, C, F. Granulations de la membrane
granuleuse et du disque proligère. — E. Ovule. — D. Vésicule germinative.

le fait de les châtrer, par l'ablation des ovaires,
supprime pour toujours chez eux cette manifestation procréatrice.

Sont-ce des raisons suffisantes pour croire que
le sang menstruel vient des ovaires? Évidemment
non. Ceux-ci président à l'ovulation comme la matrice participe à la menstruation. En effet, à chaque
période menstruelle, il y a congestion; l'une des
vésicules des ovaires se dilate, fait saillie à la sur-

face et se rompt. L'ovule qu'elle contient est saisi par le pavillon de la trompe qui le transporte dans l'utérus. Pendant ce temps-là, cet organe s'est congestionné à son tour, les vaisseaux capillaires qui tapissent sa muqueuse se sont éraillés et ont laissé échapper une certaine quantité de sang. L'une de ces fonctions n'existe pas sans l'autre, et l'on peut dire que ces deux phénomènes sont à peu près indispensables pour la reproduction de l'espèce. Chaque menstruation est donc accompagnée d'une ovulation ou *ponte spontanée*, admise sans conteste par tous les physiologistes.

L'âge auquel les règles surviennent pour la première fois varie suivant la femme, le climat et son genre de vie. Dans les pays chauds, elles s'établissent de onze à treize ans ; dans les pays tempérés, comme la France, de treize à quinze ans, et dans les pays froids de seize à dix-huit ans. Ce sont des moyennes susceptibles de variations nombreuses. La misère les retarde, une existence luxueuse les accélère. Les filles de la campagne sont plus tardivement réglées que celles de la ville, et parmi ces dernières les ouvrières des ateliers, qui sont sujettes à des surexcitations sensuelles permanentes, sont plutôt menstruées que les demoiselles tenues à l'écart de la dépravation des mœurs.

La cessation de la menstruation n'en arrive pas moins, chez les unes et chez les autres, vers l'âge de quarante à cinquante ans. Alors la femme a perdu toute aptitude à la reproduction ; elle est morte à la vie de l'espèce. Plus il y a eu de précocité dans l'apparition de son écoulement menstruel, plutôt survient le commencement de son *âge critique*, et s'il est rare que sa perte rouge se supprime complètement lorsqu'elle est encore jeune, il est plus rare encore qu'elle persiste à un âge très avancé.

Pendant cet intervalle d'une trentaine d'années compris entre la puberté et la ménopause, la femme a ses règles en moyenne tous les vingt-huit jours; elles ne doivent jamais manquer, à moins de circonstances exceptionnelles. Ainsi une impression vive, un refroidissement subit, un chagrin prolongé, une colère violente peuvent les arrêter pendant un certain temps; il en est de même de la grossesse, de l'allaitement ou d'une maladie grave. Mais que ces états anormaux disparaissent et la nature reprend ses droits, la menstruation accomplit de nouveau, comme auparavant, sa marche périodique.

Il y a des préceptes importants à recommander pour que cette fonction suive son cours régulier. Les femmes doivent éviter la pluie, le froid, le mauvais temps; elles ne doivent point laver le linge, ni se baigner, ni toucher de l'eau froide. Les contradictions, la peur, un trouble quelconque leur sont toujours préjudiciables. Une propreté excessive est de rigueur. Le coït est défendu. Les soirées, les bals ne peuvent leur être que nuisibles. Toutes les règles de l'hygiène, en un mot, doivent être rigoureusement observées, si l'on ne veut pas qu'il arrive quelque accident fâcheux par suite du défaut de menstruation ou d'une menstruation incomplète.

Dans le premier cas survient l'*aménorrhée*, dans le second la *dyménorrhée*. Ces troubles fonctionnels sont caractérisés par de la céphalalgie, des vertiges, des bourdonnements d'oreilles, de la somnolence, des tiraillements dans les lombes ou des hémorrhagies supplémentaires du flux cataménial, telles que : saignements de nez, crachements ou pissements de sang. Il faut y remédier par les emménagogues (absinthe, armoise, safran, sabine, rue, apiol), les bains de siège très chauds, les pédilures irritants, les sinapismes à la partie supérieure des cuisses, les purgatifs avec l'aloès, les fumigations de vapeurs aromatiques (sauge, lavande, romarin, serpolet), les cataplasmes chauds sur le ventre et quelques sangsues au besoin. C'est faute de soins suffisants que les femmes sont plus tard atteintes de maladies de matrice ou d'affections nerveuses très graves. Nous leur recommandons, à chaque époque menstruelle, de faire tout leur possible pour ne pas commettre des imprudences. Si, malgré les précautions prises, quelques dérangements survenaient, elles devraient s'adresser immédiatement et sans aucune hésitation à un médecin éclairé. La chose en vaut la peine. Il s'agit de leur santé et quelquefois de leur vie.

CHAPITRE XII

ONANISME

PRÉAMBULE. — Vice honteux, habitude infâme, l'onanisme est la plus funeste des débauches ; il pervertit à la fois l'individu, la famille, la société. « A mon avis, dit le docteur Réveillé-Parise, ni la peste, ni la guerre, ni la variole, ni une foule de maux semblables n'ont de résultat plus dangereux pour l'humanité. C'est l'élément destructeur des sociétés civilisées ; il est d'autant plus actif qu'il agit continuellement et ruine peu à peu les populations. »

Cette passion corrompt tous les âges, tous les sexes, tous les tempéraments. Elle promène ses ravages sur l'enfance ; elle la fascine, la subjugue, lui enlève la fraîcheur et ses plus belles qualités

qui sont l'innocence et la gaieté. La jeunesse en reçoit encore de plus cruelles atteintes. Sous l'empire
des plaisirs solitaires, l'esprit s'affaibit, le corps se
détériore, se consume. Rien de beau, rien de noble,
rien de bien ne peut être entrepris avec succès. Ce
mal rongeur, jour et nuit caché dans l'ombre, tourmente à chaque instant l'individu. A un moment
donné, il ne s'appartient plus, il est l'esclave obligé
de sa passion. Il y sacrifiera tôt ou tard sa position,
son honneur et sa vie. La vieillesse elle-même met
en pratique ce vice pour réveiller ses sens engourdis. Son corps tremble, ses membres vacillent, ses
forces manquent ; mais qu'importe ! il faut atteindre le but, et ce but c'est toujours la mort à courte
échéance !

Tels sont les tristes résultats de l'onanisme. Ils
sont effrayants sans doute, cependant ils ne sont
que trop l'expression exacte de la vérité. Et si le
législateur et le moraliste doivent chercher à prévenir des désordres aussi funestes , il appartient
surtout au médecin de mettre à nu cette plaie sociale avec toute son horreur en indiquant dans tous
ses détails les moyens propres à la combattre avec
le plus d'efficacité. C'est ce que nous allons essayer
de faire dans le courant de ce chapitre.

DÉFINITION. — L'*onanisme* ou *masturbation* est
une habitude pernicieuse provoquée par l'attouche-
ment des organes sexuels dans le but de se procurer des jouissances vénériennes en dehors de
l'acte du coït.

HISTORIQUE. — Ce vice date de la plus haute antiquité. Le petit-fils de Jacob, appelé Onan, d'où dérive le nom d'onanisme, se livrait à la masturbation avec une telle fureur qu'il ne voulut jamais contracter mariage et périt misérablement, jeune encore, à la suite d'un de ces excès. Les Romains et les Grecs, au dire de Galien, considérant la liqueur séminale comme une matière nuisible, se polluaient souvent pour s'en débarrasser. Il faut croire toutefois que cette funeste habitude n'avait pas pris alors des proportions bien graves, puisque nous voyons les chevaliers de cette époque consacrer leur jeunesse à des exploits belliqueux. Ils emportaient avec eux l'image de leur bien-aimée. Ce talisman leur donnait un courage extraordinaire. Ils affrontaient les plus grands dangers et ne pensaient qu'à remporter la victoire pour obtenir la main de celle qui devait être un jour leur épouse adorée.

Plus tard les mœurs se corrompirent de nouveau. Les monastères et les couvents furent les premiers à en donner l'exemple. Aujourd'hui cette passion règne en souveraine. Elle s'observe non seulement parmi les efféminés, les imbéciles et les crétins ; mais encore dans l'adolescence, le célibat et le veuvage. Si nous ajoutons à ce court aperçu que l'onanisme conjugal n'est pas rare, nous aurons parcouru à peu près toute la série des masturbateurs dont la vie languissante doit être parsemée de continuels tourments.

CAUSES. — Les causes de l'onanisme sont nombreuses et variées. Elles proviennent de trois sources différentes : ou l'individu a appris de lui-même à se masturber ; ou bien cette passion lui a été communiquée par autrui ; ou bien encore n'ayant pas trouvé le moyen de se livrer au coït, il s'est adonné à la masturbation sans frein, ni mesure. Dans l'un et l'autre cas, la santé peut s'altérer, la maladie peut survenir et la mort peut en être la conséquence fatale. Que d'existences précieuses se sont éteintes de cette façon sans qu'on ait jamais pu en connaître la cause ! !

Hélas ! l'entraînement sensuel est invincible pour certaines personnes. Elles ont beau vouloir se corriger, elles n'en ont ni la force, ni le courage suffisants. J'ai connu un jeune homme de dix-huit ans, doué des plus brillantes qualités de l'esprit et du cœur. Sa raison avait toute la maturité de l'âge viril. Il était éclairé par de profondes études, et connaissait tout le danger où l'entraînait le goût irrésistible qui le portait avec violence aux plaisirs solitaires de l'onanisme. Il prenait souvent la résolution de ne plus s'y livrer ; mais il y revenait sans cesse, et disait, désespéré de ne pouvoir observer, après chaque sacrifice honteux, les salutaires résolutions qu'il avait prises : « J'ai en moi deux volontés, l'une qui résiste, et l'autre qui m'entraîne ; celle-ci, pour me séduire, use du subterfuge le plus adroit, et me dit toujours : ce sera la dernière fois... » Cet infortuné est mort poitrinaire.

Parmi les causes de l'onanisme, les unes sont spéciales à l'homme ; les autres sont particulières à la femme ; le plus grand nombre appartiennent aux deux sexes.

L'homme a la verge proéminente, sujette à des attouchements continuels soit inconscients, soit volontaires, l'érection peut en résulter facilement. De là survient un plaisir inaccoutumé, qui se reproduit par la répétition des mêmes actes. Le prépuce glisse sur le gland ; il sécrète une matière glutineuse qui occasionne de la démangeaison et porte l'individu à se masturber. Enfin les gens difformes, bossus, boiteux ou timides n'osant aborder les femmes dans la crainte de devenir auprès d'elles un objet de risée, se livrent souvent à l'onanisme pour satisfaire leurs goûts sensuels.

Les femmes ont leur instinct génital qui demande aussi à être satisfait. Si elles sont laides, infirmes ou mal conformées, elles ne trouvent ni mari, ni amant, la masturbation seule sera leur partage. Pour quelques-unes, le développement exagéré de leur clitoris les porte à cette pratique honteuse. Pour d'autres, c'est leur tempérament érotique. La majorité d'entre elles obéit à une névrose utérine qui produit toujours sur leur santé un ébranlement considérable.

Mais les causes les plus nombreuses de l'onanisme sont communes aux deux sexes. Nous devons noter en première ligne la lecture des romans, des mauvais livres ; la vue des peintures, des statues, des images lascives ; la fréquentation des bals, des théâtres, des cirques, des concerts ; les gestes inconvenants, les conversations obscènes ; les mauvais exemples donnés dans les ateliers, les pensionnats, les lycées, les collèges, les couvents, les séminaires qui sont parfois des foyers où s'entretient et se perpétue l'onanisme (Dr Paul Labarthe). En seconde ligne, on peut citer la paresse, l'hérédité, l'herpès génital, les végétations anales, les aliments échauffants (gibier, truffes, langoustes, homards, huîtres), les médicaments aphrodisiaques (cantharides, phosphore, strychnine, etc.), les condiments variés (sel, poivre, moutarde), les liqueurs alcooliques (anisette, curaçao, orgeat, absinthe, vermouth, chartreuse), l'exercice du cheval, de la machine à coudre, etc., etc.

Signalons encore d'une manière toute particulière le défaut de retenue en présence des enfants, négligence excessivement commune dans les familles et qui a souvent des conséquences fâcheuses. « Tantôt c'est une fille qui se met à l'aise et se couche à peine vêtue devant un garçonnet ; tantôt ce sont des dames qui emmènent un enfant aux bains avec elles et, malgré leurs précautions, ne peuvent lui cacher qu'une partie de leur nudité. Ici, ce sont une sœur, une mère qui, en s'occupant de leurs parures, laissent à découvert épaules ou jambes, sans penser qu'elles ne sont pas seules, et qu'un frère ou un fils les suit sournoisement de l'œil ; là, enfin, ce sont des femmes qui, poussées par leur amour des câlineries, embrassent avec excès des adolescents, les caressent, les assoient sur leurs genoux et les mettent de cette sorte à même de sentir des saillies mammaires et de plonger des regards, plus

qu'il ne faudrait, dans les profondeurs de leur cor-
sage. Qu'on y veille ! ce sont là des imprudences
qui, tôt ou tard, doivent nuire à l'enfant ; ce dernier, en effet, étonné de l'impression agréable qu'il
perçoit en semblable occurrence, s'efforcera à la
rencontrer sous peu ou en conservera le souvenir
pour l'utiliser en cachette. » (Pouillet).

SIGNES. — Les signes auxquels on peut reconnaître qu'un individu, homme ou femme, se livre à
l'onanisme sont locaux et généraux.

Les signes locaux consistent dans le développement exagéré et la déformation des organes génitaux des deux sexes.

Chez le jeune garçon, le pénis et les bourses ont
acquis des proportions plus considérables que l'âge
du sujet ne le comporte. Ils sont recouverts de
bonne heure d'un duvet assez épais. Les testicules
sécrètent un sperme liquide, mal élaboré sans
doute, mais qui n'en épuise pas moins les sujets
par suite de sa fabrication trop précoce. La verge
est allongée, ridée à l'état de repos, surmontée
d'un gland plus gros, plus flétri qu'à l'ordinaire et
toujours disposé en battant de cloche. Les bourses
sont molles, flasques, pendantes, dans un état presque continuel de moiteur.

Chez la jeune fille, le clitoris est plus saillant,
les grandes lèvres plus molles, la vulve plus
élargie que ces parties ne devraient l'être. On
observe, en effet, sur ces organes une flaccidité
frappante. Les petites lèvres surtout ont perdu leur

couleur rosée ; elles sont devenues épaisses, longues, brunes et dépassent de beaucoup la fente vulvaire, circonscrite par les grandes lèvres. La membrane hymen elle-même a subi un relâchement considérable qui permet le toucher vaginal sans faire
éprouver à la patiente la moindre douleur. Aussi
n'est-ce pas rare que les filles adonnées à la masturbation soit clitoridienne, soit vaginale, soient
atteintes de pertes blanches d'une réelle ténacité ;
ce qui annonce que ce vice honteux a déjà produit
dans leur économie de profonds désordres.

Les signes généraux sont tirés de l'aspect extérieur du sujet. Son teint est pâle, plombé ; ses
yeux sont ternes ; son corps est fortement amaigri.
Un cercle noirâtre circonscrit ses paupières bour-
souflées. Il a l'esprit lourd, la mémoire faible, le
caractère sombre et triste. Il cherche la solitude
autant pour satisfaire son funeste penchant que
pour fuir la société qui lui est à charge. Enfin usé
avant l'âge et bourrelé de remords, il court à grands
pas vers l'imbécillité ou la folie, si toutefois il n'est
pas emporté par une maladie consomptive.

Peut-on connaître à ces signes le masturbateur ?
Oui, quelquefois ; non, le plus souvent. L'examen
local est délicat, malaisé et forcément incomplet.
Les symptômes généraux n'offrent rien de précis,
ni de certain. Il faut le surprendre en flagrant délit pour pouvoir se prononcer d'une façon catégorique. Alors on le trouve avec les pommettes rouges,
la respiration oppressée, le front en sueur. Si c'est
un garçon, la verge est en érection, sa chemise est

maculée et dégage une forte odeur accusatrice. Si c'est une fille, sa vulve est humide, très chaude et ses doigts sont imprégnés d'une abondante sécrétion vaginale. Dans ces cas, une réprimande sévère est de rigueur, une surveillance de tous les instants doit s'ensuivre. L'enfant n'ayant plus la même liberté se corrigera de sa funeste habitude, il deviendra frais et bien portant.

DANGERS. — Les dangers de l'onanisme doivent être étudiés au physique et au moral.

Au physique, le masturbateur est maigre, chétif, rabougri. Il est dans un état de surexcitation très grande, surtout le soir. Ses digestions se font mal; son sommeil est tourmenté par des rêves pénibles. Il est sans force, sans courage, sans appétit. Le jeune homme peut être atteint d'un phimosis, d'une orchite, d'un pissement de sang, d'une incontinence d'urine, ou de pertes séminales involontaires. La jeune fille présente des rougeurs aux parties génitales, des excoriations au clitoris, de la vulvite, des déchirures de l'hymen, de la dysurie ou des flueurs blanches. Tous les deux peuvent être affectés, par l'abus de l'onanisme, de gastralgie, de nervosisme, de contracture des membres, d'hypocondrie, de rachitisme, de phtisie pulmonaire et même de consomption dorsale.

Au moral, les facultés intellectuelles sont toujours atteintes. Ces malheureux finissent par devenir sots, hébétés, inaptes à toute sorte de travail. Ils fuient la société, recherchent la solitude, sont moroses, inquiets, craintifs avec tout le monde. La mélancolie et le désespoir les tourmentent sans cesse. La manie et le suicide mettent souvent un terme à leurs maux.

Tissot rapporte une observation dont le tableau est des plus affreux. « J'en fus effrayé moi-même, écrit-il, quand je vis l'infortuné qui en est le sujet. Je sentis alors, plus que je ne l'avais fait, la nécessité de montrer aux jeunes gens les horreurs du précipice dans lequel ils se jettent volontairement » :

« L. D..., horloger, avait été sage et avait joui d'une bonne santé jusqu'à l'âge de dix-sept ans. A cette époque, il se livra à la masturbation qu'il réitérait tous les jours jusqu'à trois fois. L'éjaculation était toujours précédée et accompagnée d'une légère perte de connaissance et d'un mouvement convulsif dans les muscles de la tête, qui la retenaient fortement en arrière pendant que le cou se gonflait extraordinairement.

« Il ne s'était pas écoulé un an qu'il commençait à sentir une grande faiblesse après chaque acte. Cet avertissement ne fut pas suffisant pour le retirer du bourbier. Son âme déjà toute livrée à ses infamies, n'était plus capable d'autres idées, et les réitérations de son crime devinrent tous les jours plus fréquentes, jusqu'à ce qu'il se trouvât dans un état qui fît craindre la mort.

« Sage trop tard, le mal avait fait tant de progrès qu'on ne pouvait plus le guérir. Les parties génitales étaient si irritables et si faibles qu'il n'était pas besoin d'un nouvel acte de cet infortuné pour faire épancher la semence. Le spasme qu'il n'éprouvait d'abord que dans la consommation de l'acte, et qui cessait en même temps, était devenu habituel, lui durait plusieurs heures et lui occasionnait des douleurs si violentes qu'il poussait ordinairement non pas des cris, mais les hurlements, et qu'il lui était impossible d'avaler pendant ce temps-là rien de liquide, rien de solide. Sa voix était devenue enrouée. Il perdait ses forces.

« Obligé de renoncer à son état, incapable de tout, accablé de misères, il languit presque sans secours pendant quelques mois, d'autant plus à plaindre qu'un reste de mémoire, qui ne tarda pas à s'évanouir, ne servait qu'à lui rappeler sans cesse les causes de son malheur et à l'augmenter de toute l'horreur de ses remords.

« J'appris son état et je me rendis auprès de lui.

« Je trouvai moins un être vivant qu'un cadavre gisant sur la paille, maigre, pâle, sale, répandant une odeur infecte, presque incapable d'aucun mouvement. Il perdait souvent par le nez un sang incolore et aqueux, une bave lui sortait continuellement de la bouche. Attaqué par la diarrhée, il rendait ses excréments dans son lit, sans s'en apercevoir ; le flux de semence était continu ; ses yeux chassieux, troubles, éteints, n'avaient plus la faculté de se mouvoir ; le pouls était extrêmement petit et fréquent, la respiration gênée. Le désordre de l'esprit n'était pas moindre. Sans mémoire, sans idées, incapable de lier deux phrases, sans autre sentiment que celui de la douleur, qui revenait avec les accès au moins tous les trois jours. Je lui donnai quelques remèdes toniques. Il mourut quelques semaines plus tard, le corps tout œdémateux. »

L'exemple suivant prouve jusqu'où peut aller la tyrannie de l'habitude.

« Une demoiselle (1), âgée de dix-huit ans, d'une forte constitution, d'un tempérament sanguin, ayant de l'embonpoint et de la fraîcheur, contracta l'habitude de la masturbation. Six semaines s'étaient à peine écoulées depuis le début de

______

(1) Martin, de Lyon. *Mémoires de médecine pratique.*

ces fâcheuses manœuvres, que les traits de son visage s'altérèrent; elle maigrit sensiblement, sa peau se décolora. Elle éprouva des palpitations, avec un serrement spasmodique de la poitrine, et une toux sèche qui fut bientôt suivie d'un crachement de sang. Elle était triste, abattue, répandait des larmes involontaires. Quelques remèdes furent employés sans succès. Les règles se supprimèrent. La maladie s'aggravait. Je soupçonnai l'onanisme comme cause première de tous les accidents. La mère, à qui je m'ouvris, se récria vivement en me protestant de l'innocence de sa fille, qui recevait alors la cour d'un jeune homme avec lequel elle devait se marier à une époque encore éloignée. On lui fit passer quelques mois de l'été à la campagne, où elle eut à souffrir cruellement d'une *tumeur blanche* du genou, ce qui l'affaiblit beaucoup. Elle était encore en traitement pour cette maladie, quand tout à coup des douleurs de tête très violentes se déclarèrent, accompagnées de vomissements, de fièvre, puis de délire et de mouvements convulsifs. Elle fut en danger. Pendant une nuit, on surprit la malade dans l'exercice de ses manœuvres onaniaques. On m'en prévint à ma visite, et je devins peu de temps après le témoin de cette affreuse habitude. J'interrogeai cette infortunée ; elle m'apprit qu'elle se livrait à la masturbation depuis dix mois et qu'elle n'avait jamais pu s'y soustraire pendant ses maladies.

« Je lui adressai des remontrances et lui promis que j'engagerais ses parents à la marier aussitôt qu'elle serait rétablie. Mes remontrances et mes promesses furent inutiles. Elle se livra avec fureur à sa passion, devant ses parents, devant les assistants, qui s'occupaient sans cesse de lui retenir ses mains.

« J'ordonnai qu'on les fixât avec des liens. Elle fit alors des mouvements du corps pour suppléer aux mains qui lui manquaient. On la retint. Elle entra en fureur, tint des propos obscènes et s'adonna aux imprécations les plus grossières.

« Dans la journée le ventre se gonfla. La nuit, le délire fut complet, les convulsions devinrent affreuses, et la malade expira bientôt dans le coma. »

« Oh ! s'écrie le docteur Bourgeois (1), le cœur du médecin saigne bien souvent à l'aspect de tant de ravages produits par la masturbation ! Mais rien n'est plus douloureux que de voir atteints des sujets encore dans l'enfance. Il est pénible surtout de savoir que des domestiques corrompus, ou des compagnons de classe plus âgés, n'ont pas honte d'enseigner ces pratiques perverses à tant de jeunes enfants qui, une fois séduits, s'abandonnent à des excès qui les tuent quelquefois d'une manière effrayante. »

TRAITEMENT. — Le traitement de l'onanisme sera préservatif ou curatif.

Le traitement préservatif consiste à tenir l'enfant d'une propreté excessive. Ses parties génitales seront lavées tous les jours pour que de la matière sébacée ne s'accumule pas entre le prépuce et le gland ou dans les replis de la vulve. On le fera coucher dans un lit dur, sans édredon, ni coite, les bras croisés sur la poitrine, ou mieux sortis en dehors des couvertures. Le sommeil ne sera que de sept ou huit heures. Le lever s'effectuera immédiatement après le réveil. On ne doit permettre aucun retard. La paresse étant la mère de tous les vices, l'enfant contractera, par un séjour au lit trop prolongé, de mauvaises habitudes qu'il serait plus tard fort difficile de lui faire perdre.

(1) Bourgeois. *Les passions dans leurs rapports avec la santé et les maladies.*

Il faut surveiller aussi les adolescents, ne pas permettre que des domestiques viennent les corrompre. Il leur sera défendu de lire des romans, d'aller au théâtre ou au bal, de fréquenter les jeunes gens de leur âge dont la dissipation est notoire. Leur travail devra être assidu, entrecoupé de quelques heures de repos employées à la gymnastique, à l'équitation, à la natation, à l'escrime, au maniement des armes, à de longues promenades, en un mot à des amusements sains et utiles. Ces moyens en préserveront un grand nombre. Quant à ceux dont le cœur est endurci, dont l'habitude est invétérée et impérieuse, il n'y a que le mariage pour les corriger.

Le traitement curatif a son importance. Ainsi pour guérir les enfants de l'onanisme, il faut répandre du camphre dans le lit, leur donner le bromure de potassium, leur prescrire des bains à peine tièdes. On combat les démangeaisons par les pommades calmantes, les oxyures vermiculaires par les lavements d'eau salée. On conseille l'usage, pendant le jour, d'un caleçon ouvert par derrière et l'emploi, pour la nuit, d'une longue chemise se fermant au delà des pieds avec une coulisse. Au besoin la camisole de force, dans laquelle sont emprisonnés les pieds et les mains, donnera de bons résultats. Enfin divers appareils sont employés pour empêcher le rapprochement des cuisses et maintenir leur écartement.

Que dirai-je maintenant de la *circoncision* ou excision du prépuce, de la *clitoridectomie* ou extir-

pation du clitoris, de l'*infibulation* ou pose d'un
anneau métallique aux parties génitales que quelques médecins ont pratiquées pour guérir l'abus de
la masturbation ? A mon avis, ce sont des opérations barbares, qui doivent être aujourd'hui complètement abandonnées.

Il n'en est pas de même des deux appareils sui-

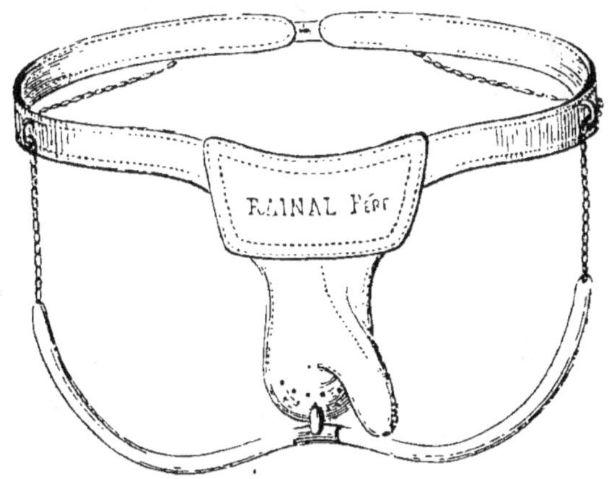

Fig. 22. — Appareil contre l'onanisme chez les garçons.

vants, dont l'un est destiné à l'homme et l'autre à
la femme. « Ils se composent, dit Labarthe, d'une
ceinture métallique très flexible, fortement rem-
bourrée de laine à son intérieur, recouverte de
peau à la partie extérieure et s'adaptant exacte-
ment aux contours des crêtes iliaques. Sur le milieu de la ceinture est fixée une plaque en melchior
ou en argent, destinée à emprisonner la verge chez
les garçons, le vagin et la vulve chez les petites
filles ; deux sous-cuisses attachés au bas de la
plaque, passant par un anneau situé sur les côtés

de la ceinture, viennent se joindre à la partie antéro-postérieure de cette même ceinture où ils sont
maintenus, ainsi que le cercle pelvien, au moyen
d'un petit cadenas. Ces appareils se dissimulent
très bien sous les vêtements, ils permettent aux
enfants de continuer tous les exercices de corps ;

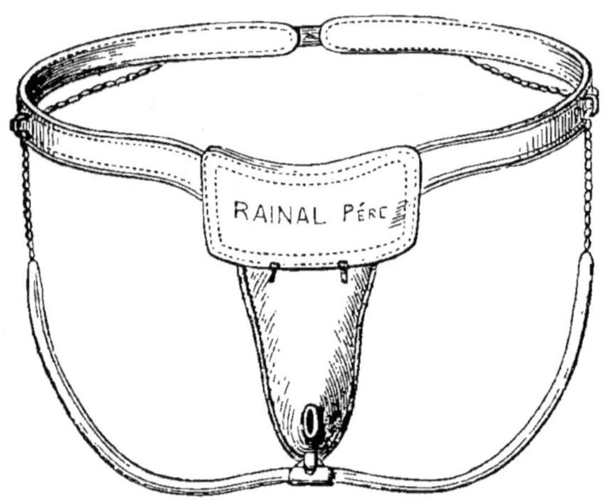

Fig. 23. — Appareil contre l'onanisme chez les filles.

ils servent le jour et la nuit, et les enfants qui
en sont munis ne peuvent, quoiqu'ils fassent,
porter leurs mains sur les organes génitaux. »

Pour débarrasser les jeunes gens de la honteuse
pratique de l'onanisme, il y a encore d'autres moyens
à prendre. Quelquefois on réussit par la persuasion
en leur faisant ressortir que ce vice dégrade l'individu au point de le rendre un objet de répulsion
pour lui-même et pour ses semblables. D'autres
fois les menaces et les châtiments donnent un
meilleur résultat. En désespoir de cause, on doit

permettre le coït et suivre en cela le précepte de
Jean-Jacques Rousseau : « Si les fureurs d'un
tempérament ardent deviennent invincibles, mon
cher Emile, je te plains, lui dit-il ; mais je ne ba-
lancerai pas un moment, je ne souffrirai pas
que la fin de la nature soit éludée. S'il faut qu'un
tyran te subjugue, je te livre par préférence à celui dont je peux te délivrer ; quoiqu'il arrive, je
t'arracherai plus aisément aux femmes qu'à toi. »

J'ajouterai, avec mon savant ami le docteur Paul
Labarthe (1) : « Quant aux masturbateurs endur-
cis, aux masturbateurs de profession, qui, pleins
d'aversion et de dégoût pour la femme, continuent
à se livrer à leurs habitudes vicieuses pendant la
jeunesse et même pendant l'âge mûr, aucun remède ne les guérira, ce sont des candidats à la
folie. »

(1) Paul Labarthe. — *Dictionnaire populaire de médecine*, 1887.

CHAPITRE XIII

PROSTITUTION

DÉFINITION. — La prostitution est l'abandon de la femme à la pratique déréglée des rapprochements sexuels avec plusieurs hommes, le plus souvent à prix d'argent et par amour de la débauche.

HISTORIQUE. — Aussi ancienne que le monde, la prostitution est une plaie sociale qu'on a essayé de tout temps de faire cicatriser, mais qu'on n'a jamais pu guérir. Les ordonnances, édits, arrêtés, règlements, décrets émis à différentes époques sont parvenus à réprimer l'étendue du mal ; ils n'en ont point extirpé les racines. Au contraire, depuis quelque temps, le personnel de la débauche augmente. La maladie vénérienne enlace de son vaste réseau toutes les nations de l'univers. Dans les grandes villes, les dispensaires, les infirmeries, les hôpitaux regorgent de syphilitiques. Le mal est grand. Le remède est difficile.

Nous allons faire connaître les causes qui engendrent la prostitution, les formes sous lesquelles elle se présente, les moyens qu'il est utile d'y apporter pour en limiter les progrès.

CAUSES. — Ces causes sont de divers ordres. Les romans, les théâtres, les concerts, les bals, les mauvaises compagnes produisent les écarts de conduite de beaucoup de pauvres filles. Quelques-unes se laissent gagner par les promesses fallacieuses d'un jeune homme qui a promis de les épouser. Quelques autres sont trompées par des hommes mariés. Un grand nombre ont un amant qui les entretient sans rien faire. Toutes finissent par être délaissées à un moment donné, et, comme elles ont perdu le goût du travail, de la vie régulière et honnête, elles se lancent dans la débauche vénale.

Oh! les séducteurs sont bien coupables! Que de malheureuses filles n'entraînent-ils pas tous les jours dans la fange du vice! La loi devrait être sévère à leur égard. Le nombre des infanticides et des prostituées diminuerait dans une proportion très notable.

Mais ce ne sont pas seulement les hommes qui

poussent les adolescentes dans la mauvaise voie, il y a encore les cancans de la rue, les mauvais propos des ateliers, le goût effréné de la toilette, l'abandon des parents, l'insuffisance des salaires, et souvent aussi, il faut le dire, la paresse, l'amour des plaisirs, la prétention à l'aisance et au bien-être. On cherche à imiter certaines filles qui parties de rien ont eu carrosses, chevaux, hôtels et ont fini quelquefois par faire de riches mariages. Hélas ! Que de déceptions navrantes ne trouve-t-on pas en suivant un sentier si dangereux ! Les privilégiées sont en si petit nombre qu'une véritable légion de prostituées termine ses jours dans la misère la plus sordide ; et, ce n'est que justice, car si la vertu mérite une récompense, il est juste que le vice soit suivi du châtiment.

FORMES. — La prostitution se pratique sous différentes formes. Il y a à considérer successivement les filles insoumises, les filles inscrites isolées et les filles inscrites des maisons de tolérance.

Les filles insoumises pullulent à Paris. On les évalue à 35,000 environ. Il y en a partout, dans les cafés, les brasseries, les bals, les restaurants. Elles se trouvent sur toutes les promenades, dans toutes les rues, sur tous les boulevards. On les rencontre aussi bien en plein jour qu'à une heure plus ou moins avancée de la nuit. Presque toutes sont jeunes, jolies et aimables, quelques-unes sont laides, certaines sont repoussantes. Leur costume est bariolé de formes, de couleurs, de garnitures.

Elles sont généralement court-vêtues, portant des chapeaux affichants et des parures extravagantes. Les prostituées des barrières sont mal habillées, quelquefois en haillons ; elles ont la tête nue, les cheveux en désordre. Celles des riches quartiers ont la tenue des grandes dames avec lesquelles il est difficile de les différencier. Pourtant, elles sortent toutes de la classe pauvre. La plupart sont des filles de campagne placées à Paris comme domestiques. Des amies, parfois des payses, déjà corrompues, les ont sollicitées au mal. Elles ont quitté leurs maîtres, ont goûté de la vie de débauches et d'aventures en aventures se sont adonnées à la prostitution. D'autres par dépit, par caprice ou autrement, se sont enfuies de la maison paternelle avec l'intention arrêtée de ne plus y revenir. Elles sont belles, gentilles ; elles trouveront du travail, un amant ; elles se livreront à la débauche pour vivre, s'il le faut ; mais pour rentrer au village, jamais !

Voilà dans quelles dispositions se trouvent le plus grand nombre de ces insoumises. « Beaucoup d'entre elles, nous dit M. J. Lecour (1) dans son bel ouvrage, ne racolent pas ouvertement, à la façon des prostituées en cartes ou par de cyniques propositions. Elles jouent de la prunelle ou du coude, ricanent, appellent l'attention par leur démarche, leur costume, se font accoster, mais n'ac-

____

(1) *La Prostitution à Paris et à Londres*, par C. J. Lecour, 6ᵉ édition, 1882.

costent pas, cherchent l'occasion et acceptent tous
les hasards.

« Il y a des cafés où elles consomment sans bourse
délier aux frais du chef de l'établissement; des
restaurants, connus du monde des viveurs, où elles
mangent gratis en raison des aubaines qu'elles ont
procurées ou qu'elles procureront, et des cochers
qui sont à leurs ordres aux mêmes conditions.

« L'été, le racolage se fait par l'installation devant un café, le marivaudage avec les consomma-
teurs, soit directement, soit par l'intermédiaire de
quelque marchande de bouquets. Il s'opère aussi
en voiture allant au pas et longeant le trottoir; à
côté de la dame il y a une place à prendre et qu'elle
semble offrir aux passants. Celui qui la prendra
payera la course et le reste. Aussi le cocher est-il
de moitié dans les mines et les anxiétés de sa
cliente.

« Au théâtre, où elles arrivent tard pour se faire
remarquer, elles attirent l'œil par des excentricités
de costumes; elles sortent à chaque entr'acte,
quittent et reprennent quelque vêtement aux couleurs voyantes, parlent haut, rient bruyamment,
jouent de la lorgnette ou de l'éventail. Comment
ont-elles mangé? Qui les reconduira? Où couche-
ront-elles?

« C'est le fond du panier de cette foule de cour-
tisanes spéciales à notre époque et qui, on ne sait
pourquoi, sans esprit et souvent sans beauté, font
tapage dans les avant-scènes, roulent voiture,
vont au bois de Boulogne, fréquentent les villes

'eaux, dévorent des fortunes et, lorsqu'elles ont
1anqué de prévoyance, reviennent au trottoir d'où
lles étaient parties.

. « D'autres, habituées des brasseries et cafés-
pncerts, vont de table en table, rieuses, tapa-
euses, provoquantes, en quête d'un mot qui crée
ne liaison d'une nuit. Pour les plus jeunes et les
1oins perverties, l'unique moyen de racolage, c'est
e bal; il y en a pour toutes les toilettes et pour
us les goûts, depuis Mabile jusqu'au Vieux-
hêne.

« Quand toutes ces tentatives ont été vaines, il
sste la rue et la ressource de l'hôtel qui ouvrira
a porte *si l'on ne rentre pas seule.*

« C'est ainsi qu'une foule de femmes, sans autres
1oyens d'existence et quotidiennement vouées aux
êmes expédients, arrivent, aujourd'hui comme
ier et comme elles le feront demain, à vivre de la
sbauche au grand péril de la santé publique.

« Un tel état de choses appelle, à tous les points
e vue, une active répression; contre lui doit por-
ir le premier et le principal effort de la police.
'ordre, la morale, la santé publique exigent abso-
ment qu'on soumette aux obligations administra-
ves et sanitaires ces prostituées en révolte, dont
mpunité provoque, à bon droit, l'indiscipline chez
s femmes inscrites, et ne peut qu'affaiblir l'auto-
té de l'administration; mais ce n'est pas œuvre
cile. »

Il faut agir avec beaucoup de prudence. Si l'on a
faire à une fille mineure, elle doit avoir seize ans

révolus pour pouvoir l'inscrire sur les contrôles de la prostitution et, encore, faut-il qu'il y ait eu récidive. Une première faute ne comporte pas de prendre une aussi grave mesure. On écrit aux parents, on leur fait connaître la vie déréglée de leur fille. Si ceux-ci ne répondent pas ; si elle se trouve sans moyen d'existence, on procède à son enregistrement. Dans le cas contraire, on attend, on la surveille de près et l'on ne se décide à prononcer l'inscription que lorsqu'on la surprend en flagrant délit de débauche.

Les mêmes précautions sont prises pour les filles majeures et les femmes mariées. Les unes se résignent facilement. Les autres créent à la police des difficultés nombreuses. Il faut avertir le mari, et ce n'est qu'après s'être rendu compte qu'il est consent ou indifférent que l'administration pourvoit d'office à leur inscription.

Malgré toutes ces entraves, le nombre d'insoumises arrêtées pour fait de débauche s'élève, chaque année, à 2,000 environ. Parmi elles, on en rencontre 450 à 600 de syphilitiques qui doivent être dirigées sur les hôpitaux de Paris ou sur l'infirmerie de Saint-Lazare pour y être soignées. Cette forte proportion de malades provient de ce que ces filles ne prennent aucun soin particulier de propreté. Courant de domicile en domicile, se livrant au premier venu, n'étant astreintes à aucune visite médicale, elles sont plus sujettes que les autres à être infectées par le mal vénérien qui les ronge et qu'elles répandent à grands flots dans la capitale.

Leur inscription devrait être immédiate si l'on n'avait à considérer que le danger sanitaire qu'elles occasionnent. Mais la police se heurte dans la répression à une foule d'obstacles avec lesquels elle est bien obligée de compter ; et, pour ne parler que des mineures, elles appartiennent, sans conteste, à l'autorité paternelle qui peut intervenir avec avantage pour les ramener à de meilleurs sentiments.

Une fois inscrites, les filles publiques se divisent en deux catégories : les filles isolées ou logées dans leurs meubles et les filles logées dans les maisons de tolérance. Les unes et les autres sont enregistrées à la préfecture de police sur un livre particulier avec leurs noms, prénoms, âge, demeure, lieu de naissance, pays d'où elles viennent, etc. Elles ont chacune un dossier contenant tous les renseignements qu'on a pu se procurer sur leur conduite, leur arrestation, leurs punitions, leurs maladies, etc. Nul n'a le droit d'aller y prendre des informations dans le but d'éviter des scandales de famille qui ne manqueraient pas de se produire. L'intérêt judiciaire seul peut en profiter, et alors les renseignements sont directement transmis à la justice sans aucun intermédiaire. La même réserve préside à leur radiation des cadres de la prostitution. Celles qui se marient ou qui justifient d'une conduite irréprochable pendant un certain temps obtiennent leur radiation définitive. Celles qui s'en vont avec un passeport, qui disparaissent, qui sont condamnées à la prison, qui sont admises dans les hôpitaux ou qui deviennent maîtresses de maisons de tolérance n'obtiennent qu'une radiation provisoire.

Quoi qu'il en soit, le nombre total des filles inscrites à Paris est de 4,500 en moyenne, réparties ainsi qu'il suit : 800 filles de maisons et 3,700 filles isolées. Si l'on en retranche 1,000 qui sont *inactives* pour punitions, traitements ou disparitions, on trouve que le personnel journalier des filles inscrites *actives* se réduit à peu près à 3,500.

Ces filles, surtout les filles isolées, reçoivent, au moment de leur enregistrement, une carte et une notice. La carte doit renfermer le *visa* du médecin deux fois par mois ; elle doit être toujours portée sur soi et présentée toutes les fois que la réquisition en est faite par les agents de police. La notice se garde à la maison ; elle enseigne à la prostituée les obligations et les défenses qui lui sont imposées sous peine de punition plus ou moins sévère.

On trouvera aux deux pages suivantes un modèle de carte et un modèle de notice qui donneront à ce sujet tous les renseignements voulus. L'on y verra que les filles publiques n'ont qu'à bien se tenir si elles veulent éviter les infractions au règlement. Aussi y en a-t-il beaucoup d'entre elles qui sont punies une fois par mois. Ces punitions sont infligées par la police et sont subies, soit dans la maison de dépôt, soit dans un quartier spécial de la maison de Saint-Lazare. Il ne conviendrait pas de porter devant les tribunaux des débats de cette nature : la morale et les bonnes mœurs s'y opposent.

MODÈLE DE CARTE

RECTO

189 . . .	Nom, prénoms, âge, domicile, etc.			
MOIS.	1re QUINZAINE.	VISA.	2e QUINZAINE.	VISA.
Janvier...				
Février...				
Mars....				

VERSO

Avril....			
Mai....			
Juin....			
Juillet...			
Août....			
Septembre			
Octobre ..			
Novembre			
Décembre.			

PRÉFECTURE DE POLICE
1re DIVISION

—

2e BUREAU
3e SECTION

—

(*Modèle n° 49.*)

OBLIGATIONS ET DÉFENSES

IMPOSÉES AUX FEMMES PUBLIQUES

———

Les filles publiques en carte sont tenues de se présenter, une fois au moins tous les quinze jours, au dispensaire de salubrité, pour être visitées.

Il leur est enjoint d'exhiber leur carte à toute réquisition des officiers et agents de police.

Il leur est défendu de provoquer à la débauche pendant le jour ; elles ne pourront entrer en circulation sur la voie publique qu'une demi-heure après l'heure fixée pour le commencement de l'allumage des reverbères, et, en aucune saison, avant sept heures du soir, et y rester après onze heures.

Elles doivent avoir une mise simple et décente qui ne puisse attirer les regards, soit par la richesse ou les couleurs éclatantes des étoffes, soit par les modes exagérées.

La coiffure en cheveux leur est interdite.

Défense expresse leur est faite de parler à des hommes accompagnés de femmes ou d'enfants, et d'adresser à qui que ce soit des provocations à haute voix ou avec insistance.

Elles ne peuvent, à quelque heure et sous quelque prétexte que ce soit, se montrer à leurs fenêtres, qui doivent être tenues constamment fermées et garnies de rideaux.

Il leur est défendu de stationner sur la voie publique, d'y former des groupes, d'y circuler en réunion, d'aller et venir dans un espace trop resserré, et de se faire suivre ou accompagner par des hommes.

Les pourtours et abords des églises et temples, à distance de vingt mètres au moins, les passages couverts, les boulevards de la rue Montmartre à la Madeleine, les jardins et abords du Palais-Royal, des Tuileries, du Luxembourg et le Jardin des Plantes leur sont interdits. Les Champs-Elysées, l'esplanade des Invalides, les anciens boulevards extérieurs, les quais, les ponts, et généralement les rues et lieux déserts et obscurs leur sont également interdits.

Il leur est expressément défendu de fréquenter les établissements publics ou maisons particulières où l'on favoriserait clandestinement la prostitution et les tables d'hôte, de prendre domicile dans les maisons où existent des pensionnats ou externats, et d'exercer en dehors du quartier qu'elles habitent.

Il leur est également défendu de partager leur logement avec un concubinaire ou avec une autre fille, ou de loger en garni sans autorisation.

Les filles publiques s'abstiendront, lorsqu'elles seront dans leur domicile, de tout ce qui pourrait donner lieu à des plaintes des voisins ou des passants.

Celles qui contreviendront aux dispositions qui précèdent, celles qui résisteront aux agents de l'autorité, celles qui donneront de fausses indications de demeure ou de noms, encourront des peines proportionnées à la gravité des cas.

Avis important. — Les filles inscrites peuvent obtenir d'être rayées des contrôles de la prostitution sur leur demande et s'il est établi par une vérification, faite d'ailleurs avec discrétion et réserve, qu'elles ont cessé de se livrer à la débauche.

Maisons de tolérance. — Les maisons de tolérance datent de l'année 1381. Des lettres patentes de Charles VI intimaient au prévôt de Paris l'ordre de défendre aux propriétaires de maisons sises dans certaines rues de loger des prostituées. Plus tard, en 1778, on permit l'établissement de ces maisons dans les quartiers où la répression de la prostitution clandestine devenait très difficile. Enfin, en 1823, une circulaire du préfet de police Delavau, aujourd'hui encore en vigueur, recommandait à ses agents de s'assurer que les maisons de tolérance qu'on voulait établir ne fussent pas dans le voisinage d'une église, d'une maison d'éducation, d'un collège, en général d'un établissement public ou de tout autre lieu auprès duquel ils jugeraient qu'il ne serait pas décent de souffrir des filles publiques.

Actuellement, « la tolérance accordée (1) par la préfecture de police à des lieux de prostitution ne se donne qu'à des *femmes*. Si elles sont mariées, elles doivent justifier du consentement de leur mari. Il leur faut, en outre, l'autorisation du propriétaire de l'immeuble. La tolérance est essentiellement révocable ; elle n'entraîne pas la délivrance d'un *titre d'autorisation* et elle ne se constate que par la remise d'un registre portant le numéro d'inscription au répertoire des maîtresses de maisons de tolérance. Ce registre énonce, sur ses premiers feuillets, les diverses obligations imposées aux

______

(1) Lecour. *Prostitution à Paris et à Londres.*

19.

femmes qui exploitent des lieux de prostitution, obligations qui consistent :

« A faire enregistrer, dans les vingt-quatre heures, au bureau administratif du dispensaire de salubrité, les filles qui se présentent chez elles pour y demeurer ;

« A informer l'administration, dans le même délai, de l'entrée ou de la sortie des filles inscrites ;

« A veiller pour prévenir tout scandale de la part de ces filles ;

« A signaler et à conduire sans délai au bureau médical celles des dites filles qui, dans l'intervalle d'une visite sanitaire à la suivante, viendraient à être atteintes de maladies contagieuses ;

« Et enfin à rendre compte immédiatement à l'administration de toute espèce d'événements qui auraient lieu dans l'intérieur de leurs maisons ou au dehors par le fait des femmes logées chez elles ;

« Il leur est, en outre, expressément défendu de recevoir des mineurs et des élèves des lycées et écoles civiles et militaires en uniforme. »

Le nombre des maisons de tolérance existant à Paris en 1843 était de 235. Depuis lors, ce nombre a diminué d'année en année et il n'est plus aujourd'hui que de 130, quoique la population ait augmenté de beaucoup. En revanche, la prostitution clandestine a progressé dans des proportions effrayantes. Les hôtels, les cabarets, les débits de vins regorgent de prostituées contre lesquelles la police a toutes les peines du monde à sévir d'une manière efficace.

D'après ces considérations, on ne doit point s'étonner que le gouvernement tolère les maisons publiques où le vice est réglementé sévèrement et où le mal vénérien est arrêté dès ses premiers débuts. Aussi les filles de mauvaise vie le savent bien. Elles échappent aussi longtemps qu'elles le peuvent à l'œil vigilant de la police pour conserver la liberté et éviter les punitions nombreuses qui les attendent dans les maisons de tolérance.

Ces maisons sont de deux ordres. Les unes correspondent à ce qu'on appelait au moyen âge les *clapiers*. C'étaient des refuges ouverts à toutes les filles de débauche pour y faire leurs actes de prostitution, vulgairement appelés *passes*. Aujourd'hui ces *maisons de passe* ou *maisons à parties* sont peu nombreuses ; elles n'offrent à l'extérieur, si ce n'est l'occlusion permanente de leurs persiennes, rien qui décèle leur véritable caractère. Les autres se font remarquer le soir par la circulation des filles qui y sont logées et qui en sortent à tour de rôle, et aussi par la présence d'une femme à la porte.

« Ici encore, dit M. Lecour, on pourrait trouver qu'il y a matière à critique dans ce stationnement et cette circulation en vue de racoler pour une maison de tolérance, et il semble tout naturel d'y mettre fin, mais l'examen de la question a prouvé que cette mesure profiterait tout entière à la prostitution clandestine, et qu'elle aurait pour conséquence inévitable la fermeture des maisons de tolérance d'un certain ordre. » Aussi est-on obligé de laisser faire pour éviter de plus grands scandales.

PROXÉNÈTES ET SOUTENEURS. — Notons maintenant que s'il y a tant de filles qui se livrent à la prostitution, nous le devons en grande partie aux agissements incessants des proxénètes qui contribuent journellement à corrompre les mœurs publiques. De tout temps la loi s'est montrée sévère à leur égard. Des ordonnances des prévôts de Paris datées du XIV⁰ siècle défendaient à toutes personnes de procurer des filles ou femmes *pour faire péché de leur corps*, sous peine d'être *clouées au pilori, marquées au fer rouge et mises hors la ville*. De nos jours, l'article 334 du Code pénal prononce un emprisonnement de six mois à deux ans et une amende de 50 à 500 francs contre quiconque aura attenté aux mœurs en excitant, favorisant ou facilitant la débauche d'une mineure. Si c'est le père, la mère, le tuteur ou une autre personne chargée de sa surveillance, la peine sera de deux à cinq ans d'emprisonnement et de 300 à 1,000 francs d'amende.

La gravité d'une semblable mesure n'a pas empêché une foule d'individus des deux sexes de se livrer à l'ignoble métier de proxénètes. Tantôt c'est la modiste qui débauche ses apprenties ; tantôt c'est la maîtresse couturière qui prononce des propos obscènes et pousse à la corruption ses employées ; tantôt enfin c'est le coiffeur qui par ses rapports intimes avec la clientèle procure des liaisons de quelques jours et souvent d'une nuit. Si vous entriez dans leurs boutiques, vous y trouveriez un étalage complet : étoffes, patrons, parfumerie, ganterie, rien n'y manque. Il n'en est pas moins vrai que quelques-unes de ces maisons sont un lieu de perversion morale où l'innocence succombe bien des fois.

Et les limonadiers qui font faire le service par de jolies servantes pour attirer les chalands, et les logeurs en garni qui louent de sordides mansardes à des domestiques sans places ou à des ouvrières sans travail, et la marchande à la toilette qui prête des vêtements à chers deniers à une fille qui débute dans le vice, et le cocher qui conduit chez des clientes, et le garçon de café qui donne l'adresse *d'une femme,......* ne sont-ce pas autant de proxénètes !!!

Mais le comble du proxénétisme, dit M. J. Lecour que je me plais à citer, c'est la mère, d'ordinaire une ancienne prostituée, qui corrompt et vend sa fille, dont elle sera d'abord la compagne de débauche et, plus tard, l'immonde servante.

Une de ces mères, surprise dans un cabinet où elle venait de livrer sa fille, une enfant de quinze ans, à deux hommes qu'elle avait elle-même racolés dans ce but, ne contestait pas les faits, mais elle s'étonnait de l'intervention de la police : « Où est le mal, disait-elle, et pourquoi m'arrête-t-on ? » Une autre, pour toute réponse à de sévères observations motivées pour un fait du même genre, se

tournait vers sa fille en lui disant : « Comment !
mineure? tu m'avais dit que tu étais majeure!... »
N'est-ce pas de l'ignominie poussée jusqu'au cy-
nisme le plus révoltant !

Après de telles citations, on ne doit s'étonner
que d'une chose, c'est que le chiffre des personnes
arrêtées pour excitation habituelle de mineures à
la débauche ne s'élève en moyenne à Paris qu'à 65
par an. Il est vrai qu'il faut tenir compte des difficultés qu'éprouve la police pour sévir avec efficacité ; et l'on sait, en outre, que plusieurs délits
restent impunis, faute de renseignements suffisants. Aussi le nombre de ces entremetteurs éhon-
tés s'accroît-il tous les jours, malgré la sévérité de
la loi.

S'il n'y avait que des *proxénètes* pour favoriser
la prostitution, le mal serait moitié moindre ; mais
il y a encore les *souteneurs* dont la dépravation est
méprisable au suprême degré. Les premiers sont
les courtiers du vice ; les seconds en sont de vils
protecteurs. Tandis que les uns présentent des dehors honnêtes, des manières polies, un certain
vernis d'éducation ; les autres portent sur toute
leur physionomie l'empreinte de la bestialité, ce
sont des gandins en blouse, aux allures suspectes,
chez lesquels, le plus souvent, l'adresse et la féro-
cité remplacent la force (Lecour).

Certains souteneurs sont des rôdeurs de bar-
rière, des buveurs d'absinthe, des individus sans
fortune, sans métier, sans domicile fixe. Le vol, le
chantage, la sodomie leur sont familiers. On les

trouve dans toutes les rixes, dans tous les désordres, et beaucoup finissent par le crime. Ils vivent
de l'argent gagné par les filles publiques, ils les
protègent contre les clients qui seraient disposés à
les maltraiter ou qui ne voudraient pas leur payer
la somme convenue. Quelquefois, ils s'entendent
avec les prostituées pour dévaliser les passants.
A tous les points de vue. ce sont des hommes tarés, dangereux au premier chef. Et si la police ne
peut pas les supprimer complètement, elle défend
du moins aux maîtresses de maisons de tolérance
de les loger et aux filles isolées d'habiter avec
eux.

Moyens. — Les moyens qu'il est utile d'employer pour limiter les progrès de la prostitution
sont le châtiment physique, le châtiment moral et
la réhabilitation.

Le châtiment physique consiste à punir les prostituées de la prison toutes les fois qu'elles ont en-
freint le règlement. Et puis n'est-ce pas un châtiment pour elles que d'être obligées de passer la
visite tous les dix ou quinze jours? N'est-ce pas
encore un châtiment pour elles que de rester des
mois entiers dans les hôpitaux ou à l'infirmerie de
Saint-Lazare pour y être traitées de la maladie
syphilitique qu'elles ont contractée par des rapports impurs? Souvent leur santé en est profondément ébranlée ; un grand nombre succombent à la
fleur de l'âge minées par la phtisie, le marasme et
le plus complet dénuement.

Le châtiment moral n'est pas moindre. Méprisées de tout le monde, abandonnées de leurs parents, la plupart finissent par traîner une vie languissante que le remords abrège bien souvent. Tel est le triste sort de toutes celles qui meurent dans l'impénitence finale.

Mais la réhabilitation est toujours possible. Heureuses celles que le poison n'a pas trop corrompues et qui écoutent assez tôt le cri de la conscience ?

Aujourd'hui, des institutions charitables se trouvent en rapport avec l'administration et lui prêtent un précieux concours dans le but de moraliser ces pauvres filles et de les ramener vers le bien. Ces institutions sont à Paris pour les catholiques, l'Œuvre du Bon-Pasteur et l'Ouvroir de Notre-Dame de la Miséricorde ; pour les protestants, l'Œuvre des Dames des prisons ; pour les israélites, la Maison du Refuge. Les dames de ces diverses œuvres vont chercher ces filles de joie, tantôt à l'hôpital de Lourcine, tantôt dans la prison même de Saint-Lazare. Elles les instruisent, les moralisent, obtiennent de plusieurs d'entre elles un sincère repentir. Elles les admettent alors dans leurs couvents et les y gardent jusqu'au moment où elles sont parvenues à les réconcilier avec leurs familles, ou à les placer soit comme domestiques, soit comme employées de divers établissements, ou enfin à les marier à d'honnêtes ouvriers.

Que ces dames moralisatrices reçoivent ici mes cordiales félicitations ! Leur dévouement est digne

des plus grands éloges. Des institutions semblables devraient être établies dans les principales
villes de la France et de l'Europe. Ce serait un bon
moyen pour amoindrir ce terrible fléau qui s'appelle
la *prostitution*, et qui fait tous les ans un si grand
nombre de victimes.

CHAPITRE XIV

JEUNESSE

L'enfant a grandi ; l'adolescent s'est développé ; le jeune homme est entré dans sa période nubile, comprise entre dix-huit et trente ans. C'est le plus bel âge de la vie ; c'est le temps de la joie, des amours, des plaisirs enivrants. Tout vous enchante, tout vous égaie. L'oiseau qui fait entendre sur la branche d'un arbre son chant mélodieux, vous comble d'un bonheur ineffable ; le bélier qui bondit dans la prairie, réveille en soi les plus nobles élans du cœur. Il n'est pas jusqu'à l'humble violette, cachée sous la charmille, qui, par sa parure simple, son parfum délicieux, ne rappelle à notre souvenir les

doux charmes de la vertu, de l'innocence et de la
modestie.

Oh ! heureux âge ! Que ne puisses-tu durer toujours !... Je voudrais que le printemps de la vie
fût continuel. Je voudrais que le corps humain conserve toujours la même force et la même beauté,
et surtout cette beauté de l'intelligence qui engendre de si grandes actions, de si nobles dévoue-
ments.

C'est pendant la jeunesse que se révèlent les plus
belles inspirations. A dix-huit ans, Victor Hugo
était poète ; à dix-neuf ans, Napoléon Ier comman-
dait à l'école de Brienne tous ses camarades. Les
Corneille, les Bossuet, les Newton, les Michel-Ange
donnaient, dès ce moment, les signes manifestes
de futurs grands hommes. Quelques femmes même,
à cet âge là, ont commencé de s'illustrer dans les
lettres et les arts.

Mais les aptitudes sont bien différentes dans les
deux sexes. Tandis que la jeune fille domine par
le sentiment, l'instinct, la versatilité ; au jeune
homme est dévolu la force, le raisonnement, la volonté. Si celui-ci a la supériorité intellectuelle en
partage ; celle-là présente l'harmonie des formes,
la finesse des sens, la tendresse du cœur. Ces deux
types ne sont ni supérieurs, ni inférieurs l'un à
l'autre, ils se complètent mutuellement. J.-J. Rousseau a dit : « La femme a plus d'esprit et l'homme
plus de génie, la femme observe et l'homme rai-
sonne. » Ils sont donc égaux en mérite et en dignité lorsqu'ils occupent et remplissent, chacun en

ce qui les concerne, la tâche qui leur est dévolue.

Ajoutons toutefois, avec le Dr Mayer (1), que « la femme n'a enrichi l'humanité d'aucune des grandes découvertes qui ont changé la face du monde. Si l'on consulte les documents du ministère du commerce, on trouve que la part des femmes est bien minime dans les inventions qui ont été inscrites depuis qu'on délivre en France des brevets. En effet, depuis le 1er juillet 1791 jusqu'au 1er octobre 1856, sur 54,108 brevets d'invention ou de perfectionnement qui ont été délivrés *cinq ou six seulement* ont été pris par des femmes pour des articles de *modes* ou de *nouveautés*. La femme n'a pas même inventé son fuseau et sa quenouille (P.-J. Proudhon) ».

Son rôle n'en est pas moins des plus intéressants et des plus utiles. C'est l'ange du foyer domestique. Elle préside aux soins du ménage pendant que l'homme explore la nature et la soumet à son empire.

De cette diversité d'aptitudes et de sentiments résulte l'attraction des deux sexes l'un vers l'autre. L'amour, ce Dieu des jeunes gens, les attire, les rapproche et les unit souvent pour toujours. Mais avant d'en arriver au mariage, que d'écueils à éviter, que d'obstacles à vaincre !

La jeune fille a ses prétendants qui viennent passer avec elle les longues soirées d'hiver. Elle s'attife, se pomponne, range tout avec ordre et

(1) Dr A. Mayer. *Des rapports conjugaux*, 6e édition, Paris, 1874.

symétrie dans la maison pour les recevoir. Le père et la mère ne la perdent pas de vue un seul instant. On cause de bien des choses ; le sourire est sur toutes les lèvres. On s'amuse, on danse quelquefois. Les heures s'écoulent avec une rapidité vertigineuse, le moment du départ arrive et l'on se donne rendez-vous pour un autre jour.

Dans l'intervalle, la jeune fille devient pensive, réfléchie. Elle a fait son choix. Un jeune homme blond, alerte, gentil, plus aimable que les autres l'a charmée. Plus elle le voit, plus elle lui cause et plus elle en est éprise. Comment fera-t-elle pour le dire à ses parents ? Il est de bonne famille, il est laborieux, sage, économe, mais les conditions de fortune ne sont pas les mêmes. Or, elle comprend que son père ne consentira jamais à une pareille union. Que faire ? Va-t-elle y mettre de l'entêtement, insister de toutes les manières ? Ce sera peine perdue. Pourtant le temps presse ; elle sait qu'une rivale va épouser son amoureux, si elle ne se décide pas. Il faut donc qu'elle opte pour une des trois solutions suivantes : ou se faire enlever, ou renoncer au mariage, ou attendre un mari qui soit au gré de la famille. Se faire enlever, c'est bien grave ; perdre par ce seul fait les parents, la dot, l'estime publique, cela mérite d'y regarder à deux fois. Renoncer au mariage, c'est plus grave encore, lorsqu'on est fortement poussée par l'instinct de la maternité ; la vie de débauches use le corps et tue avant l'âge dans la honte ; la vie de couvent vous étiole et vous prive de tous les plaisirs du monde, le célibat ordinaire vous laisse dans vos vieux jours sans amis, sans soutiens, sans soins affectueux. Enfin attendre un mari qui soit au gré de la famille, ceci demande de la patience, du temps, et l'on est en danger soit de rester vieille fille, soit d'épouser un homme qu'on aura toujours en horreur.

Telles sont les péripéties par lesquelles passent un certain nombre de jeunes filles avant leur mariage. Les parents devraient y mettre plus de condescendance. Il est de leur devoir, sans doute, de s'opposer de toute leur force à des unions malsaines ou disparates. Mais ils doivent aussi tenir moins compte de la position et de la fortune pour permettre l'union de leurs enfants avec des prétendants qui leur conviennent et avec lesquels elles sont destinées à vivre dans une parfaite harmonie.

Et le jeune homme, croyez-vous qu'il ait moins de difficultés à surmonter avant d'en arriver à une union légitime ? N'a-t-il pas le service militaire à faire, un état à apprendre et à exercer ? N'a-t-il pas aussi les préliminaires du mariage à mener à bonne fin ?

Le service militaire... quel cauchemar pour un grand nombre ! Voir du pays..., c'est très agréable ; servir la patrie..., c'est beau, noble et grand. Mais quitter pendant trois ou quatre ans son hameau, ses amis, ses parents pour s'en aller au loin... bien loin..., quand on n'a encore vu que le clocher de son village, c'est triste..., c'est pénible... Qui ne connaît le départ du conscrit... Ses adieux si touchants... Il embrasse son père et sa mère, donne une bonne poignée de mains à tous ses amis, va dire un dernier adieu à sa fiancée et il part le cœur gros, les yeux pleins de larmes. Quand reviendra-t-il au foyer paternel ? Il n'en sait rien. Pendant cette longue absence, une maladie terrible ou une guerre meurtrière ne pourrait-elle pas l'enlever à l'affection des siens ? Nul ne saurait le dire. Mais il a du sentiment... Il sait qu'un bon citoyen se doit à la patrie et les premières heures de défaillance sont bientôt passées... Il se fait à la vie de caserne, remplit son devoir de soldat avec abnégation et dévouement... Tous ses chefs sont contents de lui... Plus tard, ce sera un époux vertueux, un mari modèle.

Avant d'en arriver à pouvoir contracter mariage, il a un état à apprendre et à exercer, et ce n'est pas une petite affaire. Quelques-uns, sans doute, se marient immédiatement après leur congé définitif, c'est le petit nombre. En général, le jeune homme doit achever son apprentissage et s'établir. Pour cela faire, il faut des dépenses considérables ; souvent les débuts sont pénibles, la clientèle ne vient pas... Que faire ? Peut-on penser à se marier quand on a du mal à pouvoir se nourrir soi-même ? Doit-on prendre une femme, avoir des enfants pour les mettre dans la misère ? Il vaut mieux attendre jusqu'à vingt-huit ou trente ans. Le jugement se sera formé, l'expérience sera venue, et si l'on a voulu profiter des leçons des maîtres qu'on a eus, l'union conjugale ne sera plus une charge, elle deviendra une douce satisfaction pour le reste de la vie.

Mais il ne suffit pas de s'être perfectionné dans son état et de s'être convenablement établi, l'on a encore les préliminaires du mariage à mener à bonne fin. Que de jeunes gens doués des plus brillantes qualités de l'esprit et du cœur ont épousé des femmes frivoles, légères, qui ne les ont point compris et qui les ont rendus malheureux ! Tout cela provient de ce que la plupart des unions légitimes se contractent sans avoir eu le temps de se connaître, ni de s'apprécier.

En général, dans les villes, c'est un parent ou un ami qui s'occupe de votre mariage. On vous ménage une ou deux entrevues. On examine la physionomie, la toilette, le maintien. On cause fortune, position sociale, écus sonnants, et on bâcle l'affaire, sans prendre des informations sur le tempérament, le caractère, les antécédents de famille, etc.

D'autres fois, on s'adresse à une *agence matrimoniale*, et alors c'est bien pis encore. Le jeune homme est un vieux viveur qui la plupart du temps a gaspillé tout son avoir et qui ne trouve plus à se marier, la jeune fille est une prude sur son déclin qui laisse beaucoup à désirer soit au physique, soit au moral... Du reste, il n'y a pas à s'y tromper, les agents matrimoniaux n'ont guère à vous proposer que des gens tarés ou des affaires véreuses... Vous trouverez sur leurs registres des fortunes en biens-fonds et en numéraire pour tous les goûts depuis un million et au-dessus jusqu'à cinq mille francs et au-dessous ; l'assortiment est toujours complet : jeunes personnes de l'aristo-

cratie et de la bourgeoisie, fortune, beauté, talents
et vertus à toute épreuve, rien n'y manque.

En réalité, il en est tout autrement. Car, si vous
cherchez au fond de tout cela, que voyez-vous ?
De tristes choses en vérité ! « Les pères de famille,
nous dit M. Prudhon (1), ne sont plus que des com-
merçants en déconfiture, cherchant comme dernière ressource à tirer parti de leur fils par un mariage ; les mères, des femmes légères dont toute la
prévoyance consiste à vouloir se débarrasser de
grandes filles gênantes ; les jeunes personnes, de
vieilles filles aigries, des jouvencelles qu'un ou plusieurs faux pas ont rendues d'un placement difficile
ou des laiderons impossibles ; les jeunes gens, des
chevaliers d'industrie, ou des débauchés, au cœur
et à la bourse vides ; ajoutez à cela quelques matrones que l'âge aurait dû rendre vénérables, aspi-
rant à convoler en troisième ou quatrième noces
et quelques vieillards lubriques, vous aurez l'état
exact du personnel des agences matrimoniales. De
ces éléments corrompus, l'agent parvient quelquefois à faire sortir deux sujets et l'un trompant l'autre, il s'ensuit un mariage. Quels en seront les résultats ? Quel respect, quel amour auront l'un pour
l'autre des époux unis par de tels moyens ? » Je
vous le laisse à penser !

Bien plus sages sont les habitants des campagnes : les doux liens de l'hyménée ne les unissent
qu'après s'être vus et fréquentés très souvent.

(1) M. J.-H. Prudhon. *Nouveau tableau de l'amour conjugal.*

Tout petits, ils ont folâtré ensemble dans la verte prairie ; plus âgés, ils se sont rencontrés à l'école du village ; jeunes gens, ils ont d'abord échangé quelques paroles insignifiantes ; puis le printemps est venu, la poésie des champs a pénétré leurs cœurs, les souffles de l'été ont embrasé leurs sens. Dorénavant ils ne s'appartiennent plus ; il faut qu'ils se voient, qu'ils se parlent, qu'ils se communiquent toutes leurs impressions ; un serrement de main les a magnétisés, un tendre baiser a cimenté leur union future. Des obstacles..., ils en triompheront ; de la calomnie, de la médisance..., ils n'en tiendront aucun compte. Ils ont promis de s'épouser, leur serment sera inviolable et leur bonheur ici-bas sera éternel.

Ordinairement les choses ne se passent pas ainsi. Nous allons diviser, d'après M. J.-H. Prudhon, les préliminaires du mariage en trois périodes parfaitement distinctes, qui sont : la demande, la présentation, la cour.

Un jeune homme a vu une demoiselle qui lui convenait ; c'est un ami qui la lui a fait connaître. Il lui a dit qu'elle était de bonne famille, que son père exerçait une profession honorable, qu'elle avait reçu une brillante éducation, que son âge, son caractère, sa beauté, ses talents, ses vertus la recommandaient à son attention toute particulière. Ces paroles l'ont convaincu et il en a fait part à ses parents. Ceux-ci, après avoir reconnu dans l'union projetée des garanties suffisantes pour l'avenir, ont chargé ce même ami de faire la *demande* en mariage... Il s'est présenté dans une mise correcte, sans forfanterie ni contrainte, avec la conviction de remplir une mission importante. Il a demandé à parler au père, lui a exposé l'objet de sa visite et a conclu en ces termes : « *Monsieur, je viens de la part de monsieur un tel vous demander pour son fils la main de votre demoiselle.* » Si le père de la jeune fille est au courant, sa réponse est catégorique ; sinon, il s'excuse de ne pouvoir se prononcer sur le moment, il réclame quelques jours de réflexion, le temps d'interroger la fille, de consulter la mère ; et alors, de deux choses l'une, ou la proposition n'est pas acceptée et tout est fini, ou bien le parti convient et l'on choisit un jour pour la *présentation* du jeune homme.

C'est ordinairement dans un repas, une soirée intime, un jardin peu fréquenté que les deux jeunes gens, plus ou moins émus, sont mis en présence. Au début, il y a de la timidité de part et d'autre. Le prétendant n'ose pas trop s'aventurer en paroles, il craint de se compromettre ; la jeune fille se montre naïve, ingénue et craintive à l'excès. Peu à peu la conversation s'anime, les cœurs se dilatent ; les bons mots, les calembours sont sur toutes les lèvres. Le jeune homme est charmant, la demoiselle est ravissante. On rit, on s'amuse, on s'embrasse avec effusion, on se dit au revoir et à bientôt. Dès lors, le jeune amoureux est admis à faire sa *cour*.

« O le doux tête-à-tête et les longues causeries !

s'écrie Prudhon. O les rêves d'avenir! Et les célestes duos que chantent les âmes quand, les mains dans les mains et les yeux dans les yeux, on songe à cette heure tant attendue, à cette heure mystérieuse qui épouvante et qui attire, à cette heure où ce qui est défendu sera ordonné, où ce qui est crime deviendra devoir, à cette heure enfin, sans voiles et sans secrets, dont la pensée suffit pour empourprer le front de la vierge et mettre plus de flamme dans les regards de l'amant! O les douces confidences, les baisers surpris et les serments d'amour éternel! Et les promenades matinales et les silences éloquents pendant que l'on marche les pieds dans la rosée, la tête dans les cieux! O les bras voluptueusement et chastement pressés et les propos inutiles et pourtant pleins de charme, et les délicieuses attentes, et les tourments adorables, et le monde oublié, et tout dans un sourire! Poème éternel de la jeunesse dont tous les mots sont des soupirs, dont tous les vers parlent d'amour et d'extase, qu'il serait beau de savoir chanter, mais qu'il vaut mieux y vivre! »

Il n'y a plus maintenant à attendre que la publication des bans et la signature du contrat de mariage pour que nos deux jeunes gens soient unis pour toujours. Peines, contradictions, chagrins, tout va être oublié. L'amour va réunir deux cœurs en un seul dans une douce rêverie, dans une sublime extase. C'est la famille qui va commencer, et avec elle la perpétuité de l'espèce qui se continuera... Il le faut bien, car la maladie ne vient que trop souvent éclaircir nos rangs, malgré toute la science du médecin. C'est pendant la jeunesse que surviennent les affections morbides les plus nombreuses. Les refroidissements subits, les travaux pénibles, les émotions vives, les passions violentes sont les causes qui les engendrent le plus souvent. Aussi c'est à cet âge surtout qu'on observe la pneumonie, les luxations, les fractures, les entorses, l'hystérie, l'épilepsie, la blennorrhagie, la syphilis, etc., etc.

PNEUMONIE. — La pneumonie, vulgairement appelée *fluxion de poitrine*, est l'inflammation du parenchyme pulmonaire. Elle est généralement aiguë, très rarement chronique. Bornée au poumon seul, elle constitue la *pneumonie simple ;* compliquée d'inflammation des bronches ou de la plèvre, elle prend le nom de *bronchopneumonie* ou de *pleuropneumonie.*

Cette maladie débute, en général, au milieu d'une santé florissante par une pointe de côté, un frisson intense, de la fièvre, de l'oppression et de la toux. Elle évolue en trois périodes : dans la première ou *période d'engouement,* le poumon est infiltré d'une sérosité rougeâtre, les *crachats* sont *rouillés,* le bruit respiratoire est remplacé par du *râle crépitant* fin. Dans la seconde période ou *période d'hépatisation rouge,* le poumon a augmenté de volume, il ne crépite plus et est devenu imperméable à l'air, il y a une matité complète à la percussion, et, à l'auscultation, on entend un *bruit de souffle* manifeste. Enfin dans la troisième période ou *période d'hépatisation grise*, le poumon est infiltré d'une sérosité purulente, son tissu s'est ramolli, les crachats sont devenus purulents et fétides, la matité, le souffle ont augmenté, la prostration est devenue extrême et la mort inévitable.

Le plus souvent, la maladie rétrograde avant d'arriver à cette troisième période; alors sa durée moyenne est de six à neuf jours et sa terminaison heureuse. Le traitement consiste dans l'emploi des sangsues, des vésicatoires, des purgatifs, des potions kermétisées, des tisanes pectorales et d'un régime sévère.

Luxation. — La luxation ou *déboîtement d'un os* est le déplacement d'une extrémité osseuse articulaire qui a perdu en tout ou en partie ses rapports naturels. De là, deux sortes de luxations : les *luxations complètes* et les *luxations incomplètes*. On les divise aussi d'après les causes qui les produisent en *luxations traumatiques, luxations spontanées* et *luxations congénitales*.

Dès qu'une luxation s'est produite, on observe la douleur au niveau de l'articulation luxée, la déformation du membre, son allongement ou son raccourcissement, la perte de ses fonctions. Le chirurgien doit être appelé tout de suite pour replacer les os dans leur position normale; il suffit, après cela, de quelques jours de repos et la guérison complète ne se fait pas longtemps attendre. Les

luxations les plus fréquentes sont celles de l'é-
paule, du coude, de la hanche, etc.

Fracture. — Une fracture ou *rupture d'un os*
est toute solution de continuité brusque et violente
soit d'un os, soit d'un cartilage. La fracture peut
être complète ou incomplète, directe ou par contre-
coup, simple ou compliquée de plaie, unique ou
multiple. Les deux bouts des fragments sont tantôt
éloignés, tantôt superposés et tantôt enfoncés l'un
dans l'autre.

Au moment de l'accident, une douleur extrêmement vive se fait sentir pouvant provoquer un
évanouissement momentané. Le membre fracturé
est incapable de continuer ses fonctions. S'il s'agit
du membre inférieur, le blessé tombe sans pouvoir
se relever et l'on observe les symptômes suivants :
les uns rationnels, les autres sensibles. Les symptômes rationnels sont : le *craquement* que le malade a entendu, la *douleur* qu'il a ressentie, l'*impuissance du membre* qui en est résultée. Les
symptômes sensibles consistent en une *ecchymose*
au niveau du point fracturé, une *déformation* due
au déplacement des fragments, une *mobilité anor-
male* sensible et une *crépitation* qu'on produit en
faisant frotter les deux surfaces rugueuses de l'os
l'une contre l'autre. Lorsque ces deux derniers
signes ont été perçus nettement, le diagnostic de
la fracture est certain.

Dès lors il n'y a plus de temps à perdre, il
faut : 1° faire la réducion en tirant fortement sur

les fragments jusqu'à ce qu'ils soient venus se juxtaposer bout à bout; 2° maintenir le membre au repos le plus absolu pendant un temps variant de un à deux mois et quelquefois davantage. Une fois ce laps de temps écoulé, on enlève l'appareil et l'on permet des mouvements progressifs au malade.

Entorse. — On appelle entorse la distension forcée, parfois la déchirure des ligaments d'une articulation sans aucun déplacement des surfaces articulaires. Elle survient à la suite d'une chute, d'un coup et le plus souvent d'un faux pas. Elle est caractérisée par une douleur très vive qui se fait sentir sur le moment même de l'accident, par la difficulté de se servir du membre et par le gonflement de l'articulation; mais les mouvements, quoique très douloureux, sont possibles, ce qui permet de la distinguer d'une luxation. Elle se produit d'habitude au cou-de-pied, au poignet, au genou ou au coude.

Le traitement varie suivant la gravité de l'accident. S'il n'y a que des désordres légers, des compresses d'eau blanche et quelques jours de repos suffiront. Si les ligaments sont déchirés et les parties violemment contuses, il faudra plonger immédiatement la partie atteinte dans l'eau froide, faire une application de six à dix sangsues, immobiliser le membre et tenir en permanence sur le point lésé des compresses résolutives ou des cataplasmes émollients. Plus tard le massage, les douches sulfureuses, les boues de Saint-Amand et de Barèges guériront l'ankylose, l'arthrite chronique ou la tumeur blanche dans les cas où la lésion primitive aurait dégénéré faute de soins intelligents.

HYSTÉRIE. — L'hystérie est une maladie nerveuse, particulière aux femmes, caractérisée par la sensation d'une boule (*boule hystérique*) qui monte de la matrice à la gorge, en y produisant un sentiment de strangulation, et par des convulsions générales, cloniques, irrégulières, accompagnées d'une perte plus ou moins complète de connaissance. Une vie oisive, la lecture des romans, les veilles, les chagrins, les peines de cœur y prédisposent. Une colère, une contradiction, une émotion vive la font éclater. Alors survient une véritable *attaque d'hystérie*. La malade tombe à terre en poussant un cri; sa respiration est très gênée, sa face est violette, les membres se raidissent et exécutent des mouvements de va-et-vient d'une violence extrême, le corps se meut par sauts et par bonds désordonnés. L'accès dure de un quart d'heure à une demi-heure, souvent davantage; il se termine par des soupirs, des pleurs, des sanglots, de la céphalalgie, de l'inappétence et une courbature générale.

Ces *attaques de nerfs* peuvent être simulées; il arrive plus d'une fois que les drames de l'amour contrarié ou de la jalousie en provoquent un certain nombre.

Quoi qu'il en soit, la durée de l'hystérie est très

variable. Il est des femmes qui n'ont eu que quelques attaques, tandis que d'autres y sont restées sujettes toute leur vie. En général, la maladie diminue avec les progrès de l'âge et finit par disparaître sans qu'on puisse dire qu'elle ait jamais occasionné la mort. Son traitement consiste à faire usage de la promenade, de la distraction, de la gymnastique, de l'hydrothérapie, des bains froids, du bromure de potassium, etc., et pendant l'accès à veiller à ce que les malades ne puissent se blesser, à desserrer leurs vêtements, à leur faire respirer de l'éther, de l'ammoniaque ou du chloroforme.

ÉPILEPSIE. — C'est une maladie nerveuse très grave dans laquelle le malade tombe subitement sans connaissance, en proie aux plus affreuses convulsions ; aussi est-elle connue sous les noms très significatifs de *haut mal, grand mal, mal caduc*. Ses causes les plus fréquentes sont l'hérédité, les chagrins, l'abus des alcooliques, l'onanisme et surtout la frayeur contre laquelle on ne prend jamais assez de précautions. Que d'enfants, que de jeunes gens sont devenus épileptiques pour n'avoir pas été suffisamment surveillés à la suite d'une peur, et n'avoir pas été privés de sommeil pendant les douze premières heures !

L'attaque d'épilepsie survient brusquement et se divise en plusieurs périodes, durant à peine quelques secondes chacune. Dans la première, le malade *pousse un cri, pâlit* et *tombe* foudroyé, insensible à toutes les excitations. Dans la seconde, il est raide comme une barre de fer, immobile, les yeux fixes, la tête rejetée en arrière. Dans la troisième, tout le corps est secoué par des mouvements violents et saccadés, les yeux roulent dans leurs orbites, les dents grincent, la langue se mord, la bouche grimace, les lèvres, agitées en tous sens, laissent échapper une écume sanguinolente, l'ensemble de la physionomie, en un mot, est horrible à voir. Après une à trois ou quatre minutes de durée, l'accès est terminé ; le cœur bat, la respiration reprend, la face pâlit, les muscles se détendent, un assoupissement profond s'empare du malade au bout duquel il se réveille, fatigué, étourdi et ne se rappelant plus de rien de tout ce qui s'est passé. Voilà le tableau fidèle d'une *attaque de haut mal.* Dans l'intervalle, l'individu reprend ses occupations. Mais l'accès se reproduit une ou deux fois par an ; puis il augmente de fréquence, revient tous les mois et même tous les jours jusqu'à ce qu'il ait tué le malade.

Une foule de médicaments : belladone, valériane, oxyde de zinc, nitrate d'argent, camphre, essence de térébenthine, etc., etc., ont été mis en usage et aucun n'a réussi contre cette maladie, une des plus terribles que l'on connaisse. On peut cependant, par ces préparations sagement combinées, arriver dans certains cas à éloigner les crises, à les rendre moins violentes, et même, par le bromure de potassium à haute dose, parvenir à les faire disparaître complètement, surtout si la maladie n'est pas héréditaire, si elle s'est déclarée dans l'enfance ou dans la jeunesse par suite d'une cause passagère ou l'abus des alcools.

BLENNORRHAGIE. — Inflammation aiguë de l'urèthre chez l'homme, de l'urèthre ou du vagin ou des deux à la fois chez la femme, avec écoulement muco-purulent. La blennorrhagie s'appelle encore chez l'homme *uréthrite*, *gonorrhée*, *chaudepisse*, *coulante*, *échauffement*, et chez la femme *vaginite*, *uréthrite*, *vulvite*. C'est une maladie très ancienne, toujours locale, qui n'est jamais cause, ni effet d'une infection constitutionnelle. Elle est éminemment transmissible d'individu à individu, affecte le dixième de l'espèce humaine et est déterminée par un coït impur ou par l'abus des plaisirs sexuels après un excès quelconque.

La maladie ne se montre que du deuxième au septième jour d'une copulation suspecte. Elle débute par une cuisson qui se change en une douleur vive, accompagnée d'un écoulement crémeux, épais, jaune-verdàtre, tachant le parquet et empesant le linge à la façon du sperme. Alors le malade urine avec une telle difficulté qu'il est obligé de ronger les coins de son mouchoir pour alléger ses souffrances. Le mal diminue progressivement et ne cesse guère avant trois, quatre ou six semaines. Souvent il se prolonge des mois et des années ; le patient a, dans ce cas, ce qu'on est convenu d'appeler la *goutte militaire*.

Le traitement peut être préservatif, abortif ou curatif.

Dans le *traitement préservatif*, il est indiqué de laver la verge, l'enduire d'un corps gras, éjaculer le plus vite possible et se retirer aussitôt; l'on urine ensuite et l'on fait des injections avec de l'eau alcoolisée. Certains aiment mieux faire usage du *condom*, sorte de capote anglaise en baudruche destinée à protéger la verge des affections vénériennes que la femme pourrait inoculer pendant le coït.

Si ces précautions n'ont pas été prises ou si elles ont été insuffisantes, on peut tenter au début le *traitement abortif*. Celui-ci n'est applicable que lorsque le siège de la maladie est limité à l'entrée de l'urèthre ou du vagin. Il se réduit à des injections avec une solution caustique au nitrate d'argent à la dose de 30 centigrammes à 1 et 2 grammes pour 30 grammes d'eau distillée.

Au bout de deux jours, le malade doit être guéri; si non, il faut avoir recours au *traitement curatif*. Il consiste à l'état aigu, en tisanes délayantes (lin, mauve, pariétaire, chiendent), en bains généraux et locaux, dans la suppression des mets salés ou épicés et des boissons excitantes : vin, thé, café, bière, liqueurs, etc. A l'état subaigu, dans l'administration du copahu, du cubèbe, du santal ou du kava en opiat, en bols ou mieux en capsules. Enfin à l'état chronique, les injections astringentes au tannin, à l'alun, à l'eau blanche finissent toujours par en avoir raison. Il va sans dire qu'il est absolument utile de porter un suspensoir, de marcher très peu et de se priver de tout rapport sexuel.

Syphilis. — La syphilis ou *vérole* est une maladie générale, constitutionnelle, qui date de la fin du quinzième siècle et qui est exclusivement propre à l'espèce humaine. Elle est le résultat d'un virus qui pénètre par un point du corps dans l'organisme et envahit ensuite l'économie tout entière. Pour cela, il suffit qu'une parcelle quelconque de ce virus (pris sur un chancre induré, une plaque muqueuse, un accident secondaire) soit portée sous l'épiderme pour qu'il puisse y avoir inoculation de cette maladie.

C'est ainsi qu'on a cité de nombreux exemples de syphilis communiquée par un baiser ou par un verre contaminé par un syphilitique ayant des plaques muqueuses sur les lèvres, ou bien par une lunette de lieux d'aisance maculée par une personne affectée d'un chancre, de plaques muqueuses ou de condylomes de l'anus. Le sang même d'un syphilitique peut donner également la maladie lorsqu'il est inoculé, soit par la vaccination, soit par tout autre moyen. La nourrice communique la syphilis à son nourrisson, et *vice versa* l'enfant atteint d'une vérole congénitale infecte sa nourrice (*voir nouveau-né*).

Ces exemples prouvent que le *mal vénérien* ne se transmet pas seulement par le coït, mais encore par la contamination. Une légère éraillure sert de porte d'entrée au virus. Une fois introduit, il suit son évolution en trois périodes successives, caractérisées par des accidents primitifs, secondaires et tertiaires.

Aux *accidents primitifs* se rattachent le chancre induré et la pléiade ganglionnaire. Le chancre induré ou infectant est la première manifestation de la syphilis ; il est solitaire, arrondi, dur, creusé en godet ; il suppure moins que le chancre mou et ne paraît que quinze à trente jours après la contamination. Sa durée varie de quatre à six semaines. Il détermine constamment l'engorgement des ganglions auxquels aboutissent les lymphatiques de la partie ulcérée. Ces ganglions survivent au chancre, roulent sous les doigts et ne suppurent jamais.

Les *accidents secondaires* qui surviennent ensuite se portent sur la peau et les muqueuses. Ils commencent par la roséole, les plaques muqueuses et se continuent par les syphilides papuleuse, pustuleuse, tuberculeuse, l'iritis, le testicule syphilitique.

Quant aux *accidents tertiaires*, ils attaquent le tissu cellulaire, les os et même les viscères. Ils sont loin de se montrer chez toutes les personnes qui ont contracté la syphilis, surtout lorsqu'elle a été convenablement traitée. Ils n'apparaissent qu'un an, parfois même que dix à trente ans après les accidents primitifs, ce qui a fait dire à tort que la syphilis ne guérissait jamais. Ils ne sont pas inoculables et sont moins disséminés que les accidents secondaires. Ils consistent en gourmes, ulcères, caries, nécroses, exostoses, périostites, paralysies diverses, affections du cœur, foie, reins, poumons, etc.

On voit, d'après ce court exposé, que la syphilis finit par attaquer tous les organes depuis les plus superficiels jusqu'aux plus profonds de l'organisme.

A la première période, on prescrit le mercure ; à la seconde, le mercure et l'iodure de potassium ; à la troisième, l'iodure de potassium seul. Le mercure s'administre à l'intérieur en solution (liqueur de Van Swieten), en pilules (pilules de Belloste, de Sédillot, de Dupuytren, de Ricord) ; à l'extérieur en frictions d'onguent napolitain, en fumigations de cinabre, en bains de sublimé. L'iodure de potassium se donne à hautes doses en solution depuis 1 jusqu'à 3 ou 4 grammes par jour. On doit ajouter à toutes les périodes les tisanes dépuratives, les ferrugineux, le quinquina, l'hydrothérapie et une bonne alimentation.

CHAPITRE XV

MARIAGE

Le mariage est l'union légitime de l'homme et de la femme en vue de constituer la famille. Sans mariage, point de famille ; sans famille, point de société. Aussi le mariage a été considéré de tout temps comme la pierre angulaire de l'édifice social et, par conséquent, comme un des actes les plus importants de la vie. Les législations de tous les peuples l'ont entouré des plus grands privilèges. La stérilité et le célibat étaient chez les Hébreux une cause d'exclusion des assemblées du peuple. La loi de Moïse encourageait le mariage par la dispense, durant la première année, du service militaire et de toutes les charges publiques. En Allemagne, en Suisse, la fortune des célibataires retournait à l'État après leur mort. Dans d'autres pays, on leur faisait payer un impôt. C'est dire qu'on a cherché toujours à favoriser les mariages, parce qu'on a remarqué que leur diminution correspondait avec une diminution semblable de la population. Or, comme tout État dont la population décroit est en décadence, il en résulte qu'une nation ne conservera sa puissance et sa grandeur qu'à la condition que les unions légitimes seront nombreuses et prospères.

Il ne faudrait pas induire de là que le mariage puisse être contracté, dès l'instant qu'il y a consentement des conjoints, à tous les âges et à tous les degrés de parenté. La loi a été sage en fixant l'âge *minimum* à dix-huit ans pour l'homme et quinze ans pour la femme ; en exigeant, en outre, l'absence d'un premier lien et la non existence d'une parenté trop rapprochée. Je vous demande ce que deviendrait un pays avec des unions impubères, bigames, consanguines. Bientôt, il n'y aurait plus dans une telle nation ni sève, ni mœurs, ni santé. Les parents seraient des êtres dégradés, dépourvus de tout élan généreux ; les enfants constitueraient des avortons d'une débilité excessive.

D'autres conditions sont encore indispensables pour la validité du mariage, ce sont : 1° le *consentement du père et de la mère* qui a pour but d'empêcher les unions trop disparates sous le rapport de l'éducation, de la position, de la fortune ou de l'honneur et de la santé des familles ; 2° la *publication des bans* qui met le mariage projeté à la connaissance de tous ceux qui pourraient avoir intérêt à y porter obstacle ; 3° la *compétence de l'officier civil* qui doit connaître le domicile des époux ou au moins de l'un d'eux pour qu'il sache à qui il a affaire et qu'il soit à l'abri de toute substitution.

Ces dispositions étant prises, la célébration du mariage n'offre plus aucune difficulté. On se rend à la maison commune, et là, en présence de quatre témoins, le maire ou l'adjoint fait lecture aux parties des pièces relatives à leur état et du chapitre VI sur les droits et les devoirs respectifs des époux, où il est écrit : *Les époux se doivent mutuellement fidélité, secours, assistance. Le mari doit protection à sa femme, la femme obéissance à son mari. La femme est obligée d'habiter avec son mari et de le suivre partout où il juge à propos de résider ; le mari est obligé de la recevoir et de lui fournir tout ce qui est nécessaire pour les besoins de la vie, selon ses facultés et son état.* Il reçoit ensuite de chaque partie, l'une après l'autre, la déclaration qu'elles veulent se prendre pour mari et pour femme ; il prononce au nom de la loi qu'elles sont unies par le mariage et en fait dresser acte sur-le-champ.

« Il est à remarquer ici, ajoute J.-H. Prudhon, que le premier mot prononcé par la loi est celui de fidélité ! C'est que sans fidélité, surtout du côté de la femme, le mariage n'existe plus ou plutôt cesse d'être une institution sacrée pour devenir un pacte hideux. Le mari aussi bien que la femme, nous le reconnaissons, doit conserver la foi jurée; mais si l'adultère chez lui est une faute, un crime même, il n'a pas, comme chez la femme, la terrible conséquence d'introduire dans la famille des enfants étrangers qui doivent un jour partager l'héritage des enfants légitimes et porter un nom qui ne leur appartient pas et que peut-être ils déshonoreront; aussi, la loi s'est-elle montrée plus sévère pour l'infidélité de l'une que pour celle de l'autre. »

Après la signature du contrat civil qui est le seul obligatoire et indispensable, il est d'usage que les nouveaux époux vont à l'église pour faire bénir le mariage. Sans doute, le sacrement religieux n'est pas nécessaire devant la loi; mais ceux qui ont la croyance et la foi en Dieu craindraient de manquer à leur devoir s'ils ne venaient s'agenouiller au pied de l'autel pour lui demander d'étendre sur eux, dans l'avenir, sa main protectrice. Voici ce que dit à ce sujet, Chateaubriand, l'auteur du *Génie du Christianisme* :

« Quand on songe que le mariage est le pivot sur lequel roule l'économie sociale, peut-on supposer qu'il soit jamais assez saint? On ne saurait trop admirer la sagesse de celui qui l'a marqué du sceau de la religion. Sa pompe est grave et solennelle : l'homme est averti qu'il commence une nouvelle carrière. Les paroles de la bénédiction nuptiale, en frappant le mari d'un grand respect, lui disent qu'il remplit l'acte le plus important de la vie, qu'il va devenir le chef d'une nouvelle famille, qu'il se charge de tout le fardeau de la condition humaine. La femme n'est pas moins instruite. L'image des plaisirs disparaît à ses yeux devant celle des devoirs. Une voix semble lui crier du milieu de l'autel : *Ève, sais-tu bien ce que tu fais? Sais-tu qu'il n'y a plus pour toi d'autre liberté que celle de la tombe? Sais-tu ce que c'est que de porter dans tes entrailles mortelles l'homme immortel et fait à l'image de Dieu?*

« Chez les anciens, un hyménée n'était qu'une cérémonie pleine de scandale et de joie, qui n'enseignait rien des graves pensées que le mariage inspire; le christianisme seul en a rétabli la dignité. L'homme, en s'unissant à la femme, ne fait que reprendre une partie de sa substance; son âme ainsi que son corps sont incomplets sans elle : il a la force, elle a la beauté; il combat l'ennemi et laboure le champ de la patrie, mais il n'entend rien aux détails domestiques; il a des chagrins et sa compagne est là pour les adoucir. Sans la femme, il serait rude, grossier, solitaire. La femme suspend autour de lui les fleurs de la vie, comme ces lianes des forêts qui décorent le tronc des chênes de leurs guirlandes parfumées. Enfin l'époux chrétien et son épouse vivent, renaissent, meurent ensemble: ensemble ils élèvent les fruits de leur union, en poussière ils retournent ensemble, et ils se retrouvent ensemble par delà les limites du tombeau. »

2:.

Cette pensée est consolante ; elle fortifie le corps, ranime l'esprit, aide à supporter en commun avec résignation toutes les épreuves de la vie, dans l'espoir que nous habiterons un jour un monde meilleur où la souffrance sera nulle et le bonheur sans fin.

La célébration du mariage une fois terminée, les nouveaux époux se disposent à passer la journée différemment suivant qu'ils appartiennent à l'aristocratie, à la bourgeoisie ou à une autre classe de la société.

L'aristocratie ne fait pas de noce. Immédiatement après la bénédiction nuptiale, chaque invité se retire pendant que le jeune couple prend le train rapide pour aller cacher en Angleterre, en Belgique, en Suisse, en Italie ou en Espagne les premiers mois de la lune de miel. Si l'on croit, en agissant de la sorte, éviter tous les ennuis, on se trompe souverainement. Sans doute une fête de famille de cette nature a ses petits revers, mais ils peuvent être bien plus grands encore lorsqu'on a mis les pieds sur une terre étrangère où l'on est privé de parents, d'amis, de soutiens protecteurs. Qu'une indisposition, une maladie survienne, les alarmes en sont doublement accrues. Et d'ailleurs, une chambre d'hôtel, qui a servi à tous et à toutes, est-elle un sanctuaire convenable pour une première nuit d'amour légitime ? Quelle impression conservera-t-elle cette jeune femme de ce jour qui devait être le plus beau jour de sa vie ? Eh bien ! si vous voulez le savoir, je vais vous le dire. Il ne lui restera que le triste souvenir d'un voyage pénible, d'un repas au restaurant au milieu d'inconnus, d'une soirée au théâtre où la vertu est souvent tournée en ridicule, d'une nuit à l'hôtel où la couche nuptiale a reçu et recevra toute sorte de gens!

La bourgeoisie fait-elle mieux? Je ne le pense pas. Ici on trouve des défauts d'un autre genre. On célèbre bien la noce, mais tout y est d'apparat, de clinquant et d'emprunt. On étale aux yeux du public un luxe effréné : voitures à la Daumont, salle splendide, festin délicieux, rien ne manque. Le lendemain, la bourse est vide, il ne reste pas même quelquefois la robe blanche, ni l'habit de cérémonie, tout a été loué pour un jour!

Je préfère une noce villageoise où la simplicité n'exclut pas l'élégance, où une franche gaieté règne avec la cordialité la plus sincère; au moins, en pareil cas, on assiste à une véritable fête de famille. Parents et amis, jeunes et vieux sont assis autour d'une longue table mise sans aucune prétention. Les nouveaux mariés sont au milieu, ayant une belle couronne de verdure et de fleurs suspendue au-dessus de leurs têtes. De chaque côté, prennent place les demoiselles d'honneur, accompagnées chacune de leur cavalier. En face, se mettent les personnes les plus marquantes de la noce, puis toutes les autres arrivent et se placent à l'avenant.

Dès le début du repas, une certaine monotonie règne dans la salle du festin; on n'entend que le cliquetis des cuillers et des fourchettes s'entrechoquant de toutes parts. Peu à peu les conversations s'animent, les esprits s'échauffent. Les plus hardis entonnent quelques chansons grivoises qui sont parfois un peu trop échevelées et qui sont capables de faire rougir les plus timides. Mais une fois n'est pas coutume; il faut bien, en ce jour, permettre certaines licences lorsqu'elles n'offusquent pas trop les bonnes mœurs. Au dessert, ce ne sont que paroles gaies, propos amusants. Les victuailles, les vins, les liqueurs ont déridé toutes les physionomies. Chacun embrasse sa voisine et d'un bout de la salle à l'autre une jovialité charmante donne de l'entrain à tous les cœurs.

On passe ensuite de la salle du festin à la salle de bal. Le plus souvent, il y a un certain parcours à suivre pour s'y rendre. C'est le but, pour quelques-uns, d'une promenade des plus agréables. On traverse ainsi la principale rue du village, musique en tête, en fredonnant des refrains joyeux. A ce bruit inaccoutumé, les habitants sortent en toute hâte de leurs maisons.

« Regardez, dit une femme à ses voisines, comme la mariée est belle, comme la robe blanche lui sied bien, comme la couronne de fleurs d'oranger symbolise en elle la candeur et la vertu! C'était une fille sage, honnête, laborieuse; ce sera, à l'avenir, une épouse digne de respect et d'admiration. Heureux le mari qui possède un trésor aussi précieux, leurs jours s'écouleront en paix dans une félicité sans bornes! »

« Mais voyez donc, dit un autre groupe, le dernier couple de la noce, ce vieux avec sa femme qu'il mène gaillardement par le bras ? Ils sont encore tous les deux ingambes, alertes, dispos ; ils sont bien capables ce soir de fêter gaiement leur cinquantaine !!! »

Pendant qu'on tient de semblables propos, la noce chemine lentement et arrive au but désigné. La nouvelle mariée est la première à donner le signal de la danse ; toute la jeunesse l'imite ; en un clin d'œil, hommes, femmes, enfants sautent à l'unisson. Il n'y a ni repos, ni trêve. Les heures passent, la nuit s'avance ; nos jeunes époux, exténués de fatigue, s'esquivent à l'improviste et quittent enfin le bal pour se rendre à la chambre nuptiale.

Là, tout a été préparé pour les recevoir. La mère arrive la première accompagnée de sa fille ; elle procède à sa nouvelle toilette, lui fait les recommandations d'usage, l'embrasse avec effusion le sourire aux lèvres, en lui prédisant toutes sortes de bonheurs, qui se réaliseront certainement, si elle est bonne, fidèle, prévenante et soumise. Le mari vient ensuite ; il est disposé à tous les sacrifices pour lui être agréable. Ces deux cœurs s'aiment depuis longtemps de l'amour le plus tendre. Ils se le sont dit bien souvent sous l'aubépine en fleurs ; ils se le diront mieux encore cette nuit dans l'intimité de l'alcóve.

Et voilà nos deux chérubins dans les bras l'un de l'autre, se promettant un éternel amour, une fidélité inviolable.... Le lendemain, tout est consommé ! *Omne consummatum est !* La vierge n'est plus... La femme paraît... Une nouvelle vie commence pour elle, toute d'abnégation et de dévouement... Il est si doux d'aimer qu'elle oublie pendant quelques jours le père, la mère, la famille, les amis, le foyer domestique, la prairie enchanteresse... Elle s'est donnée corps et âme à son époux... Elle ne soupire qu'après lui, le chérit, le contemple, l'adore, et cela durera éternellement pourvu qu'il n'y ait pas disproportion d'âge, de fortune, de tempérament, d'éducation, de convenances physiques ou morales.

I. CONVENANCES PHYSIQUES. — Les convenances physiques ont une grande importance pour assurer le bonheur dans le mariage. Un assemblage disparate de beauté et de laideur ne peut être que nuisible. Il en est de même des unions entre parents, entre jeunes et vieux, entre adolescents ou entre vieillards. Il résulte presque toujours de pareilles alliances des conséquences funestes : aussi les mariages ne doivent être ni précoces, ni tardifs, ni disproportionnés, ni consanguins, ni mal assortis.

1. *Mariages précoces.* — « Qu'on le sache bien, il faut que l'homme et la femme possèdent la plénitude de la vie, pour pouvoir, sans se nuire, communiquer la vie à d'autres. Il faut que le corps ait accompli sa croissance, que les fonctions aient complété leur évolution, que l'intelligence ait acquis sa puissance, et le cœur ses trésors. Alors seulement, c'est la maturité, la maturité procréatrice, c'est la *nubilité*, l'âge du mariage. Buffon, Haller, Flourens, Beaunis, Kuss et Duval, et la

plupart des physiologistes fixent la nubilité, dans les climats tempérés, à la vingtième année pour les femmes, à la vingt-cinquième année pour les hommes. » (Dr *L.-X. Bourgeois.*)

Avant ces âges, le mariage ne devrait être permis que dans des cas exceptionnels. Ne sait-on pas qu'user trop jeune des plaisirs de l'amour, c'est affaiblir la constitution, arrêter le développement des organes, user le corps et abrutir l'esprit. Que d'hommes ont perdu la santé pour n'avoir pas écouté ces sages préceptes ! Que de femmes sont mortes au printemps de la vie sans avoir pu profiter des avantages de la jeunesse !

La statistique du Dr Bertillon vient à l'appui de ma manière de voir. Ce savant a trouvé que la mortalité des garçons avant l'âge de vingt ans est, en France, de 7 pour 1,000, tandis qu'elle est, au contraire, de 40 à 50 chez les jouvenceaux mariés. Et la preuve que le mariage est bien la cause de cette mortalité extrême, ajoute le Dr Garnier, c'est qu'à Paris, où les jeunes gens rencontrent de bonne heure des amours faciles, la mortalité de dix-huit à vingt ans est de 2 pour 1,000 plus élevée que dans le reste de la France.

Un danger semblable, et plus imminent encore, frappe également la jeune épouse. Si elle devient enceinte, la grossesse, l'accouchement, la puerpéralité, l'allaitement sont autant de causes certaines de détérioration pour son organisme.

Que l'on ne vienne pas me dire après cela qu'un mariage précoce fortifiera une constitution délicate ou guérira une maladie chronique. C'est une grave erreur, beaucoup trop accréditée parmi le vulgaire, que le médecin doit s'efforcer de faire disparaître par tous les moyens possibles, à cause des résultats désastreux qui en sont la conséquence.

Les enfants eux-mêmes sont chétifs, malingres, souffreteux. Un certain nombre meurent dans le courant de la première année. Les autres traînent une vie languissante, minés par la scrofule, le rachitisme ou la phtisie pulmonaire. Comment n'en serait-il pas ainsi, lorsque tout se passe de même dans la nature ? Ne sait-on pas que les premiers fruits d'un arbre sont toujours en petite quantité et de qualité médiocre. Ne sait-on pas encore que la fécondation d'un trop jeune animal donne des produits faibles, quelquefois difformes, le plus souvent d'allure maladive. Les êtres reproducteurs n'ayant pas atteint leur complet développement, leur progéniture ne peut être qu'imparfaite dans la généralité des cas.

2. *Mariages tardifs.* — Ces mariages ont aussi des inconvénients pour l'homme, pour la femme et pour les enfants.

L'homme âgé doit être d'une sobriété exemplaire. Il doit éviter les ébranlements voluptueux, les déperditions de semence, toutes les émotions sensuelles, en un mot, capables de surexciter outre mesure la cellule cérébrale. La science possède une foule d'exemples de morts subites, produites par des attaques d'apoplexies ou par des ruptures d'anévrismes, dont la cause ne dérive que d'embrassements intempestifs.

La femme âgée, celle qui a dépassé la cinquantaine, ne court pas de grands risques ; ses organes génitaux émoussés et flétris n'éveillent en elle aucune sensation dangereuse. Mais la femme de trente à quarante ans a à redouter tous les effets de la parturition ; elle a ses os durs, ses articulations du bassin immobiles, ses fibres musculaires inextensibles. Pour ces motifs, l'accouchement sera long, parfois même d'une gravité excessive.

Quant à l'enfant, il sera bien petit ou d'une grosseur moyenne et alors il risquera de s'étouffer au passage. S'il vit, il héritera du peu de vigueur de ses parents, sera peu capable de jouer dans la société un rôle utile et deviendra de bonne heure orphelin, trop heureux s'il n'est pas dans la suite à charge à lui-même ou à ses semblables (*D*ʳ *Seraine*).

3. *Mariages disproportionnés.* — Ce sont des alliances monstrueuses qui offusquent à la fois la morale et la raison. Un jeune homme ne se résoudra jamais à épouser une vieille fille que poussé par la soif de l'or ou par l'appât du lucre; et comme il ne l'aimera pas, il ne résultera d'un tel mariage que regrets, contradictions, chagrins ; le mari prendra des maitresses, la femme s'adonnera à toutes les fureurs de la jalousie ; la vie à deux deviendra insupportable ; il y aura discordance d'opinions, de mœurs, de langage, tous les déboires enfin, mais point de bonheur conjugal.

Il en sera bien pis encore pour la jeune fille que les parents auront engagée à s'allier avec un vieillard. Ici tout sera contraste au physique et au moral. D'un côté, nous aurons les charmes, la beauté, la fraîcheur de la jeunesse ; de l'autre, les rides, la laideur, les infirmités de la décrépitude. La première sera gaie, aimable, gentille ; le second sera morose, hargneux, taciturne. Que va-t-il résulter d'un pareil accouplement ? Le dégoût, le mépris et souvent la haine de la part de la femme ; l'épuisement, l'impuissance finale et souvent la mort à courte échéance de la part du mari. La jeune épouse cherchera bientôt à combler le vide de son âme dans des amours adultères. Le vieux libertin bourrelé de remords, terminera ses jours dans l'abandon, après avoir été maudit de toute sa famille.

4. *Mariages consanguins.* — Ils sont défendus par les lois civiles et religieuses de toutes les époques. Ce n'est que chez les peuples barbares que le père a pu épouser sa fille, le fils sa mère, et le frère sa propre sœur. Ces mariages sont aussi contraires aux lois de la nature que de la morale et sont justement réprouvés aujourd'hui, sous le nom d'inceste, par toutes les nations civilisées. S'il en était autrement, les enfants n'auraient aucun respect pour les parents, et il ne serait pas rare de voir les parents, à leur tour, abuser de leur autorité sur leurs enfants pour assouvir une passion criminelle. Il ne s'agit donc pas ici de ces unions illicites. (*Dr P. Garnier.*)

Mais l'interdiction doit porter encore entre l'oncle et la nièce, la tante et le neveu, les cousins germains ou issus de germains, parce que ces mariages produisent presque toujours la détérioration de l'espèce. Il est rare, en effet, de voir les enfants de consanguins naître sains d'esprit et de corps. Sur dix mariages conclus dans les conditions ordinaires, six à sept à peu près donnent de beaux produits ; tandis que sur dix unions entre parents, trois au plus sont prospères, les autres donnent naissance à des enfants porteurs d'infirmités souvent inconnues dans leurs familles : ils sont sourds-muets, aveugles, bègues, rachitiques, épileptiques, aliénés, scrofuleux ou idiots.

Semez une graine toujours la même dans la même terre, vous récolterez bientôt des produits inférieurs, rabougris, dégénérés. Si les familles nobles, les familles royales ont diminué de nombre en Europe, il faut l'attribuer en grande partie au défaut de renouvellement du sang. L'amélioration, le perfectionnement des enfants ne peut venir que de la sélection et du croisement des races.

5. *Mariages mal assortis.* — Ceux-ci ne sont pas défendus par les lois, mais la morale les réprouve et l'humanité fait un devoir de s'en abstenir. Quelle descendance mettraient au monde des gens infirmes, contrefaits, difformes ! Ce serait à courte échéance l'anéantissement du genre humain.

Ne mariez pas une jeune fille saine avec un phtisique, la femme contracterait par la cohabitation la maladie de son époux et serait en danger de mourir quelques mois après lui. Ne permettez pas non plus le mariage d'une fille syphilitique avec un jeune homme bien portant ; on sait par expérience que le poison s'infiltre dans les veines du sujet indemne et ne tarde pas à y exercer ses funestes effets. La transmission se communique de la femme à l'homme comme de l'homme à la femme ; une fois l'économie infectée, la guérison en devient fort difficile.

« Les mariages, dit Michel Lévy (1), dont le nom fait autorité en pareille matière, devraient être combinés de manière à neutraliser, par l'opposition des constitutions, des tempéraments et des idiosyncrasies, les éléments d'hérédité morbide que l'on peut craindre dans les deux époux. Il faudrait défendre l'union de deux lymphatiques, de deux sujets éminemment nerveux. Deux familles également prédisposées aux affections de poitrine ne devraient jamais mêler leur sang : même danger dans l'union de deux sujets scrofuleux, rhumatisants ou profondément anémiques. Malheureusement, les médecins restent étrangers à la confection des lois, et rien n'est stipulé dans nos codes, en faveur de l'amélioration physique de l'espèce humaine, si ce n'est la limitation du mariage à certains degrés de consanguinité et l'époque de la nubilité légale. »

II. CONVENANCES MORALES. — Les convenances morales n'ont pas une moindre importance. Il y a

(1) Michel Lévy. *Traité d'hygiène publique et privée,* 6ᵉ édition.

à étudier la famille, le caractère, l'éducation, la conduite antérieure de la personne que l'on va épouser pour savoir si l'on trouvera le bonheur dans le mariage.

1. *La famille.* — Il est certain que les qualités ou les défauts des parents doivent être pris en grande considération. Si la famille est honnête, économe, laborieuse, les enfants le seront également; si elle est, au contraire, entachée de quelques vices, ils seront le plus souvent transmis par elle à sa progéniture. Presque tous les Borgia ont été débauchés, les Guise fiers, les Médicis intelligents, les Bonaparte audacieux, les Carnot probes, les Bourbon débonnaires. Les petites villes fourmillent d'enfants qui héritent des vertus et des vices de leurs parents, comme de leur fortune, depuis un nombre considérable de générations.

2. *Le caractère.* — Arrivé à l'âge de la nubilité, le caractère reste à peu près le même qu'il était auparavant. Il ne faut pas croire que le nouveau genre de vie va le changer, c'est une erreur; il se modifiera peut-être, il ne se transformera jamais. Une personne capricieuse, insolente, légère, conservera toujours ce mauvais penchant. Mais, en revanche, vous pouvez compter sur l'aménité, la douceur, la prévenance d'une jeune fille, plus tard vous aurez en elle une épouse obéissante et dévouée.

3. *L'éducation.* — L'éducation est plus utile qu'on ne pourrait le supposer de prime abord. Elle ennoblit le cœur, améliore les sentiments, donne

de la grâce dans toutes les actions. Vous ne devez point marier un jeune homme bien élevé avec une fille grossière. Vous commettriez une faute impardonnable. La fortune seule ne fait pas le bonheur. Elle y contribue lorsque les deux époux présentent les mêmes tendances, les mêmes aspirations. Il y a alors unité dans le couple ; il y a affection, tendresse et dévouement dans tous les actes de la vie.

4. *La conduite antérieure.* — Elle constitue un point de repère important qu'on doit tenir en ligne de compte lorsqu'on est sur le point de terminer un mariage. Sans doute, quelques débauchés ont changé de régime et sont devenus des maris sérieux. Sans doute, aussi, l'union conjugale a amélioré la conduite de certaines filles légères et les a rendues des femmes de moralité irréprochable. Mais ces changements sont exceptionnels ; il est bien plus fréquent de voir l'individu persister dans les mêmes errements. Un des deux conjoints est destiné à souffrir jusqu'à ses derniers jours d'un pareil état de choses. Rien de semblable ne se fût présenté si l'on avait pris les précautions suffisantes.

En définitive, le père et la mère doivent porter toute leur attention sur le mariage de leurs enfants. La vie est longue lorsqu'il faut la passer dans la souffrance ou dans la pauvreté. Si les convenances physiques et morales ont été bien choisies, les nouveaux époux goûteront sans désemparer tous les avantages de la vie conjugale.

CHAPITRE XVI

FRAUDES DANS LE MARIAGE

L'homme, la femme et les enfants dans la famille ; leur rôle distinct. — Faut-il se contenter d'un seul enfant ou faut-il en avoir un grand nombre ? — Inconvénients qui résultent de ces deux excès. — Utilité des enfants pour la famille, la société et la patrie. — Les classes pauvres font trop d'enfants, les riches pas assez. — Dangers des fraudes pour l'homme et pour la femme, maladies qu'elles occasionnent, démoralisation qu'elles produisent, exemples à l'appui. — Théorie de Malthus : contrainte morale, naissances calculées. — Temps où l'on peut pratiquer le coït sans avoir d'enfants et sans frauder. — Donc, ni trop, ni trop peu d'enfants et pas de fraudes dans le mariage.

On ne conçoit de mariage véritablement heureux sur cette terre que celui qui est composé de ces trois termes : l'homme, la femme et les enfants. Que l'un d'eux vienne à manquer et l'harmonie est rompue ; on y pourvoit sans doute, mais on ne le remplace jamais. Chacun des trois a sa destinée spéciale que nul autre ne saurait accomplir.

L'homme a l'énergie, la force, le courage d'affronter tous les dangers ; il dompte les éléments et les soumet à sa loi. A lui reviennent les travaux pénibles, les conceptions vastes, les monuments, les découvertes, toutes les merveilles, en un mot, que nous admirons. Il reçoit en récompense des services qu'il a rendus une somme plus ou moins élevée suivant ses capacités et son état. Cette somme sert à entretenir la famille : si elle est forte, elle vit dans l'aisance ; si elle est faible, elle est obligée de s'imposer un grand nombre de privations.

La femme ne gagne rien ou presque rien, mais son rôle n'en est pas moins utile. En s'occupant du ménage, de l'intérieur de la maison, elle contribue par son ordre et son économie à maintenir le bien-être. Elle élève aussi les enfants, leur donne les premières notions de morale, d'équité, de justice. Son absence au foyer conjugal produit un vide immense, une perte irréparable.

Les enfants complètent la famille. Sont-ils encore jeunes, ils occasionnent des soins, des dépenses ; mais leur sourire est si agréable qu'il ne faudrait pas les avoir vus pour ne pas les aimer. Ils sont l'image vivante des époux, leur soutien au déclin de la vie, leur consolation à l'heure de la mort.

Malheur à la famille qui n'a qu'un enfant ! Une maladie, un accident, un souffle peut le lui ravir à la fleur de l'âge. Lorsqu'elle voudra en avoir un autre, ce sera peine perdue, il sera trop tard. Des regrets éternels s'ensuivront... Et à qui devra-t-elle en attribuer la faute, si ce n'est à son propre égoïsme qui l'aura poussée à limiter dans un cercle trop restreint sa progéniture.

Est-ce une raison pour avoir beaucoup d'enfants : huit, douze, seize, par exemple, dans chaque famille ? Deux, trois, quatre ne sont-ils pas suffisants ?

Avant la Révolution, nos ancêtres mettaient au monde une nombreuse lignée. Ils étaient robustes, vigoureux. Les femmes concevaient et allaitaient sans trêve, ni repos, depuis le début du mariage jusqu'à la ménopause, c'est-à-dire pendant vingt-cinq ans environ. Leur santé n'en était pas ébranlée. Leur fortune n'en était pas diminuée non plus, parce que le serf, l'esclave, le paria n'avait aucun espoir de devenir propriétaire. Pauvre, il était né, pauvre, il devait mourir. Les nobles et les prêtres en petit nombre possédaient à eux seuls tous les terrains, occupaient tous les emplois, jouissaient de tous les privilèges. Lui, le peuple vil et méprisable, quoique étant en très grande majorité, il n'avait aucun pouvoir et manquait presque toujours du nécessaire. S'il devenait trop nombreux, la guerre, la prison, la maladie éclaircissaient ses rangs et le ramenaient à ses proportions normales sans accroître son bien-être d'une manière sensible.

De nos jours, la propriété est divisée, l'instruction accessible à tout le monde. Celui qui travaille et qui est économe arrive facilement aux dignités, aux honneurs, à la fortune même. Comme les enfants sont une charge, il fraude pour ne pas en avoir ou n'en avoir qu'un seul qu'il instituera son unique héritier. Il fonde sur lui, dès le berceau, toutes ses espérances. Son fils sera riche, il remplira une fonction publique importante ou se mettra à la tête d'un grand commerce, c'est sur un semblable résultat qu'il compte du moins. En attendant, il lui donne des idées de grandeur, l'élève dans la mollesse et l'oisiveté, et lorsque celui-ci est au moment d'exercer une profession, ou il est malade par suite des excès qu'il a commis et meurt dans le marasme, ou il survit à ses débauches, lui occasionne toutes sortes d'inquiétudes et empoisonne sa vie des déboires les plus affligeants.

Si le père avait eu deux, trois ou quatre enfants, il les aurait entretenus sans trop de difficulté, tout en leur apprenant à être sages et laborieux. Stimulés par son exemple, ils se fussent mis sérieusement à l'œuvre. Leurs succès l'auraient dédommagé de tous les sacrifices qu'il se serait imposé pour eux. Il aurait eu la satisfaction d'avoir accompli son devoir envers la famille, la société et la patrie.

Les enfants sont une école de moralisation pour la famille. L'époux qui a vaqué à ses occupations toute la journée est heureux le soir de les avoir à ses côtés, de les embrasser, de passer quelques instants avec eux. Peu à peu, il oublie la vie de jeune homme, le café, le théâtre, le bal pour se consacrer complètement à la vie de famille, toute de labeur, de paix et de tranquillité. L'épouse garde la maison, s'occupe de tous les détails domestiques, passe son temps aux petits soins de ses chers enfants. Rien ne peut l'en détourner. Sa conduite est régulière, son honneur est intact. Elle ne pense aucunement aux frivolités, aux passions, au libertinage. Aussi le ménage vit dans une union parfaite. Jamais on n'observe en pareil cas l'adultère, la séparation ou le divorce entre les deux conjoints.

Comme la famille, la société retire également des enfants des bienfaits précieux, pourvu que leur nombre ne dépasse pas la production possible du sol. Je sais bien que la terre donne d'autant plus qu'on lui demande davantage ; je sais bien encore que l'industrie peut recevoir un plus grand développement, que le commerce peut prendre des relations plus étendues ; mais il est des bornes qu'il ne faut pas franchir et au-delà desquelles surviennent la pauvreté et la misère. Tout ce qu'il y a de certain, c'est que parmi les fils uniques on remarque bien peu de travailleurs, de savants, d'hommes illustres, tandis que la société possède une foule de célébrités dans les familles qui ont plusieurs enfants. D'un côté, l'excès de fortune engendre la paresse et des résultats négatifs ou mauvais ; d'un autre côté, le besoin de travail fait naître le goût de l'étude d'où dérivent, comme par surcroît, les personnages éminents qui nous rendent tant de services et pour lesquels nous sommes pleins d'admiration et de respect.

Enfin la patrie ne doit attendre du secours que de ses propres enfants. S'ils sont en petit nombre, comment se défendra-t-elle contre les prétentions arbitraires de l'étranger ? C'est un devoir sacré pour le père de famille de veiller attentivement sur les convenances du mariage pour qu'il puisse

en naître une certaine quantité de sujets et surtout
des sujets valides. La décadence d'un peuple, on
le sait de longue date, provient toujours d'une trop
faible natalité, et celui-là seul est devenu plus puissant qui a mis au monde, toutes proportions gar-
dées, un plus grand nombre d'enfants.

Ainsi, nous pouvons nous trouver en présence de
deux excès dans le cours de la vie, la nation peut
être trop ou pas assez peuplée. Si elle l'est trop, la
misère s'ensuit avec toutes ses conséquences. Si
elle ne l'est pas assez, le luxe et la débauche per-
vertissent les mœurs et arrêtent toutes les nobles
aspirations du cœur et de l'esprit.

Au siècle dernier, on comptait en moyenne cinq
à six enfants par famille ; à la fin de ce siècle, on
n'en compte plus que deux, déduction faite, bien
entendu, de ceux qui meurent en naissant ou qui
vivent quelques jours à peine. S'il y avait alors surabondance, il y a maintenant pénurie. Dans le premier cas, on exécutait ponctuellement les préceptes
de l'Évangile : *croissez et multipliez* ; dans le second, on fraude au mépris de la santé, de la morale,
des devoirs conjugaux les plus sacrés.

Hé bien ! il faut l'avouer, la trop grande quantité
d'enfants dans certaines familles est une charge,
et quelquefois une charge écrasante. Il faut les
habiller, les loger, les nourrir jusqu'à l'âge de quinze
à vingt ans, époque à laquelle ils commencent à
peine à gagner la vie. Pendant ce temps, que de
souffrances, que de privations n'y a-t-il pas à supporter ! Les époux sont misérables et les enfants

tellement malheureux qu'il eût mieux valu les laisser dans le néant que de les mettre au monde dans des conditions aussi mauvaises.

Tous les animaux n'entrent en rut ou en chaleur qu'à certaines saisons de l'année. Dieu l'a voulu ainsi pour qu'ils ne se multiplient pas outre mesure : autrement ils dévasteraient la terre et s'entr'égorgeraient entre eux. Seul, l'homme doué d'intelligence et de raison a reçu le don de faire l'amour en tout temps. Il lui est permis d'en user et d'en abuser. Mais il reçoit la récompense ou le châtiment suivant sa conduite, et cela suffit souvent pour l'arrêter lorsqu'il glisse trop rapidement sur la pente fatale qui doit l'entraîner à sa perte.

Maintenant les époux ne font pas assez d'enfants. La diminution des croyances religieuses, l'accroissement de l'aisance générale, les prétendus inconvénients des grossesses fréquemment répétées en sont les causes principales. On veut vivre tranquille, travailler peu, prendre à son aise ses plaisirs et n'avoir pas d'embarras d'aucune sorte. Pour en arriver à ce résultat, on fraude de mille manières plus indécentes les unes que les autres.

Je n'entrerai pas dans les détails de ces turpitudes qui souillent, hélas ! trop souvent le lit conjugal. Je ferai remarquer simplement que la copulation incomplète, le coït avec le condom, l'onanisme, la succion, la pédérastie sont les moyens les plus ordinairement mis en usage. Tous tendent au même but : éviter que la liqueur séminale de l'homme ne pénètre dans les organes génitaux de la femme à un âge où elle est encore apte à concevoir.

Ces fraudes empêchent la grossesse de se produire ; mais, que de graves désordres n'entraînent-elles pas à leur suite ! On ne trompe pas impunément les desseins de la nature. Les organes fatigués par des attouchements intempestifs s'irritent, se congestionnent et il peut en résulter une foule de maladies : chez la femme, des descentes de matrice, des métrites (inflammations), des leucorrhées (pertes blanches), des métrorrhagies (pertes rouges), des polypes, des kystes, des cancers de l'utérus, du rectum, etc. ; chez l'homme, des inflammations du gland, du prépuce, de l'urèthre, de la prostate, et, comme conséquence de ces lésions morbides, des rétentions d'urine, de la gravelle, des calculs, la stérilité ou l'impuissance ; dans les deux sexes, des dérangements fonctionnels des systèmes nerveux, respiratoire, circulatoire, digestif, cérébral, etc., etc. Il est rare, en effet, qu'avec les manœuvres frauduleuses il ne survienne pas des troubles dans la plupart des rouages de l'économie : les uns, légers, finissent par guérir avec des soins particuliers et une conduite régulière ; les autres, graves, occasionnent quelquefois une mort instantanée (rupture d'un anévrisme ou attaque d'apoplexie foudroyante pendant un coït frauduleux trop prolongé), ou bien ils minent peu à peu l'organisme et enlèvent à la longue le libertin sans qu'il se doute d'être la victime de ses instincts pervers.

Les quelques exemples que je vais citer à l'appui

de ma thèse en apprendront plus au lecteur que les descriptions les plus minutieuses :

OBSERVATION I. — Femme de quarante ans, jolie, svelte, nerveuse, mariée à un homme qui a dix ans de plus qu'elle, mais qui est solide, vigoureux et très salace. A vingt ans, elle a eu un enfant, et, depuis lors, fraudes continuelles pour ne pas en avoir d'autres. Elle m'a consulté plusieurs fois pour des crampes d'estomac, des douleurs dans le bas-ventre, des pertes blanches qui l'épuisaient.

Mes premières prescriptions n'ayant pas abouti, j'appris plus tard que depuis quelque temps les rapprochements sexuels étaient devenus de plus en plus douloureux, mais qu'elle n'avait pas osé se plaindre de crainte que son mari très passionné ne s'adressât à d'autres femmes.

A l'examen je trouvai le vagin enflammé, rempli d'un muco-pus sanguinolent ; le col de la matrice fortement distendu était ulcéré par un cancer qui l'enleva au bout d'un an et demi après lui avoir fait endurer les plus vives souffrances.

OBSERVATION II. — M. X... est un vieillard de soixante-deux ans, il a eu de nombreuses maîtresses avec lesquelles il a abusé du coït et a fraudé continuellement. A quarante-sept ans, il a pris une femme jeune, pauvre, mais douée d'une grande beauté, qui lui a donné un garçon dans l'espace de dix-huit mois de mariage. Il a voulu s'en tenir là et s'est livré dans la suite à des rapports fréquents et toujours frauduleux pour contenter les appétits vénériens de son épouse. Sa santé s'est affaiblie, ses forces ont diminué. Une difficulté dans l'émission des urines est survenue, augmentant de jour en jour. Il m'a fait appeler. Je lui ai prescrit quelques remèdes et en même temps une grande continence dont il n'a tenu aucun compte.

Plus tard, on me fit lever pendant la nuit parce qu'il ne pouvait pas uriner et qu'il souffrait énormément. Je le sondai et constatai la présence d'un calcul à l'entrée de la vessie. Ce calcul prit des proportions de plus en plus inquiétantes et finit par tuer le malade, malgré les soins les mieux entendus.

OBSERVATION III. — Deux jeunes époux se présentent dans mon cabinet pour des dérangements nombreux dans leur santé. L'homme est pâle, maigre ; son air est abattu, languissant. La femme a la figure fatiguée, les yeux noirs, brillants, sensuels. Tous deux me déclarent qu'ils sont mariés depuis huit ans, qu'ils ont eu d'abord deux enfants coup sur coup, un garçon et une fille, et qu'ensuite ils ont eu recours aux jouissances frauduleuses. Ces approches anormales ont satisfait leurs penchants déréglés à tel point qu'ils en ont abusé et ont compromis leur forte constitution.

Voici quel est leur état : la femme ressent par moments des douleurs atroces dans les reins, son ventre est ballonné, distendu, sa matrice irritée est le siège d'une chaleur brûlante, elle n'a ni appétit, ni force, ni aucun goût pour le travail ; le mari se plaint de l'estomac, d'une toux sèche qui l'empêche de dormir, de palpitations du cœur qui lui soulèvent la poitrine toutes les fois qu'il veut se livrer aux plaisirs de l'amour, il est devenu très maigre et d'une faiblesse excessive.

Je lui ordonne des digestifs, des toniques, une continence relative, la cessation des abus frauduleux. Mes préceptes sont mis à exécution. Un an après, la famille s'est accrue d'un troisième enfant ; le père et la mère ont repris la fraîcheur de la première jeunesse.

Je n'en finirais pas si je voulais citer tous les exemples où les pratiques frauduleuses dans le rapprochement des sexes ont entraîné de fâcheuses conséquences pour les individus ; j'ajouterai aussi qu'elles ont eu de graves inconvénients pour les familles qu'elles ont poussées à la débauche, au libertinage et à l'adultère.

Il est certain que les fraudes avilissent l'homme; elles le détournent de ses vrais devoirs conjugaux, elles lui donnent le goût de la luxure, des passions les plus abjectes. Une fois lancé sur cette pente fatale, le mari se fatigue de son épouse, pour si jolie et si aimable qu'elle puisse être, il la délaisse, l'abandonne et va passer une partie des nuits avec d'ignobles concubines auprès desquelles il est en danger de perdre tout ce qu'il a de plus précieux au monde : l'honneur, la fortune, la santé, l'estime des honnêtes gens.

Que deviendra la femme qui possède un tel mari? À moins qu'elle n'ait un fond de chasteté et de modestie au-dessus de toute épreuve, elle se laissera gagner peu à peu par l'attrait du plaisir. Elle se livrera, à son tour, à un amant fraudeur qui achèvera de surexciter ses organes et de ruiner sa constitution. Peut-être même naîtra-t-il un enfant de ces accouplements illicites ! !

Un ménage où se permettent de pareilles licences est littéralement perdu. Il n'existe plus entre les deux époux ni amour, ni affection, ni tendresse. Les enfants sont détestés, les affaires négligées. Tous les désordres peuvent s'ensuivre. Des coups et des disputes, on en vient quelquefois au crime, au meurtre ou à l'assassinat.

Des exemples semblables ne sont que trop fréquents. Un mari a le soupçon d'être trompé par sa femme. Il l'épie, la surveille. Un jour il la surprend en flagrant délit d'adultère avec un de ses voisins. Furieux de se voir en présence d'un pareil scandale, il saisit son revolver, leur tire plusieurs coups à bout portant et les tue. Quel est le coupable ? Est-ce le mari, la femme ou l'amant ? Je prétends, moi, que c'est le mari. S'il n'avait pas débauché son épouse, elle aurait conservé la pudeur de jeune fille et aucun homme ne serait jamais parvenu à lui enlever son honneur.

Mais les fraudes ne démoralisent pas seulement la femme, elles produisent encore la dégénérescence des enfants, et cela pour deux raisons :

1° L'utérus ayant été frustré trop souvent, il a acquis un tel état d'orgasme et de surexcitation qu'il renvoie tout ou partie de la semence. Il en résulte alors, ou qu'il n'y a pas de fécondation, ou que la fécondation est incomplète, bâtarde. Aussi les enfants des fraudeurs présentent généralement une diminution marquée des forces physiques et des facultés intellectuelles.

2° Dans l'acte de la copulation, le fraudeur éjacule le sperme au dehors des organes génitaux de la femme. S'il ne s'est pas retiré assez tôt, la première goutte peut avoir pénétré, à son insu, dans le vagin et la conception peut s'ensuivre. S'il renouvelle l'intromission du pénis, sans avoir pris ses mesures, des traces de la liqueur fécondante peuvent être restées entre le prépuce et le gland ou dans le canal de l'urèthre et la grossesse en être le résultat. Il faut, en d'autres termes, au fraudeur une circonspection excessive pour ne pas s'y laisser

prendre ; car il y a des femmes qui deviennent en-
ceintes avec la plus grande facilité.

Ceci me rappelle l'histoire d'une dame qui eut à
son onzième enfant un accouchement des plus graves. Comme je lui observais qu'elle ferait bien de
ne pas en avoir d'autres, elle me répondit : *Oh !
Monsieur, ce sera difficile, je suis si imprégnable que
la sueur d'un homme suffirait, je crois, pour me
rendre grosse.*

« L'expérience prouve, dit le Dr Devay (1), que le
but de la procréation est souvent atteint, malgré
le mauvais vouloir et les efforts criminels du mari.
Qui sait si les enfants, si souvent si faibles et si
chétifs, ne sont pas le fruit de ces actes incomplets,
anormaux, où la nature outragée et plus ou moins
frustrée semble devenue impuissante à former des
êtres parfaits ; et qui sait encore si momentanément
privée de sa force plastique et créatrice, la nature
ne pourrait pas créer quelquefois des anomalies ou
des monstruosités par défaut ? »

Évidemment, il y a quelque chose de vrai dans
ces appréciations, et l'on peut dire que les fraudes
dégénèrent la race et amènent tôt ou tard l'extinction de la famille. On sait, en effet, que la famille
qui se propage par un ou deux rejetons a peu de
chance de durée. La mort et la stérilité aidant plus
ou moins vite, il suffit d'un petit nombre de générations pour la faire disparaître. Mais la famille qui
a quatre ou cinq enfants compense les pertes éprou-

____

(1) Devay. *Hygiène des familles*, Paris, 1858, 2e édition.

vées par la première et la population, si l'une et l'autre sont en nombre égal, se maintient à un chiffre suffisant. Que les enfants naissent en plus grande quantité, l'équilibre est rompu, la pauvreté se fait sentir d'une manière évidente, la famine et les épidémies surviennent inévitablement pour ramener la population à son état normal.

C'est ce qu'avait remarqué le célèbre économiste anglais, Malthus, lorsqu'il avait émis sa théorie du *moral restraint*. Il voulait que les familles ne fassent pas trop d'enfants, dans la crainte qu'il y ait trop de malheureux sur la terre. Pour cela, il exigeait d'elles une continence volontaire, absolue, qui n'eût aucun rapport avec les fraudes et la démoralisation du peuple. Voici comment il raisonnait : les populations s'accroissent en progression géométrique, comme 1, 2, 4, 8, etc., tandis que les subsistances ne peuvent s'accroître qu'en progression arithmétique, comme 1, 2, 3, 4 ; or, lorsque la population sera 8, la production ne sera que 4 ; il y aura donc forcément 4 individus qui auront de quoi vivre, et 4 qui manqueront de pain.

Cette théorie est simple, claire, facile à concevoir, et n'est nullement contraire à la morale, comme l'ont prétendu quelques auteurs. « Aux yeux des théologiens, la continence étant une vertu, on ne peut comprendre, dit G. Le Bon (1), le reproche d'immoralité qu'on a quelquefois essayé de faire peser sur Malthus, qu'en supposant que ceux qui l'ont cri-

(1) D\ G. Le Bon. *Physiologie de la génération*, Paris, 10\ édit.

tiqué ne se sont pas donné la peine de le lire. Tout esprit un peu indépendant admettra, je pense, comme une vérité incontestable, qu'un homme qui se prive de rapports sexuels pour ne pas avoir plus d'enfants qu'il ne peut en nourrir, reste dans les limites de la morale la plus pure. »

Mais cette continence absolue n'est le propre que de quelques âmes d'élite. Il est difficile d'accepter que deux époux, vivant en bonne intelligence, puissent passer des années entières sans faire l'amour. J'aime mieux conseiller, à l'exemple de Pouchet, Mayer, et quelques autres, à ceux qui ont assez d'enfants et qui ne veulent plus en avoir, de ne se livrer aux rapports conjugaux qu'à partir du douzième jour après les règles. Pendant la dernière quinzaine, le coït sera généralement infructueux sans être entaché de fraudes. La *contrainte morale* deviendra facile à observer, puisqu'elle ne comprendra que dix à douze jours de privations.

Nous avons dit au chapitre II que la femme pond un œuf chaque mois. Cet œuf sort de l'ovaire, parcourt la trompe et descend dans la matrice. Il peut être fécondé, dans tout ce trajet, si lui et les spermatozoïdes renferment les conditions de vitalité requises ; sinon, il est expulsé au dehors et il n'y a plus de conception possible jusqu'aux prochaines menstrues, à moins qu'un ébranlement nerveux, inaccoutumé, ne produise avant terme la rupture d'une vésicule de Graaf, que l'ovule ne descende dans la trompe pendant la période intermenstruelle et que la fécondation n'ait lieu à ce moment, ce qui est une exception.

Il est donc facile de limiter le nombre des enfants sans enfreindre les règles de la morale. « Nous ne sommes pas partisans, avec le Dr Mayer (1), de ces procréations sans mesure qui n'ont d'autre résultat que de peupler les cimetières, et nous avouons humblement que nous préférerions voir naître 800 enfants dont 750 survivraient à cinq ans, que 1,000 sur lesquels 723, seulement, atteindraient le même âge, ainsi que cela a lieu de nos jours. »

Comme ce sont les classes pauvres seules qui ont trop d'enfants, parce qu'elles ont peu d'espoir, avec leur modique salaire, d'arriver à l'aisance; améliorez leur situation, facilitez-leur l'accès des positions lucratives, et les drames de la misère deviendront de plus en plus rares.

Tel est l'avis du Dr Bertillon, le savant démographe, qui ne veut pas, comme nous, que la fonction de reproduction soit exclusivement abandonnée à l'instinct. Je cite sa manière de voir sur ce sujet :

« Après avoir développé, peu à peu, son intellect et s'être élevé à la connaissance de lui-même, l'homme a commencé à réagir contre la fatalité, et, tandis que les misérables et les esclaves continuaient, à l'instar de la brute, à n'imposer aucune règle à leur fécondité, et méritaient le nom significatif de *prolétaires* (faiseurs d'enfants), les plus sages, les meilleurs (*aristos*) n'acceptaient les dou-

____

(1) Dr A. Mayer. *Des rapports conjugaux*, 8e édit., Paris, 1884.

leurs de l'enfantement, les charges de la paternité, que dans la mesure et d'après l'estimation de leurs forces. Ils ont arraché à la fatalité le soin de régler ce qu'elle ne règle que par la douleur et la mort, et dussent Jéhovah m'écraser de son foudre et les casuistes de leurs arrêts, je ne consens pas à y voir un crime, une faute ; mais bien, au contraire, une victoire de notre volonté sur la fatalité des choses (1). »

D'où viennent ces êtres misérables, ces bas fonds de la société qui veulent sans cesse par des révolutions monter à la surface ? De parents pauvres, ignorants, qui ont créé une véritable fourmilière. Dans leurs taudis composés d'une seule chambre, grouillent pêle-mêle des filles, des garçons, sales, déguenillés, sans éducation, sans foi, sans morale. L'âge arrive, la faim les pousse ; ils quittent le logis et se répandent dans les quartiers populeux des grandes villes où ils cherchent toutes les occasions d'y faire du désordre.

Je préfère les naissances calculées. En suivant ce principe, la misère disparaîtrait bien vite, et avec elle la plupart des fléaux dont elle est la source. « Faible pour la guerre offensive, nous dit Malthus (2), une telle société offrirait, dans le cas de la défense, une force comparable à celle d'un rocher de diamants. Là où chaque famille aurait en abondance tout ce qui est nécessaire à la vie, joui-

(1) *Lettre de M. Bertillon à M. Marchal*, de Calvi, 17 mars, 1867.
(2) Malthus. *Essai sur le principe de la population*, traduction Prévost.

rait même d'une sorte d'aisance, on ne verrait point régner le désir du changement, ni cette espèce de découragement et d'indifférence qui fait dire aux classes inférieures du peuple : « *Quoi qu'il arrive nous ne serons pas plus mal qu'à présent.* » Les cœurs et les bras s'uniraient pour repousser l'agresseur, car chacun sentirait le prix des avantages dont il jouirait, et tout changement ne s'offrirait à lui que comme un moyen de les perdre. »

En résumé, ni trop, ni trop peu d'enfants et pas de fraudes dans le mariage, voilà le système que je préconise. Tous les économistes, la plupart des théologiens peuvent me suivre dans cette voie sans craindre de fausser leurs principes.

CHAPITRE XVII

AGE MUR

C'est l'âge où l'homme se trouve dans la plénitude de sa force et de son intelligence. Les feux de la jeunesse sont passés ; l'exaltation des sens s'est amoindrie. Des circonstances impérieuses ont amené la réflexion, le calme, la tranquillité de corps et d'esprit.

A cette période de la vie comprise entre trente et quarante-cinq ans, l'homme exerce un métier, un négoce, une profession libérale ou administrative quelconque. S'il est marié, il vit avec sa femme et ses enfants, auxquels il consacre avec plaisir les fruits de son pénible labeur. S'il est célibataire, il n'a le plus souvent qu'à s'occuper de lui-même sans s'inquiéter de ses parents plus ou moins éloignés. Les charges ne sont donc pas égales pour tous les deux; et tandis que l'un rend les plus grands services à la famille et à l'État, l'autre ne leur est, au contraire, que d'une faible utilité, en admettant même qu'il n'ait pas laissé des traces de son passage stigmatisées par la honte, le déshonneur ou le crime, ce qui n'arrive que trop souvent.

Ces considérations m'amènent naturellement à étudier le célibat comme contre-partie du mariage, à faire connaître son essence, ses causes, ses effets, les formes sous lesquelles il se présente, les caractères qu'il revêt, l'hygiène qu'il exige pour les deux sexes. Il ressortira de ce travail que le mariage est une institution légale qui doit être encouragée par tous les moyens moraux qui sont en notre pouvoir et que le célibat ne doit être conseillé qu'à certaines personnes d'élite ou à celles qui sont difformes et dont le mariage occasionnerait pour elles les plus funestes conséquences.

ESSENCE DU CÉLIBAT. — La jeunesse arrivée à l'âge de maturité a le choix de deux grandes routes à suivre pour parcourir les diverses étapes de la vie : le mariage et le célibat. La première, droite, large, aplanie, est adoptée par le plus grand nombre; elle unit entre eux deux êtres de sexe différent pour vivre ensemble et se prêter un mutuel appui; elle conduit à la maternité, aux joies du ménage, à la prospérité de la patrie. La seconde est étroite, tortueuse, parsemée d'écueils; l'on ne s'y engage que seul, sans soutien ni secours; elle aboutit infailliblement à l'abolition de la famille et de la société. Le célibataire qui choisit cette voie sans y être poussé par un motif légitime est un égoïste qui ne pense qu'à lui-même, et, comme il méprise la postérité, la postérité, à son tour, le méprisera. Tout finira avec lui, son nom, son souvenir, le plus souvent ses œuvres.

CAUSES DU CÉLIBAT. — Les causes du célibat sont excessivement nombreuses et peuvent se diviser en deux grandes classes : les causes physiques et les causes morales.

Aux causes physiques se rattachent toutes les difformités du corps, qu'elles proviennent d'un vice de conformation ou d'une affection diathésique. Les bossus, boiteux, contrefaits, sourds, aveugles, rachitiques sont condamnés au célibat, si la fortune ne vient à leur secours pour corriger les défauts de la nature. Ils sont honteux pour la plupart, n'osent pas convoler au mariage qui, du reste, ne doit pas être encouragé, en pareil cas, à cause des effets désastreux qu'il peut avoir pour la progéniture. Les filles mêmes dont le bassin est étroit en offrent une contre-indication positive. Elles sont ordinairement impropres à la génération, et, si elles n'ont pas écouté les sages avis qui leur ont été donnés, elles courent, au moment de l'accouchement, les plus grands risques pour leur vie propre et celle de leur enfant.

Les diathèses méritent aussi de fixer notre attention. Le cancer, la phtisie pulmonaire, la folie, l'épilepsie et toutes les névroses, en général, sont héréditaires et transmissibles. Il faut y regarder à deux fois avant de promettre le mariage. Si l'on a reçu des renseignements suffisamment graves, on doit faire tout son possible pour y mettre obstacle, de crainte qu'il ne survienne dans la suite entre les deux conjoints des désordres morbides de la plus haute intensité.

Il est une maladie surtout, la plus dangereuse de toutes, qui indique absolument le célibat, c'est la *syphilis* ou *vérole*. Celui qui en est atteint, homme ou femme, devrait être relégué dans des lazarets, comme les pestiférés d'autrefois, pour y être traité et n'en sortir qu'après une guérison complète. On limiterait par ce moyen les ravages de ce fléau dévastateur dont les progrès incessants apportent tous les jours la désolation et le deuil au sein des meilleures familles. On préserverait de la contagion, chaque année, des milliers d'êtres parfaitement bien portants, et la France régénérée ne verrait plus succomber dans le marasme un bon nombre de ses enfants les plus valides.

Les causes morales varient à l'infini. Pour les uns, c'est la paresse, la jalousie, la laideur ou la pauvreté qui les maintient dans le célibat; pour les autres, la prostitution, l'onanisme, le libertinage et la débauche en agissent de même. Tous restent sans se marier pour des motifs plus ou moins avouables. Celui-ci est pauvre, il gagne peu, la femme serait pour lui une charge, les enfants lui occasionneraient des tracas, des ennuis de toute sorte, il aime mieux rester seul pour éviter tous ces inconvénients. Celui-là est riche, c'est un viveur; il a l'habitude d'entretenir des maitresses, de se livrer avec elles à toutes les orgies; il découche quand il veut, va au bal, au théâtre quand bon lui semble; il est, en un mot, le maitre absolu de lui-même et préfère rester garçon, parce qu'une femme légitime contrôlerait ses actes et mettrait un terme à ses débordements.

Je puis mentionner encore d'autres causes morales du célibat qui ont leur importance. Une fille sage, timide, dévote, fatiguée du monde, entre au couvent, elle se livre aux exercices religieux avec tant de zèle et d'ardeur qu'en peu de temps elle est complètement détachée des plaisirs terrestres et ne vit que pour son Dieu. Une autre est institutrice et directrice d'une grande pension; toute dévouée à son établissement et aux élèves, elle ne pense pas le moins du monde au mariage. Il en est de même de ce jeune homme que les sciences, les lettres ou les arts ont captivé, il travaille sans cesse, cherche une invention, une découverte, un perfectionnement avec une ténacité sans égale, un dévouement sans bornes; à l'amour, il n'y songe guère; au mariage, encore moins; en attendant la vieillesse arrive et la mort le surprend dans le célibat.

EFFETS DU CÉLIBAT. — Si le garçon et la fille ne se sont pas mariés pendant l'âge mûr, ils risquent fort de ne se marier jamais. On a contracté une habitude bonne ou mauvaise, on ne veut pas s'en défaire, le temps passe et on reste célibataire jusqu'à la fin de ses jours. Est-ce un avantage ? Pour quelques-uns, oui ; pour le plus grand nombre, évidemment non, puisque cet état constitue tantôt un inconvénient sérieux, tantôt un grand danger.

Il y a avantage à rester célibataire lorsque l'individu difforme et maladif ne peut créer que des enfants cacochymes ou impropres au travail. Il y a avantage aussi lorsque le frère et la sœur associés dans un commerce restent unis pour le faire prospérer, surtout si la fortune qu'ils ramassent sert plus tard à tirer de la misère les enfants de leur frère malheureux. Enfin, le curé qui se sacrifie pour l'instruction de ses neveux rend le plus grand secours à sa famille, et le savant qui se dévoue pour la science rend les plus grands services à l'humanité.

En dehors de ces avantages réels, le célibat présente de bien plus nombreux inconvénients. Il entraîne à l'onanisme, à la débauche, à tous les vices les plus honteux. Le corps s'use, la vie s'abrège, les maladies de toute espèce se déclarent, emmenant après elles des infirmités précoces et la mort prématurée. Il est rare, en effet, que les célibataires fournissent une longue carrière. Presque tous deviennent maniaques ou misanthropes. Un bon nombre finissent par la démence, la folie, le suicide ou le crime.

Ils constituent un véritable danger pour la société, car ils sont une source permanente de démoralisation. « Obligés d'apaiser à tout prix leurs désirs, nous dit le docteur P. Garnier (1), et peu délicats sur le choix passager de leurs amours, ces suppôts de luxure ont recours, non seulement à la prostitution pour les satisfaire, mais à l'adultère et au viol. Ils vont ainsi puiser chez les femmes débauchées le fatal poison, pour le verser ensuite dans le sein des victimes dont ils ont surpris la foi conjugale ou séduit l'innocence. De là, l'origine de la contagion des maladies syphilitiques que les célibataires, recourant à la Vénus errante, sont le plus exposés à contracter et à propager. »

Quelques-uns, pour s'en prémunir, s'adressent à leurs servantes, à des femmes mariées ou à de pauvres jeunes filles qu'ils trompent ou qu'ils prennent par force, malgré leurs cris désespérés. Il résulte de ces actes immoraux, iniques, odieux, des crimes d'attentats à la pudeur, de viol, d'avortement, d'infanticide que les lois punissent sévèrement et que les célibataires commettent bien plus souvent que les mariés. Or, comme le nombre des célibataires s'accroît d'année en année, il en découle que ces crimes deviennent toujours plus fréquents.

(1) Dr P. Garnier. *Célibat et célibataires*, Paris, 1887.

Nous voyons aussi augmenter dans des proportions beaucoup trop considérables les naissances illégitimes. Les grandes villes surtout en présentent le spectacle le plus affligeant. Ainsi, sur 59,864 naissances déclarées à Paris, en 1888, il y a eu 18,127 enfants naturels, c'est-à-dire près d'un tiers, dont 3,096 ont été reconnus immédiatement.

Cette quantité prodigieuse de bâtards nous effraie. Tant d'enfants sans père, ni mère, que deviennent-ils? Je sais bien que plus de la moitié d'entre eux meurent dans la première année, faute de soins suffisants, ce qui est encore un tort; mais les autres qui ne reçoivent ni instruction, ni éducation suffisantes, qui héritent des vices et des défauts de leurs parents sont les ennemis nés de la société. Celle-ci les a reçus en marâtre; eux la payent de retour et se montrent pour elle, pendant toute leur vie, des révoltés dangereux.

Il serait temps que l'article 340 du Code civil, « *la recherche de la paternité est interdite,* » fût supprimé. On ne verrait pas tant de drames de l'amour, tant d'enfants abandonnés, tant de filles maudites. Les célibataires et les mariés ne tromperaient pas aussi facilement les personnes du sexe, sans se donner aucun souci du lendemain. Car, enfin, n'est-il pas souverainement injuste qu'une fille jeune, honnête, sans expérience, soit induite en erreur par un lovelace qui lui a fait toutes sortes de promesses et qui la laisse ensuite enceinte pour ainsi dire à son insu et sans le vou-

loir. Ce séducteur voltigera de fille en fille ; il sè-
mera des bâtards tout le long du chemin ; personne
n'aura rien à lui dire ; il n'aura aucune responsabilité devant la loi ; il sera bien vu de tout le
monde. Et la fille, elle, sera honnie, méprisée ; son
honneur sera perdu ; nul ne voudra la secourir, si
elle est pauvre ; et pourtant, elle aura une double
charge, la sienne et celle de son enfant. N'y a-t-il
pas là une inégalité flagrante? Ne serait-il pas
juste que celui qui a pris part au plaisir prit part à
la peine? La recherche de la paternité devrait être
permise. L'enfant serait reconnu, lorsque le cas le
permettrait, ou du moins il y aurait une forte in-
demnité à donner à la malheureuse victime. Dès
lors, les séducteurs diminueraient de nombre, la
morale y gagnerait et les mariages devenant de
plus en plus fréquents, les célibataires n'apporte-
raient pas si souvent le déshonneur dans les
familles.

Eh qu'on ne vienne pas me dire que la recherche de la paternité serait la porte ouverte à tous
les abus. La demande en poursuites ne serait
agréée par le juge d'instruction que lorsqu'il lui
paraîtrait manifeste qu'il y a matière à procès ;
alors seulement serait mise au grand jour la pu-
blicité d'un semblable scandale. Ce moyen serait
salutaire pour retenir un grand nombre de libertins et l'enfant naturel profiterait de ses droits
pour être élevé selon sa naissance.

Il appartient au gouvernement actuel d'accomplir cette réforme. Les déshérités la lui deman-

dent avec insistance. Elle mettrait un terme au désespoir des filles-mères qui n'ont que deux ressources : la vengeance par le vitriol et le revolver ou la destruction de l'enfant par l'avortement et l'infanticide. Que l'une ou l'autre de ces fins tragiques soit mise à exécution, elles sont toutes les deux suivies des conséquences les plus terribles. Prendre des mesures pour parer à de tels maux, ce serait, en grande partie, les empêcher de se produire.

FORMES DU CÉLIBAT. — Le célibat se présente sous plusieurs formes dont les principales sont : le célibat volontaire, le célibat obligatoire, le célibat religieux et le faux célibat ou pseudo-célibat.

Le célibat volontaire est le plus fréquent de tous. Une foule de personnes l'adoptent par indifférence. D'autres le préfèrent au mariage pour mieux satisfaire leurs passions. Enfin l'égoïsme, le luxe, la débauche sont autant de stimulants qui poussent l'individu à rester dans ce célibat. C'est une plaie sociale qu'on devrait traiter énergiquement pour éviter la dépopulation de l'espèce humaine et la corruption publique. On y arrivera sans tarder, et ce jour-là on aura fait œuvre utile.

Le célibat est obligatoire pour les domestiques, les militaires, les prisonniers, les veufs et les divorcés des deux sexes. Il est en général de courte durée, mais il n'en occasionne pas moins pendant ce temps des dérangements fonctionnels ou des habitudes vicieuses. Il prédispose à l'onanisme, à

la surexcitation des organes génitaux, à une vie
déréglée et immorale. Une conduite régulière, un
travail assidu, des amis probes et honnêtes mettent à l'abri de semblables désordres.

Nous avons encore le célibat religieux, qui est
non seulement obligatoire, mais forcé. Sa durée
illimitée peut entraîner à bien des déceptions. Il est
impossible que des millions de jeunes gens des
deux sexes puissent le contracter sans en ressentir de pénibles effets. Le prêtre surtout a sa carrière parsemée d'épines ; l'aiguillon de la chair le
tourmente à chaque instant. Il a à soutenir un
combat continuel dont il ne sort pas toujours vic-
torieux à cause des occasions sans nombre qui se
pressent en foule sur son passage. Aussi, de savants physiologistes, des philosophes éminents ont
demandé le mariage des prêtres pour leur éviter
les scandales qu'ils sont enclins à commettre
pendant le cours de leur sacerdoce. Voici les raisons qu'ils apportent à l'appui de leur manière de
voir :

L'enfant qui se destine à la prêtrise débute par
le séminaire. Dans cet établissement, il est occupé
une partie du jour à apprendre les lettres et les
sciences, pendant que l'autre partie du jour se
passe dans la prière, le jeûne, les exercices religieux, si propres à engourdir le réveil du sens géné-
sique. Il ne connaît pas le monde, ses tentations,
ses pièges ni ses embûches, et tout d'un coup, à
l'âge de vingt-quatre ans, il est nommé vicaire
d'une paroisse, le plus souvent dans une ville,

pour y diriger les consciences. N'est-il pas encore trop jeune ? Pourra-t-il remplir, sans échapper à la critique, toutes les fonctions de son ministère ? La confession ne sera-t-elle pas pour lui un sujet d'intrigues ? La jeune fille qui va lui raconter les plus secrètes pensées de son cœur ne troublera-t-elle pas son imagination juvénile ? La chose est à craindre. Un esprit fort, profondément religieux, y résistera sans doute ; mais un caractère impressionnable, versatile, peut succomber, comme cela s'est vu bien souvent.

Toute fonction dans l'organisme a sa raison d'être. Aucune autre fonction ne peut y suppléer complètement. Les organes génitaux n'échappent pas à cette loi. La sécrétion est diminuée par l'étude ou le cloître ; elle n'est jamais suspendue, annihilée, sans provoquer une maladie. Les médecins casuistes ont beau dire que la menstruation, chez la femme, est un moyen institué par la Providence pour maintenir l'équilibre de l'économie, en éliminant les matériaux de la génération lorsqu'ils ne sont pas employés par la nature (P. Garnier) ; ils ont beau dire aussi que les pertes séminales nocturnes, chez l'homme, sont une excrétion providentielle ordonnée pour faciliter la continence ; nous savons par expérience que les meilleurs prêtres et les plus chastes religieuses sont sujets à des catarrhes de poitrine, des gastrites, des suffocations nerveuses ou sanguines qui les tourmentent sans cesse et abrègent souvent la durée de leur vie.

Pourquoi le mariage n'est-il pas permis au prêtre comme aux autres hommes? Les pasteurs protestants et les rabbins ne sont-ils pas mariés et ne donnent-ils pas l'exemple de toutes les vertus chrétiennes? Si des dissentiments arrivent dans leurs familles, comme dans tous les ménages, le scandale en résultant n'est pas de nature à porter atteinte à la religion autant que les actes immoraux ou criminels commis par certains prêtres et religieux, en raison même de leur célibat. Donc ce mariage devrait être permis. Mais l'Église Romaine n'y consentira pas : la hiérarchie, l'esprit de corps, la discipline s'y opposent. Le prêtre marié redeviendrait libre; le pape, son chef suprême, perdrait une grande partie de son influence et la corporation qui exerce sa toute-puissance dans le monde entier s'émietterait peu à peu et finirait par disparaître.

C'est donc au gouvernement de faire ce que l'Eglise ne fera jamais. Qu'il délie le prêtre de son serment, à l'exemple des religieux séculiers; qu'il lui permette de quitter la soutane et de se marier civilement. Nous ne verrons plus de prêtres sacrilèges dont les uns continuent et les autres quittent d'abord pour reprendre plus tard leur saint ministère, au grand détriment de la religion. Nous aurons des pères de famille obéissants à la loi, soucieux de leurs devoirs, qui contribueront à l'accroissement de la population et à la puissance de l'État.

Tel n'est pas l'avis des partisans du célibat religieux. Ceux-ci nous répondent que le prêtre ne doit pas se marier. D'après eux, il a une épouse qui est son Église, il a des enfants qui sont ses paroissiens. Il se doit tout entier à leur service. S'il prend une femme, il négligera ses devoirs religieux pour lui conserver une partie de son amour. S'il a des enfants, il se dévouera pour leur instruction, pour leur bien-être, et se préoccupera fort peu de ceux que la religion lui aura donnés. Dans ces conditions, il ne sera ni bon pasteur, ni bon père de famille.

Nous savons, et les ministres protestants nous en donnent tous les jours des preuves manifestes, que ce raisonnement n'est pas exact. Malgré leur modeste traitement annuel de 1,600 francs, sans casuel obligé, ces messieurs assistent leurs pauvres, élèvent les orphelins, secourent les vieillards; ils font, en un mot, généreusement la charité et ont surpassé de tout temps à cet égard les catholiques. S'ils ne peuvent pas soulager à leur gré toutes les infortunes, ils sollicitent leurs coreligionnaires qui ne restent jamais sourds à leur appel, car pour eux, c'est le plus grand commandement, après l'amour de Dieu, d'aimer son prochain comme soi-même et ils le pratiquent largement (P. Garnier).

Enfin le faux célibat est l'association de l'homme et de la femme qui vivent ensemble, avec ou sans enfants, sans être mariés. C'est un vrai concubinage réprouvé à la fois par la religion, la morale, la loi civile et les convenances sociales. Il est malheureusement beaucoup trop fréquent aujourd'hui, surtout dans les grandes villes où ces mariages naturels ont pris des proportions effrayantes. On compte à Paris un ménage sur dix formés par ces unions illégitimes. Un jeune homme s'associe avec une fille ; ils vivent maritalement ensemble pendant un certain temps qui n'est généralement pas bien long, parce qu'il n'est consacré par aucun lien sérieux. A la moindre querelle, la séparation arrive. S'il survient des enfants, ce sont des bâtards, ils sont pour la plupart abandonnés. Quant à eux, ils cherchent à former, chacun de son côté, un autre ménage interlope jusqu'à ce qu'ils finissent par le crime ou l'extrême misère. Quelques-uns cependant se marient et rentrent à la fin dans le giron de la société légale.

L'État doit y prendre garde. Ces faux célibataires lui sont plus nuisibles que les autres. En effet, tandis que ces derniers sont bientôt fatigués de courir les aventures, les premiers passent souvent toute leur vie dans le concubinage. Tantôt, c'est le vieux garçon qui s'associe avec sa gouvernante ; tantôt, c'est le divorcé qui partage son lit avec une fille de mœurs légères ; d'autres fois, c'est l'oncle qui vit avec sa nièce, etc., etc. Les uns et les autres pratiquent toutes les fraudes possibles pour ne pas avoir d'enfants. Les charges sont moindres pour chacun d'eux ; mais les mœurs se dépravent, la famille s'avilit, la nation perd l'autorité et la force qui proviennent des mariages légaux. Ce mal a déjà mis de profondes racines, il est temps d'y mettre un terme.

HYGIÈNE DU CÉLIBAT. — Nul ne devrait rester célibataire à moins que sa conscience ne lui en fît un devoir. Le nombre en deviendrait relativement restreint. A part les infirmes, les idiots, les épileptiques, les poitrinaires, quelques rachitiques, quelques dévots et quelques savants, tout le monde devrait se marier : voilà la règle. Aujourd'hui, on fait tout autrement, et la corruption de la société en résulte. On écoute trop les passions, on veut contenter tous les plaisirs ; on aboutit à la maladie et à la déchéance de l'humanité. Il faut réagir contre ces tendances. S'il y a moins de célibataires, il y aura moins d'infidélités dans les mariages. Les affections vénériennes diminueront de fréquence, les suicides et les crimes également.

Pour en arriver à ce but, il ne suffit pas de recommander la sobriété, la décence, le respect d'un sexe pour l'autre, il ne suffit pas non plus de faire ressortir au célibataire qu'il sera abandonné dans ses vieux jours, sans la satisfaction d'avoir une femme, des enfants pour lui prodiguer les soins d'une sincère amitié, il est utile encore que le gouvernement agisse, qu'il mette un impôt sur les célibataires à partir de vingt-huit ans chez la fille, et de trente-cinq ans chez le garçon, qu'il prive celui-ci de l'électorat, qu'il accorde des primes aux familles nombreuses et les mariages deviendront de plus en plus fréquents.

Puisque l'État protège l'enfant dès le berceau, puisqu'il lui fait donner l'instruction gratuite jusqu'à l'âge de treize ans, c'est-à-dire jusqu'au mo-

moment où il pourra commencer à apprendre un métier, n'est-il pas juste que lorsqu'il sera arrivé à sa maturité, il en devienne un puissant défenseur et lui fournisse des serviteurs dévoués? S'il est marié, il le lui rendra généreusement par les enfants qu'il mettra au monde pour le servir et par les redevances nombreuses qu'il lui paiera en argent ou en nature. Mais s'il est célibataire, ne dépendant que de lui-même et de son bon plaisir, il sera passible de très peu de droits et d'encore moins de frais. Ne vous paraît-il pas juste de le soumettre, en échange, à un impôt annuel, proportionnel avec sa fortune? Le produit pourra en être affecté à secourir les enfants abandonnés ou les familles nécessiteuses. Je crois que ce moyen fort juste, et nullement vexatoire, aura l'avantage d'inviter à se marier un bon nombre de débauchés, d'égoïstes ou d'indifférents qui auraient passé leur vie dans un célibat perpétuel.

Il est un autre moyen aussi qui peut engager fortement le jeune homme au mariage, c'est la privation de l'électorat. On sait que l'État dispose dans ses institutions d'un grand nombre de fonctions publiques, comme celles de conseiller, maire, instituteur, garde, facteur, et tant d'autres semblables. L'individu qui ambitionnerait une de ces fonctions serait obligé de se marier. Il n'y a là rien qui ne soit fondé. Pourquoi l'État accorderait-il ses faveurs à celui qui ne veut pas participer à ses charges? Le célibataire vivant sans femme, sans enfants légitimes, refusant même de reconnaître ses bâtards lorsqu'il en a, ne mérite pas de jouir des mêmes droits politiques que le marié qui remplit ses devoirs sociaux avec sollicitude. Il ne doit pas y avoir de droit sans devoir corrélatif et quiconque ne remplit pas celui de citoyen est indigne du vote (P. Garnier).

Cependant je ne suis pas partisan des ménages trop nombreux. Je suis d'avis qu'on doit mettre du raisonnement en tout. De même que je n'approuve point les familles qui par spéculation n'ont pas ou n'ont qu'un seul enfant, de même je n'approuve pas non plus celles qui en ont à satiété, sans restriction ni mesure. Je sais bien qu'aujourd'hui cette dernière considération se voit rarement ; elle n'en constitue pas moins une raison de plus pour que le gouvernement accorde des exemptions, des bourses, des primes à celles qui se trouvent dans ce cas.

Si on mettait en pratique les trois moyens que je viens d'indiquer, les célibataires diminueraient rapidement de nombre. Il y aurait plus d'union dans les mariages. Les libertins, les prostituées n'encombreraient pas les voies publiques de toutes nos cités. Les affections vénériennes disparaîtraient à l'âge mûr et l'on n'observerait à cet âge, comme maladies principales, que les névralgies, les rhumatismes, la goutte, les hernies, les flueurs blanches.

NÉVRALGIES. — On appelle névralgies des maladies caractérisées par des douleurs vives sur le trajet des nerfs, sans que ceux-ci soient le siège d'aucune lésion matérielle appréciable. Tous les nerfs de l'économie peuvent être atteints : les superficiels donnent lieu à des névralgies externes : névralgie occipitale, frontale, faciale, intercostale, lombaire, sciatique, etc. ; les profonds à des névralgies internes ou viscérales : gastralgie (estomac), cardialgie (cœur), hépatalgie (foie), hystéralgie (utérus), cystalgie (vessie), etc., etc.

Ces maladies sont marquées par une douleur vive, lancinante, venant en général par accès et disparaissant tout d'un coup pour ne se reproduire souvent qu'aux mêmes heures soit du jour, soit de la nuit. L'individu n'a pas de fièvre, mange passablement et marche sans trop de difficulté.

La durée de ces maladies est fort variable ; quelques fois elles se prolongent des mois, des années avec de nombreux intervalles de repos ; leur marche est irrégulière, leur pronostic bénin. Des causes nombreuses peuvent les occasionner, telles que l'hérédité, le froid humide, l'anémie, les cachexies les plus diverses. Un traitement local (frictions calmantes, sinapismes, vésicatoires) et un traitement général (éther, chloroforme, musc, camphre, quinine, fer, quinquina, viande, etc.) finissent toujours par en avoir raison.

RHUMATISMES. — Les rhumatismes sont des maladies héréditaires ou acquises, très sujettes à récidiver. Elles affectent les muscles ou les articulations et ont pour principal symptôme la douleur qui s'exaspère par la pression et surtout par le mouvement des parties malades. Il y a deux sortes de rhumatismes: le musculaire et l'articulaire.

Le rhumatisme musculaire est une affection sous-cutanée sans fièvre, sans gonflement, sans changement de couleur à la peau. Sa marche est lente, mais sa guérison est à peu près certaine: il suffit pour cela de quelques sangsues, de frictions, de douches, de bains de vapeur, de rivière ou de mer. C'est ainsi que se traitent le torticolis (muscles du cou), la pleurodynie (muscles des côtes), etc.

Le rhumatisme articulaire est grave; il est marqué, à l'état aigu, par la rougeur, la douleur, le gonflement de plusieurs grandes articulations. On observe alors une température élevée, une fièvre intense; le malade est cloué dans son lit sans pouvoir bouger de place, il souffre énormément. Son état se complique souvent de péricardite, d'endocardite, de pleurésie, quelquefois de méningite et l'on a, dans ce cas, le *rhumatisme cérébral* qui est d'une gravité excessive. La durée de ce rhumatisme est de dix, quinze à vingt et un jours et se termine par la guérison, le rhumatisme articulaire chronique ou des lésions organiques du cœur. Il est très sujet aux récidives qui laissent toujours après elles des dérangements fonctionnels sérieux. Son traitement consiste dans l'emploi à l'extérieur de liniments laudanisés sur les jointures et dans l'usage à l'intérieur du salicylate de soude à la dose de 3 à 6 grammes par jour.

Quant au rhumatisme articulaire chronique, il est moins douloureux, mais il est d'une durée souvent

indéfinie à cause de ses répétions fréquentes et
successives. A la longue, il déforme les jointures
(rhumatisme noueux), se généralise à presque toutes
les articulations et rend infirmes les malades qu'il
finit par tuer avant terme. Il se traite par les frictions, le massage, l'électricité, les bains sulfureux,
l'arsenic, l'iodure de potassium, les eaux minérales
de Barèges, Luchon, Dax, Royat, La Bourboule, etc.

GOUTTE. — Comme le rhumatisme articulaire, la
goutte est une maladie des jointures ; elle est caractérisée par un excès d'acide urique et d'urate
de soude dans le sang, par le gonflement excessivement douloureux des petites articulations, par
leur déformation consécutive, enfin par des lésions
viscérales diverses dont les plus fréquentes sont la
gastralgie, la dyspepsie, la gravelle, l'attaque d'apoplexie.

La goutte débute brusquement la nuit par une
douleur insupportable dans le gros orteil ; elle se
calme en partie pendant le jour pour reparaître la
nuit suivante, s'étendre à d'autres articulations et
durer ainsi deux à trois semaines, ce qui constitue un
accès de goutte aiguë. Des soins appropriés peuvent la guérir au bout de trois ou quatre attaques
de moindre intensité, ou sinon elle passe à l'état
chronique, et alors la fièvre est plus légère, les
accès sont moins douloureux, mais, en revanche,
ils sont infiniment plus prolongés. Dans ce cas, il
n'est pas rare de les voir durer toute une saison,
laissant après eux des *tophus* (dépôts calcaires)

plus ou moins volumineux, de fausses ankyloses, la cachexie, l'œdème des membres et parfois la mort.

Comme la goutte survient à la suite de la bonne chère, du défaut d'exercice, des vins généreux, il faut prescrire la promenade, la sobriété, les applications calmantes sur les points douloureux, les boissons délayantes, les eaux minérales, la teinture de colchique, le salicylate de soude, le carbonate de lithine, et parmi les spécifiques les plus renommés l'élixir de Reynolds, la liqueur de Laville, le vin d'Anduran, les pilules de Lartigue. (*Voir mon* Manuel de thérapeutique, *art. colchique*).

HERNIES. — On comprend sous le nom de hernies toutes les tumeurs formées par la sortie d'un viscère ou d'une portion de viscère hors de sa cavité naturelle : hernies du poumon, du foie, de l'iris, du testicule, de l'épiploon, de l'intestin, etc. Ces dernières sont de beaucoup les plus fréquentes ; et suivant que l'intestin sort par l'anneau crural, par l'anneau inguinal ou par l'ombilic, on a la hernie. crurale, la hernie inguinale ou la hernie ombilicale.

Chacune de ces hernies est caractérisée par une tumeur qui soulève la peau de la région abdominale ; elle est molle, arrondie, pâteuse, dépressible sous la main ; elle disparaît au lit par la rentrée de l'intestin dans le ventre et se reproduit sous l'influence de la station verticale. Quelquefois elle s'étrangle et ne peut plus rentrer ; alors le patient ressent des coliques atroces ; il a des vomissements

incoercibles, une constipation opiniâtre; les matières alibiles ne circulent plus, son ventre se bal-
lonne, sa respiration se gêne, sa face se grippe, et,
si cet état persiste, le malade meurt au bout de

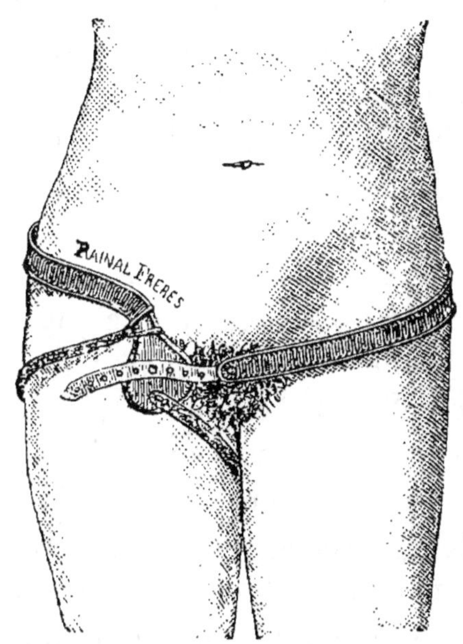

Fig. 24. — Bandage crural français, appliqué avec son sous-cuisses.

deux à quatre jours par gangrène de l'intestin ou
par péritonite consécutive.

Un hernieux doit éviter toute espèce d'efforts. Il
doit porter toujours un bandage : cet appareil le guérira radicalement, si c'est un enfant au maillot; il
empêchera la hernie d'augmenter, si c'est un adulte.
En cas d'étranglement, il faut appeler le médecin.
Celui-ci prescrit un grand bain, le repos au lit, des
cataplasmes sur la tumeur, un purgatif à l'huile de
ricin, puis il tente avec douceur la réduction par le

taxis, méthode qui a pour but de refouler peu à peu avec les doigts l'intestin dans la cavité abdominale. Cette méthode demande de la part du praticien de la dextérité, des connaissances anatomiques précises, et encore elle ne réussit pas toujours. Il reste toutefois une dernière ressource, la *kélotomie*, c'est-à-dire l'ouverture du ventre avec le bistouri et la rentrée de la hernie par cette nouvelle voie.

FLUEURS BLANCHES. — Tous les écoulements non sanguins, sans lésion appréciable du vagin ou de l'utérus sont des *leucorrhées ou des flueurs blanches*. Les femmes blondes, lymphatiques, maladives en sont affectées particulièrement. La vie sédentaire, les passions tristes, le séjour des grandes villes y prédisposent aussi. Enfin certains aliments et certaines boissons, comme le thé, le café au lait, le lait pur, les coquillages, en sont des causes occasionnelles fréquentes.

Les femmes atteintes de cette maladie ont un écoulement par la vulve incolore, lactescent, jaunâtre ou verdâtre, avec ou sans odeur, si abondant parfois et d'une telle âcreté qu'il irrite les parties génitales externes et le haut des cuisses au point qu'il les empêche de marcher. Cet état leucorrhéique les affaiblit, leur occasionne des tiraillements d'estomac, de l'inappétence, des palpitations, un dégoût complet pour la viande. Sa durée est fort variable; il persiste souvent des mois et des années avec de nombreuses irrégularités dans son abondance, sa couleur ou sa densité ; il n'a jamais occasionné la mort.

Son traitement consiste en toniques : quinquina, fer, peptone, vins généreux ; en dépuratifs : tisanes de salsepareille, gentiane, centaurée, douce-amère, solutions d'arséniate de soude, d'iodure de potassium, tampons d'alun, douches froides, bains de mer ; en injections astringentes avec les solutions de tannin, alun, acétate de plomb (extrait de Saturne).

CHAPITRE XVIII

AGE DE RETOUR

Cet âge est compris entre quarante-cinq et soixante ans. — Phase de la vie dans son déclin. — Disparition des deux tiers des existences. — Surveillance de tous les instants. — Portrait de l'homme à cet âge. — Recommandation de l'abbé Maury à son ami Portal. — Châtiment de ceux qui ont trop aimé les femmes. — Exemples de vieillards ayant conservé la verdeur de la jeunesse à un âge fort avancé. — Statistique du Dr Bertillon sur la mortalité des deux sexes. — Dangers des excès de coït. — Portrait de la femme à cet âge. — Durée variable de la ménopause selon le genre de vie, la race, les climats. — Hygiène à suivre pour l'homme et pour la femme. — Maladies de l'âge de retour, leur traitement.

La vie des êtres organisés se déroule en trois périodes successives : une d'augment, une autre d'état et l'autre de déclin. Tous les physiologistes comprennent l'âge de retour dans cette dernière période qui doit se terminer inévitablement par la vieillesse et la mort. L'homme, l'être supérieur par excellence, n'échappe pas à cette loi immuable de la nature. Il s'arrête même souvent au commencement ou au milieu de sa course sans pouvoir atteindre la phase qui va nous occuper en ce moment. Il y a tant de causes de destruction pour la machine humaine ! Un froid, une imprudence, un excès occasionnent une maladie, celle-ci s'aggrave, le mal fait des progrès rapides, la vie s'éteint comme une lumière qu'un léger souffle fait disparaître en un instant.

Que d'individus succombent ainsi moissonnés avant l'âge ! Encore s'il leur était resté le temps de se rendre utiles, de se marier, de se reproduire, de laisser des rejetons semblables à leurs ancêtres, capables de les remplacer et de rendre les mêmes services, les regrets seraient moins amers. Mais malheureusement un très grand nombre nous ont **quittés** pendant la première année de la vie. D'autres sont morts à la fleur de la jeunesse, après avoir coûté beaucoup à leurs parents, et, lorsque ceux-ci comptaient sur leur présence pour se **dédommager** de tous les sacrifices qu'ils s'étaient imposés pour eux, un mal imprévu les a enlevés tout d'un coup à leur affection et à leur amour.

C'est ainsi qu'ont disparu les deux tiers des existences à l'âge de retour. Nous, les survivants, nous n'en sommes pas moins exposés à toutes sortes de maladies, et, si nous ne prenons point l'hygiène et la médecine pour guides, nous sommes en danger, à chaque pas, de nous laisser surprendre par quelque mauvais penchant. La vie, à cette période, est parsemée de périls ; il faut les surmonter à tout prix, agir avec tous les ménagements que réclame notre état, nous évitons forcément, par ce moyen, les infirmités précoces et la mort prématurée.

Puisque nous avons atteint la limite où les deux sexes doivent s'entourer des plus grandes précautions, nous allons jeter un rapide coup d'œil sur les ravages que le temps a opérés sur toute notre personne. Ce tableau, j'espère, nous fera réfléchir et nous rappellera que la saison des amours est passée et qu'il faut nous résigner à la modération, à la tempérance si nous voulons encore parcourir une longue carrière.

Voyez cet homme parvenu au déclin de la vie. Son front vaste, dénudé, est sillonné de rides profondes. Ses cheveux, devenus rares, présentent un bon nombre de fils d'argent qui sont la première trame du suaire. Le regard est moins vif ; la barbe est rude et grisonnante ; les lèvres n'offrent plus le brillant incarnat de la jeunesse. Il y a de la pesanteur dans la marche, de la raideur dans les muscles, moins de souplesse dans les mouvements. Le corps a de la tendance à se courber vers la terre, comme pour faire la cour à celle qui se prépare à le recevoir dans son sein. Enfin l'esprit, la mémoire, la volonté, tout a diminué de force, de puissance et d'énergie.

Et pourquoi n'en serait-il pas ainsi ? Ne savons-nous pas que si les idées sont les mêmes, la faculté de les accomplir a singulièrement baissé. Sans doute les souvenirs, des souvenirs de regrets, s'offrent toujours à notre cœur pour le tourmenter. Difficilement nous pouvons nous résoudre à accepter notre infériorité procréatrice. Des réminiscences perfides, des occasions nombreuses réveillent nos sens, surexcitent notre imagination. Nous ne devons pas y céder. Nous devons savoir que des défaites réitérées, des maladies redoutables sont destinées à couronner d'aussi tristes exploits. Nous avons à mettre plutôt en pratique cette précieuse recommandation que faisait l'abbé Maury à son ami Portal : « Je tiens pour certain, lui disait-il, que, passé cinquante ans, un homme de sens doit renoncer aux plaisirs de l'amour; chaque fois qu'il s'y livre, c'est une pelletée de terre qu'il se jette sur la tête ».

Une pareille sentence devrait être toujours présente à l'esprit des hommes qui ont atteint un certain âge. Les libertins surtout devraient la méditer pour mettre un frein au dévergondage de leurs voluptés. Mais comment s'y résoudront-ils, s'ils ne sont pas doués d'une force d'âme surhumaine ? Ne sait-on pas que le châtiment de ceux qui ont trop aimé les femmes dans leur jeunesse est de les aimer quand même en vieillissant. Ils veulent se défaire de leur honteuse passion et la passion l'emporte jusqu'à ce qu'elle leur ait creusé la tombe qui doit les ensevelir avant peu.

Quelques-uns pour excuser leurs vices citent avec complaisance des exemples de vieillards qui ont conservé la verdeur du jeune âge pendant de très longues années. « Ainsi, d'après Réveillé-Parise (1),

---

(1) Réveillé-Parise. *Traité de la vieillesse, hygiénique, médical et phylosophique*, Paris, 1853.

le maréchal d'Estrées se maria, en troisièmes noces, à quatre-vingt onze ans, et se maria, dit-on, *très sérieusement* ; le duc de Lauzun vécut long-temps après avoir fait des excès de tout genre ; le maréchal de Richelieu épousa, en secondes noces, Mme de Roth à l'âge de quatre-vingt-quatre ans, et il se maria, dit-on, *gaillardement* et *impunément*. Alors, comment croire ce que dit Bacon, que les débauches de la jeunesse sont des conjurations contre la vieillesse, et qu'on paye cher, le soir, les folies du matin ? On voit qu'il n'en est pas toujours ainsi, et le vieillard guilleret qui se croit rajeuni par quelques désirs cachés sous la cendre, est ravi de se citer à lui-même de pareils exemples. Cependant que signifient quelques faits isolés et assurément très rares ? Faudra-t-il se guider par de tels exemples, à moins qu'on n'ait aussi reçu de la nature une de ces constitutions exceptionnelles dont la salacité érotique ne finit qu'avec la vie ? Que ce serait une bien fatale erreur ! »

Sachons modérer nos désirs ; mettons un frein à nos passions ; n'écoutons pas le démon de la luxure qui cherche notre perte. Le devoir nous commande la modération, obéissons-lui sans réserve. Dans le mariage, il est rare que les deux sexes abusent de leurs rapports conjugaux, mais dans le célibat et le veuvage les excès de ce genre sont très fréquents. Une statistique dressée par le Dr Bertillon nous en donne la démonstration évidente ; elle comprend dix années, de 1876 à 1885.

*Nombre de décès sur 1,000 vivants de 45 à 55 ans
en France.*

	Mariés.	Célibataires.	Veufs.
Femmes	11,2	15,6	15,4
Hommes	11,8	19,2	21,3

On voit par ce tableau que la mortalité des hommes à cet âge est plus élevée que celle des femmes, ce qui paraît de prime abord une anomalie. En effet, on a dit et publié à satiété jusqu'ici que l'âge critique augmentait de beaucoup les décès de la femme. C'est une erreur. Que la femme, à l'époque de la ménopause, soit sujette à de nombreuses indispositions, je le concède ; qu'elle puisse être atteinte particulièrement de quelques maladies graves, je l'accorde encore ; mais que sa mortalité en soit accrue par rapport à celle de l'homme, il n'en est rien. Les indispositions : vapeurs, gastrites, névralgies, coliques abdominales, suffocations, migraines, érysipèles de la face tous les mois, etc., guérissent toujours avec de petits soins hygiéniques de peu d'importance. Les maladies : asthmes, catarrhes, cancers, hydropisies qui existent à cet âge n'ont guère terminé leur évolution morbide qu'avec la vieillesse et ne peuvent, par conséquent, être mises en ligne de compte pour l'augmentation de la mortalité. Aussi, si dans la jeunesse, à cause de l'accouchement et des suites de couches, la femme paie un plus lourd tribut à la mort ; à l'âge de retour, l'homme, au contraire, se trouve le plus éprouvé, qu'il soit marié, veuf ou célibataire.

Dans le mariage, les époux mènent ordinairement une vie sobre et conforme à la morale. Tout entiers à leurs occupations et à leurs affaires, ils goûtent des plaisirs innocents sans abuser de leur santé. La mortalité n'augmente guère pour eux à l'âge critique, et si nous trouvons un léger surcroît des décès en faveur des hommes, il faut l'attribuer à leurs rudes travaux, à leurs écarts de régime ou plutôt aux passions érotiques qui les dominent, du moins à quelques-uns, alors qu'elles ont complètement cessé chez presque toutes les femmes.

Mais dans le célibat et le veuvage la mortalité pour les deux sexes est bien plus élevée. Ne trouvant pas au foyer domestique la satisfaction de leurs désirs sensuels, nos vieux libertins cherchent ailleurs l'occasion favorable. Ils profitent parfois des liaisons d'une nuit, se livrent à tous les excès, et alors, au milieu des plus vives étreintes, tous les organes sont surexcités outre mesure : le cœur ne bat que par saccades, la respiration est entrecoupée de soupirs, la face est cyanosée et vultueuse, les effluves de l'amour se sont emparés de tous les sens, ont vaincu toutes les résistances... La passion est satisfaite... L'ébranlement nerveux reste, suivi souvent des maladies les plus terribles, car on sait qu'à l'âge de retour toute déperdition de sperme intempestive est un acheminement à grands pas vers le terme final de la vie lorsque ce n'est pas la mort instantanée qui en est la conséquence fatale (rupture du cœur ou d'un gros vaisseau).

Il faut donc à cet âge user des plaisirs vénériens avec une extrême réserve et au moment où l'homme a perdu une partie de ses forces procréatrices, la femme a tout perdu : beauté, charmes, candeur. Un changement complet s'est opéré dans sa personne. La menstruation a cessé, les seins se sont flétris, les ovaires ne sécrètent plus chaque mois l'œuf humain, seul principe capable de perpétuer l'espèce. La saison des fleurs et des fruits est passée. C'est l'hiver qui commence et avec lui toutes les illusions qui s'envolent. La vraie sagesse consiste à ne pas abuser de ce moment critique. Savoir se connaître soi-même, éviter les plaisirs défendus, vivre avec sobriété, ne pas commettre des imprudences, voilà en quelques mots le code hygiénique de la ménopause. Que la femme sur l'âge de retour le suive point par point, et elle aura encore de longs jours à passer sur la terre sans infirmités et sans souffrances.

Nous avons dit qu'il était rare de voir la menstruation (*Voir ce mot chap. XI*) s'établir tout d'un coup. Nous pouvons dire aussi qu'il en est à peu près de même de la ménopause. En effet, on observe ordinairement des troubles dans la régularité des règles, avant leur cessation complète. Dans certains cas, l'écoulement est de moins en moins abondant, de moins en moins coloré ; dans d'autres, la quantité de sang perdue est beaucoup plus forte qu'à l'ordinaire, elle devient même si importante quelquefois qu'une véritable hémorrhagie peut s'ensuivre avec toutes ses conséquences.

Quoiqu'il en soit, l'âge où la femme cesse d'avoir ses menstrues dans nos climats tempérés, ne peut être fixé d'une manière précise. En moyenne, la suppression complète s'effectue à l'âge de quarante-cinq ans. On cite bien des personnes du sexe qui ont vu à trente-deux, trente et même vingt-cinq ans leurs règles disparaître, mais ce sont des anomalies dont on ne doit tenir aucun compte sérieux. Par contre, les mémoires de l'Académie des sciences et de l'Académie de médecine relatent des faits de menstruation à soixante-cinq, soixante-quatorze, quatre-vingt, quatre-vingt-quinze ans, qu'on ne doit considérer que comme une curiosité scientifique, parce que ces très rares exceptions ne sont que les symptômes d'affections méconnues, telles que cancers, kystes, polypes de la matrice ou du vagin. Ces tumeurs en s'ulcérant par périodes successives laissent écouler par la vulve une certaine quantité de sang qui simule à s'y méprendre les véritables menstrues.

En définitive, on ne peut qualifier de ce nom que les pertes mensuelles dont la durée plus ou moins intermittente se prolonge jusqu'à l'âge de cinquante-cinq à soixante ans; tous les autres cas sont produits par des maladies apparentes ou cachées, mais certaines, incontestables.

Les excès dans les plaisirs de l'amour font durer plus longtemps l'écoulement cataménial. On connaît un bon nombre de vieilles lorettes qui ont mené joyeuse vie et qui ont conservé tous les attributs de leur sexe jusqu'à un âge fort avancé.

Cet état ménorrhagique provient de la surexcitation permanente de leurs organes génitaux et de la congestion hypertrophique qui en résulte. Peut-être aussi la vie de gala qu'elles mènent à grandes guides y contribue-t-elle pour une large part? La chose est très probable. L'abus du coït sans une forte constitution, sans une nourriture succulente, entraîne vite à l'amaigrissement, à la consomption et au marasme.

L'influence de la race agit puissamment encore sur la durée de la menstruation. Ainsi, d'après Zimmermann, dans la Turquie, la Perse et l'Inde, une femme de trente ans est déjà vieille et sans attraits. Mais c'est surtout dans l'Afrique centrale et au Sénégal que s'observe de préférence la précocité des fonctions génitales. Là, les filles sont nubiles à l'âge de huit ou dix ans, grand'mères à vingt-deux, usées et fanées à vingt-six. Ce dernier âge est celui où les Européennes réunissent à tout l'éclat de la beauté les plus beaux charmes de l'esprit. Toutes ces variations sont dues à la distance plus ou moins éloignée du soleil par rapport à notre planète : s'il passe trop près, il brûle les plantes, les dessèche et les flétrit avant leur maturité complète ; s'il s'éloigne trop, au contraire, il ne les réchauffe pas assez et retarde leur éclosion d'une manière quelquefois indéfinie. Cette loi est immuable. Tous les êtres vivants y sont soumis. L'homme ne saurait y échapper. La précocité exagérée de la menstruation dans les pays tropicaux et son retard considérable dans la zone glaciale en sont des preuves éclatantes.

Mais puisque dans tous les climats et à tous les âges l'hygiène bien comprise exerce une influence favorable sur la durée de la vie, c'est surtout à l'âge de retour qu'elle doit être mise sérieusement en pratique.

Les hommes doivent éviter les trop brusques variations de température, les travaux pénibles, les excès de toute espèce. Ceux qui abusaient des boissons alcooliques et qui les ont supportées jusqu'ici sans en ressentir de trop graves inconvénients feront bien de les laisser de côté pour ne pas devenir hydropiques. Aujourd'hui qu'il y a dans les villes un marchand de vin à chaque coin de rue, les abus de ce genre sont devenus très fréquents et les maladies du cœur qui s'ensuivent se terminent par l'enflure des jambes, l'anasarque et la mort. C'est du moins ainsi que décèdent ceux qui ont pu atteindre cet âge. Quant aux autres, dont la constitution délicate a été profondément altérée par les liqueurs fortes, ils sont tous moissonnés dans leur jeunesse par la phtisie pulmonaire ou une maladie consomptive semblable.

Il est regrettable de voir tant d'individus qui constituent les forces vives de la nation dépérir au bout d'un petit nombre d'années d'existence, alors que sans les abus que je viens de mentionner ils auraient pu atteindre aisément les plus hauts échelons de la vieillesse.

Que le gouvernement qui a déjà fait beaucoup dans ce sens perfectionne son œuvre de protection.

Qu'il remette en vigueur la loi sur l'ivresse, déjà votée depuis longtemps, en la rendant plus sévère s'il est possible.

Que les buvettes et les débits de boissons soient fermés tous les soirs de dix à onze heures.

Qu'il institue des laboratoires municipaux dans toutes les villes pour analyser les vins et permettre à la justice de réprimer la fraude.

Que toutes les eaux-de-vie, liqueurs, absinthes de mauvaise provenance soient confisquées et que leurs auteurs soient sévèrement punis.

Enfin qu'il ne soit pas permis d'introduire dans les usines, les ateliers ou les établissements de travail quelconques, des boissons alcooliques sous peine d'amende ; les commissaires de police feraient des inspections fréquentes et puniraient les délinquants toutes les fois qu'ils les trouveraient en faute ; par ce moyen, le travail du patron serait mieux fait et l'ouvrier ne risquerait pas à chaque instant de perdre la santé qui lui est si utile pour lui-même et pour subvenir aux besoins de sa famille.

C'est à l'âge de retour aussi que le libertinage et la débauche doivent être sévèrement prohibés. Ici l'Etat ne peut avoir qu'une action secondaire, mais en supprimant les bonnes de cafés, de buvettes et de brasseries, en ne permettant la circulation des filles publiques dans les rues qu'à certaines heures, en subventionnant les dispensaires, en créant des hospices pour les maladies syphilitiques, les abus seraient moins nombreux et

les dangers à courir diminueraient de fréquence.
Si les hommes voulaient, en outre, réfléchir que le
plus petit excès de coït à cet âge peut être le point
de départ d'une maladie mortelle, ils ne voudraient
pas sacrifier à un moment de plaisir le grand nombre des jours heureux que la Providence leur tient
encore en réserve.

Les femmes ont, de leur côté, des indications
particulières à suivre à l'époque de la ménopause.
Toutes ont à se préserver du froid, de l'humidité,
de l'intempérie des saisons. Celles qui sont sanguines, pléthoriques, très fortes doivent retrancher
de leur régime les viandes noires, les vins généreux, le café, les liqueurs, en un mot, tous les stimulants et les toniques, de crainte qu'il ne survienne pendant le cours de leur âge critique, quelque hémorrhagie dangereuse. Celles qui sont anémiques, au contraire, ont besoin de relever leurs
forces défaillantes, de réparer leur sang appauvri
par l'usage d'aliments azotés, de boissons amères,
de médicaments reconstituants. Les unes et les
autres feront bien d'éviter les grandes fatigues,
les émotions vives, les colères violentes. Elles doivent porter la flanelle sur la peau pour faciliter
la transpiration cutanée et se garantir des refroidissements qui peuvent devenir, à un moment
donné, la cause de fluxions de poitrine ou d'hémorrhagies utérines. Si nous ajoutons à cela que cet
âge réclame une vie sobre, une conduite régulière,
l'abandon de la coquetterie et des plaisirs mon-
dains nous aurons fait connaître à peu près toutes.

les règles hygiéniques qu'une femme sur l'âge de retour doit mettre en pratique pour ne pas s'exposer à contracter quelque maladie grave.

On voit donc, d'après ce que nous venons d'écrire, que l'âge de retour est également dangereux pour les deux sexes. En effet, si la femme a à craindre pour la suppression de ses menstrues, l'homme a à redouter les effets des excès alcooliques, vénériens, qu'il avait supportés jusqu'ici sans préjudice sérieux pour sa santé. Aussi les maladies sont nombreuses à cet âge et souvent incurables; les principales sont : les érysipèles, les calculs, les cancers, les hémorroïdes et les hydropisies les plus variées.

ÉRYSIPÈLES. — Ce sont des maladies très communes, survenant spontanément ou à la suite des plaies, et caractérisées par l'inflammation superficielle de la peau avec rougeur, gonflement et un certain degré de fièvre. Les érysipèles se montrent plutôt à la face et au cuir chevelu que dans toute autre région. Ils sont si fréquents à l'âge critique que certaines femmes en ont un chaque mois pendant deux ou trois années consécutives. Un froid, l'insolation, l'encombrement, les plaies en sont les causes déterminantes les plus ordinaires.

Au début, le malade ressent des frissons, du malaise, de la céphalalgie, de la soif, le défaut complet de l'appétit; puis, au bout de trois ou quatre jours, la rougeur paraît en une plaque limitée par un bourrelet, celle-ci s'étend, devient rouge livide, se couvre parfois de phlyctènes et guérit au bout de quatre à cinq jours s'il ne se forme pas d'autres plaques qui peuvent faire durer la maladie jusqu'à deux ou trois septénaires. Quoi qu'il en soit, le pronostic n'est généralement pas grave, et la terminaison par gangrène qui peut occasionner la mort ne s'observe presque jamais.

Le traitement est fort simple : il consiste à recouvrir la plaque érysipélateuse de poudre d'amidon, de cérat ou de compresses d'eau de fleurs de sureau. On purge ensuite le malade, on le fait tenir chaudement, on le laisse pendant quelques jours à la diète et la guérison ne tarde pas à survenir.

CALCULS. — Les calculs sont des concrétions pierreuses, variables de composition et de forme, pouvant se développer dans l'intérieur de plusieurs organes, tels que le foie (calculs biliaires), la prostate (calculs prostatiques), les reins (calculs rénaux), la vessie (calculs vésicaux), etc. Ces derniers sont les plus fréquents. Nous allons en donner une description succincte.

En général, il n'existe qu'un seul calcul dans la vessie ; son volume peut atteindre 7 à 8 centimètres de long sur 6 de large ; son poids équivaut parfois à plus de 100 grammes ; sa forme est oblongue ou arrondie, sa couleur blanche ou fauve, sa consistance molle si le calcul est phosphatique, dure s'il est urique, très dure s'il est oxalique, c'est-à-dire s'il est formé de phosphate, d'urate ou d'oxalate de chaux.

On peut devenir calculeux à tout âge, l'homme bien plus souvent que la femme, et surtout l'homme à l'âge de retour; alors les rétrécissements de l'urèthre, l'hypertrophie de la prostate empêchent l'émission complète de l'urine, celle-ci stagne dans le bas-fond de la vessie, les sels qu'elle contient s'y déposent et leur agrégation constitue la *pierre*. L'homme qui en est porteur ressent une douleur vive à l'extrémité de la verge, il a des envies fréquentes d'uriner, des pissements de sang; le mal fait des progrès, la fièvre survient, les urines finissent par devenir purulentes, la mort emporte le patient épuisé par la souffrance, le marasme ou la fièvre urineuse. Au contraire, lorsque la pierre est enlevée, tous les accidents disparaissent, il s'opère chez le malade une véritable résurrection.

Le traitement est donc très utile. On prévient la formation des calculs par l'usage des eaux minérales alcalines (Vichy, Vals, Royat), par un régime spécial, les douches froides, l'exercice, le grand air, la suppression des alcools et de la bonne chère. On guérit les calculs au moyen des dissolvants pris à l'intérieur, tels que le bicarbonate de soude, et, s'ils ne réussissent pas, on peut avoir recours à deux opérations : la lithotritie ou la taille. La première consiste à broyer la pierre dans la vessie de façon à ce que les débris puissent être chassés en urinant par le canal de l'urèthre. La seconde a pour but d'ouvrir le périnée ou le ventre afin d'en extraire le calcul par cette nouvelle voie. Pour broyer la pierre, le chirurgien se sert d'une sonde métallique particulière, terminée par deux becs qui s'ouvrent à volonté, la saisissent, la brisent en rapprochant les cuillers avec quelques tours de vis et en amènent les débris au dehors en la retirant. Pour extraire la pierre, on fait une fente au périnée, région située entre le scrotum et l'anus; il suffit

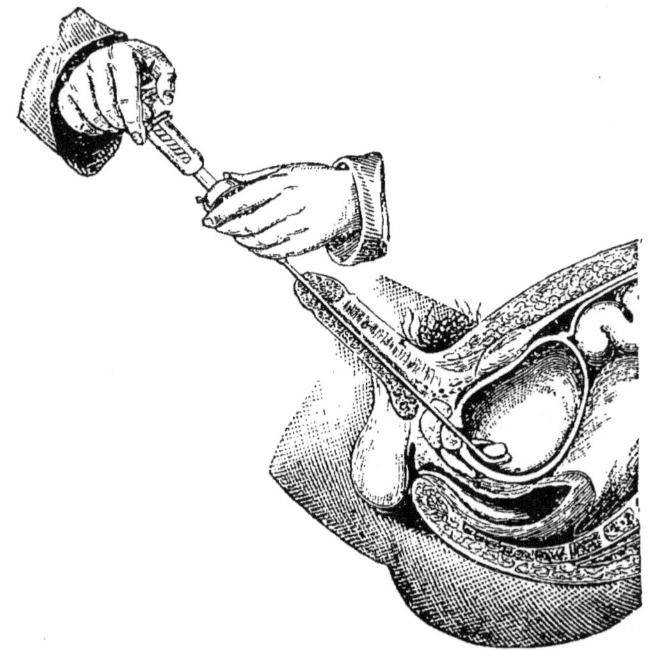

Fig. 25. — Position du brise-pierre et des mains dans la lithotritie.

ensuite de se servir adroitement du lithotome et des pinces pour la sortir de la vessie. Ces deux opérations sont graves, mais elles réussissent le plus souvent, grâce aux progrès de la chirurgie moderne.

CANCERS. — Les cancers, maladies de l'âge critique par excellence, sont des tumeurs malignes qui attaquent tous les tissus, tous les organes du corps humain. Ils se présentent sous plusieurs formes : le *squirrhe* est dur ; l'*encéphaloïde*, mou ; le *colloïde*, gélatineux ; le *mélanique*, noir, etc. Ils sont caractérisés, en outre, par deux symptômes principaux : la tendance à l'extension et à la récidive sur place, la tendance à la généralisation. Les plus fréquents sont ceux du sein, de l'utérus, de l'estomac, du rectum.

Tous les cancers débutent par une tumeur qui va en grossissant et s'étend ensuite aux ganglions lymphatiques voisins. Plus tard, la tumeur s'ulcère ; elle sécrète un pus ichoreux, sanguinolent, infect. Le malade s'épuise, ses forces diminuent, l'amaigrissement augmente, la fièvre s'allume, le dégoût des aliments se prononce, les douleurs deviennent lancinantes, insupportables, la pâleur et la teinte jaune paille de la face s'accentuent toujours davantage au point de devenir un signe caractéristique de la maladie. A ce moment-là, la diathèse cancéreuse est portée à un tel degré qu'il suffit de quelques jours pour voir le patient succomber au milieu des plus horribles souffrances.

Il n'y a qu'un seul traitement qui ait de l'importance, c'est l'ablation précoce de la tumeur, surtout si on a pris la précaution d'extirper toutes les racines qui s'étendent souvent à une certaine distance du centre malade. On obtient alors les meilleurs résultats et les récidives sont rares. Dans le cas où le cancéreux se présente trop tard au chirurgien, l'opération n'est plus faisable. Celui-ci doit se contenter de remèdes palliatifs en attendant la terminaison fatale qui ne sera pas de longue durée.

HÉMORROÏDES. — On donne ce nom aux tumeurs variqueuses des veines de la partie inférieure du rectum, produisant par périodes un écoulement de sang par l'anus. Ces tumeurs peuvent être internes ou externes, sèches ou fluentes. Leur apparition est marquée par une sensation de pesanteur, de chaleur et de prurit au fondement. Les selles sont pénibles, douloureuses; un suintement parfois séreux, parfois sanguin en résulte, mais le malade n'en continue pas moins à présenter un état général satisfaisant.

Si les hémorrhoïdes sont internes, elles occasionnent de la gêne dans la défécation sans aucun trouble fonctionnel manifeste. Si elles sont externes ou si elles sont internes et procidentes, c'est-à-dire si elles sortent au dehors à la suite des efforts, le sphincter de l'anus peut les étrangler, et alors le bourrelet hémorrhoïdal devient noirâtre, il peut se gangrener et survenir soit une inflammation consécutive, soit des abcès stercoraux, soit des trajets fistuleux d'une certaine gravité.

On ne doit rien faire pour obtenir la suppression des hémorrhoïdes, de crainte que ce sang ne reflue à l'intérieur et ne détermine des phlegmasies viscérales ou quelque attaque d'apoplexie. On se contentera de prescrire des bains tièdes, des lavements émollients, de légers laxatifs. On fera rentrer la tumeur qui sera sortie, on prescrira ensuite des injections astringentes et un bandage approprié pour la maintenir en place. Une opération chirurgicale ne sera indiquée que lorsque le malade n'aura pu être soulagé par aucun autre moyen.

HYDROPISIES. — Les hydropisies sont des épanchements de sérosité dans le tissu cellulaire sous-cutané ou dans les cavités naturelles du corps. L'hydropisie du tissu cellulaire est désignée sous le nom d'*anasarque*, quand elle est généralisée à toute la surface de la peau ; elle a reçu le nom d'*œdème*, lorsqu'elle est circonscrite à une région (œdème de la face, du cou, des membres inférieurs, etc.). L'hydropisie des cavités naturelles a pris des noms différents suivant son siège : l'hydropisie du crâne s'appelle *hydrocéphalie;* celle de la poitrine, *hydrothorax;* celle de l'abdomen, *ascite.* Enfin les hydropisies peuvent être classées d'après les causes qui les ont déterminées et l'on a alors : 1° les hydropisies mécaniques ou causées par un obstacle à la circulation veineuse, comme les produisent certaines maladies du cœur, du foie, des reins et certaines tumeurs ; 2° les hydropisies cachectiques ou engendrées par l'appauvrissement du sang, comme on en observe plusieurs à la suite de l'anémie et d'un grand nombre de maladies graves ; 3° les hydropisies essentielles ou occasionnées par un refroidissement, comme quelques-unes se déclarent par abolition des fonctions de la peau.

Toutes les hydropisies produisent des symptômes locaux, tels que gêne, gonflement, pesanteur, bouffissure sur le point malade, et des symptômes généraux : soif, constipation, urines rares, etc. Leur durée est variable; elles persistent souvent pendant des mois, rarement pendant des années entières. Leur terminaison est presque toujours mortelle, car il n'y a guère que les hydropisies essentielles qui guérissent ; les autres peuvent disparaître, mais elles se reproduisent au bout d'un temps plus ou moins long et il est bien rare qu'après la troisième récidive la guérison survienne.

Le traitement consiste à combattre la cause de la maladie et à faciliter la disparition du liquide. Pour satisfaire à la première indication, il faut employer, suivant les cas, les médicaments cardiaques, antiphlogistiques, toniques, ferrugineux, etc. La seconde indication commande l'usage des purgatifs, diurétiques, sudorifiques, résolutifs, vésicants; s'ils ne réussissent pas, on évacue la sérosité par la ponction ; un régime sévère est de rigueur.

CHAPITRE XIX

VIEILLESSE

Dernière période de l'existence. — Sobriété en tout et pas d'excès. — Bien mâcher et bien marcher pour bien digérer. — Les amours du vieillard sont dégradantes, exemple à l'appui. — La coquetterie de la femme à cet âge est le comble de l'infamie, exemple. — Bonheur des époux qui ont toujours vécu dans une harmonie parfaite. Faculté de procréer éteinte chez la femme; elle n'en est pas moins l'ange du foyer qu'on écoute et qu'on vénère. — Puissance prolifique du vieillard jusqu'à quatre-vingts ans. — Hygiène privée : choix des aliments, boissons, etc. — Hygiène publique : propreté des rues, logements, etc. ; bouges sordides et palais somptueux. — Maladies de la vieillesse, leur traitement.

Enfin nous arrivons au terme de notre course. Nous avons parcouru les principales périodes de la vie. Nous avons fait ressortir d'abord les avantages et les inconvénients qui sont inhérents à chacune d'elles. Nous avons montré ensuite la voie à suivre pour prolonger autant que possible notre existence. Toujours nous n'avons pas été écouté. Un grand nombre ont négligé nos préceptes, oublié nos enseignements. Ils ont quitté le grand chemin qui conduit à la longévité humaine et sont entrés dans les sentiers périlleux du vice, du déshonneur, des infirmités et de la mort. Les tempéraments robustes, les constitutions vigoureuses, inébranlables, ont résisté sans doute ; mais tous les autres ont disparu, de telle sorte qu'à soixante ans il en manque beaucoup qui seraient, à cet âge, pleins de vie et de santé.

Hé bien ! notre tâche n'est pas encore finie. Nous allons faire ressortir que l'homme, à l'époque de la vieillesse, doit être d'une prudence excessive, d'une sobriété exemplaire. Il ne doit pas faire le moindre écart de régime, le plus léger excès de boisson. Ses repas seront pris en petite quantité et à heures fixes. Le déjeuner et le diner suffiront amplement à son entretien, à moins qu'un état maladif particulier ne commande des indications différentes. Le premier de ces repas sera assez abondant pour permettre la restauration des forces. Le second le sera moins, il se fera bien avant le coucher ; la digestion sera alors à peu près terminée, il n'y aura pas à craindre, dans le courant de la nuit, des désordres organiques graves, tels qu'une congestion cérébrale ou une attaque d'apoplexie foudroyante.

Il est de fait notoire que le vieillard a de la tendance à manger plus qu'il ne convient. Et pourtant son estomac devenu paresseux fonctionne avec plus de difficulté, ses dents usées triturent mal les aliments, ses jambes sont faibles, sa marche pénible ; il reste parfois assis une grande partie de la journée. Or, je sais par expérience, et d'après un vieux proverbe que « *bien mâcher et bien marcher sont deux conditions pour bien digérer* ». Le vieillard ne pouvant remplir parfaitement ni l'une, ni l'autre de ces deux fonctions, il n'y a rien d'étonnant qu'il ne soit sujet à des dérangements multiples dont la gravité peut devenir mortelle. Je sais aussi que jamais on ne m'a fait lever la nuit pour quelqu'un qui n'avait pas dîné, tandis que le contraire s'est présenté bien souvent. Par conséquent, si la frugalité est toujours utile, c'est surtout à l'âge qui nous occupe qu'elle mérite d'être sérieusement recommandée.

Comme l'enfant, le vieillard a besoin de soins continuels. Comme lui, il est fragile, délicat, susceptible de tomber malade sous l'influence du plus plus petit écart. Il le sait et il n'en continue pas moins quelquefois sa vie de débauches qu'il menait auparavant. Aussi ses amours sont dégradantes, honteuses, ignobles ; il devient la risée de tout le monde, se rend coupable des plus ridicules bassesses ; en un mot, il sacrifie tout à sa passion : son honneur, sa fortune, sa vie. L'exemple suivant, raconté par J.-H. Prudhon (1), en est une preuve manifeste.

« M. de S..., chef d'une des plus honorables familles du faubourg Saint-Germain, fréquentait assidûment les cercles du demi-monde ; possédant une grande fortune, encore vert malgré son grand âge, d'une élégance irréprochable, d'un maintien tout aristocratique, d'une politesse exquise, géné-

____

(1) Prudon. *Nouveau tableau de l'amour conjugal*, Paris, p. 342.

reux comme un prince russe, du temps où les princes russes
étaient généreux, il avait beaucoup de succès auprès de ces
filles habituées aux humiliations, exposées aux grossièretés
de la multitude. Il connaissait toutes les actrices de Paris et
avait chez elles ses grandes et ses petites entrées; cependant on ne lui connaissait point de liaison illicite, et tout
portait à croire qu'il n'allait chercher dans ces sociétés que
des distractions de mauvais goût.

« Un jour il se trouva pris au cœur par une petite fille qui
venait de débuter dans un théâtre de genre. Rouée, fine
mouche, la gaillarde sut si bien profiter de la passion qu'elle
avait inspirée, qu'au bout de quelques mois elle avait abandonné la loge de ses parents pour aller se prélasser sur les
canapés en velours capitonné qu'elle devait aux libéralités
du vieux gentilhomme. Bientôt elle eut domestiques, chevaux, voitures, appartements somptueux, diamants, toilettes
ébouriffantes; et on la rencontrait toujours sur le turf, éta-
lant, dans une magnifique calèche attelée à la Daumont, son
luxe et son effronterie. M. de S..., qui était très jaloux de sa
conquête, ne la quittait plus et se compromettait avec elle
dans tous les lieux publics; à plusieurs reprises, la jeune
impure ne craignit pas d'entraîner sa victime au Jardin Mabille, et de l'exposer à la risée et à la moquerie de tous les
gandins. Il était impossible pour un homme de vieille souche
d'être tombé dans une plus basse honte et d'avoir plus sali
son blason. C'était un grand scandale; la famille voulut intervenir, mais tout fut inutile : le vieillard était de plus en
plus amoureux de la courtisane.

« Celle-ci, bien sûre maintenant de sa proie, le martyrisa le
mieux qu'elle put; c'était sur le pauvre vieux qu'elle passait
toutes ses vapeurs; elle se plaisait à exciter sa jalousie en ou-
vrant sa maison à une foule de beaux jeunes gens qui se faisaient traiter et voiturer par la belle aux frais du marquis.
M. de S... dépérissait à vue d'œil; au bout d'un an de cette vie
boueuse, il n'était plus que l'ombre de lui-même; il avait
rompu pour cette drôlesse avec sa famille et avec ses relations. Les exigences de la courtisane augmentaient tous les

jours, et bientôt M. de S... eut englouti, dans le repaire de tigresse, presque toute sa fortune; je me trompe, la fortune de ses enfants. Le vieillard fut pris d'une paralysie qui lui ôta presque entièrement l'usage de ses jambes. Hé bien! dans cette position, la femme impudique l'entraînait encore le soir au Bal Mabille, le faisait asseoir dans un coin et s'en allait danser et rire avec des gandins. Quand M. de S... fut complètement ruiné, il se vit chasser de la maison où il avait fondu sa fortune, et il mourut deux mois après de misère et de faim dans une chambre garnie de la rue du Four. »

Peut-on imaginer une ignominie plus honteuse, une aberration d'esprit plus profonde! Peut-on se figurer qu'on soit capable de descendre si bas, après être venu de si haut! N'a-t-on pas raison de dire que le vice à cheveux blancs est le plus abject de tous les vices !!!

Ce n'est pas seulement l'homme qui peut souiller ainsi son honneur, son blason, ses vieux ans. La femme, de son côté, renonce difficilement à la coquetterie, à ses plus beaux atours. La vieillesse pour elle est un malheur irréparable qu'elle pleure tout le reste de sa vie (Prudhon). Aussi cherche-t-elle à la dissimuler par tous les moyens en son pouvoir. Elle va se couvrir de honte, de ridicule; mais qu'importe! Il faut qu'elle fasse voir ses toilettes aux théâtres, aux soirées, aux représentations mondaines. Son opinion est arrêtée; elle a toujours cherché à plaire, elle veut continuer comme par le passé, malgré son grand âge. Telle est l'histoire de beaucoup de femmes. Quelques-unes même conservent un amour déréglé qui ferait sourire, s'il ne devenait le comble de l'infamie : en voici un exemple.

La baronne de M... vient d'atteindre sa soixante-cinquième année. Elle fut mariée encore jeune à un riche banquier de Paris qui l'aimait beaucoup et lui laissait trop de latitude pour ses plaisirs. Pendant que Monsieur était retenu par les affaires, Madame allait en voiture au bois de Boulogne ou se rendait à des réunions intimes avec des amis de la famille. Comme elle était très belle femme et fort galante, des liaisons suspectes se formèrent. De mauvaises langues allèrent même jusqu'à dire que ses deux enfants n'étaient probablement pas de son mari. Celui-ci cependant n'en conçut aucun soupçon. Il permit toujours à sa femme de faire des dépenses folles et de mener un train de maison luxueux. Bijoux, parures, toilettes plus élégantes les unes que les autres, rien ne lui manquait. Elle changeait de costume trois ou quatre fois par jour. Lorsqu'elle frisa la cinquantaine, elle ajouta à tout cet attirail le fard, le chignon, le râtelier pour parer à la disgrâce croissante de la nature.

Sur ces entrefaites, le banquier tomba malade et, à la suite d'une attaque de paralysie, resta pendant quinze ans cloué sur son fauteuil. Madame n'en continuait pas moins ses pérégrinations amoureuses. On la voyait courir nuit et jour sans se préoccuper le moins du monde de son mari. Celui-ci voulut lui en faire des reproches, mais toutes les remontrances furent vaines, c'était trop tard... Il mourut de chagrin quelque temps après..., en laissant une grande fortune. La vieille douairière se fatigua vite de porter le deuil. Elle entama bientôt des relations suivies avec le jeune baron de M..., si bien qu'au bout d'un an elle devint sa femme. Ce baron était un beau garçon, viveur de la pire espèce, criblé de dettes ; il avait besoin des écus de Madame pour continuer ses habitudes de débauches. Au début, il fut plein de prévenances pour elle, mais peu à peu il prit la liberté de courir les aventures. Celle-ci s'en aperçut, redoubla de luxe, d'amabilité, de gentillesse dans l'espoir de le ramener à de meilleurs sentiments. Rien n'y fit. Dès lors, l'inconduite des deux époux n'eût plus de bornes. En quelques années, toutes leurs ressources furent dissipées, leurs bien furent vendus. Le mari partit pour l'Amérique. La baronne alla habiter à Ménilmontant dans un petit appartement où personne ne venait la voir... Malgré son extrême misère et sa vieillesse avancée, elle aimait encore à se parer des quelques riches vêtements qui lui restaient... Le remords, le manque du nécessaire rapprocha la fin de son existence. A ses derniers moments, on entendit ces mots : Mon mari !... Mes bijoux !... Mes toilettes !... Et elle expira...

Que d'exemples semblables nous pourrions mettre au jour ! Les deux que je viens de raconter suffiront pour montrer aux vieillards lubriques la honte et la dégradation qu'ils ménagent à leurs cheveux blancs. Cependant, il faut l'avouer, la plupart des hommes et des femmes avancés en âge comprennent mieux leurs devoirs. Ils savent que les moindres abus sont nuisibles, qu'ils n'ont plus la même force, ni la même énergie, ils se modèrent et agissent avec prudence. S'ils ne peuvent pas vaquer aux travaux de l'âge mûr, leur rôle est encore suffisamment beau ici-bas. N'ont-ils pas à s'occuper de leurs enfants et de leurs petits-enfants ? Ne sont-ils pas les précepteurs dont on écoute les conseils, dont on met à profit la vieille expérience ? Ne seraient-ils qu'une ombre au foyer domestique, que cette ombre serait précieuse à leurs descendants pour leur éviter les écueils qu'ils rencontrent à chaque pas dans les sentiers de la vie.

Seuls les débauchés sont nuisibles à eux-mêmes

et à charge à leurs familles. Comme ils ont vécu
dans l'orgie, ils sont usés, infirmes, incapables de
rendre aucun service. Personne ne les aime. La
société les réprouve. La vieillesse est pour eux la
source de tous les chagrins, de toutes les déceptions. Aussi murmurent-ils sans cesse et lorsqu'ils
contemplent d'un œil avide le grand nombre de
jours qu'ils ont passés dans la considération, la joie
et les plaisirs, ils sont anéantis de finir si misérablement au milieu de l'abandon et du mépris public. O justice humaine tu n'es pas un vain mot,
puisque tu stygmatises de l'opprobre le vice et
l'infamie !

« Mais ceux qui ont suivi, dit Prudhon, une voie
plus conforme à la nature, au bon sens, à l'honneur ; qui se sont mariés et qui ont trouvé l'amour
dans le mariage ; qui ont des enfants qu'ils ont
toujours gardés près d'eux, ceux-la ne murmurent
pas contre la vieillesse, ils la considèrent comme
l'oasis où le voyageur s'arrête pour regarder le
chemin parcouru, prendre haleine et se recueillir
avant de terminer la carrière. Ils puisent au sein
du ménage, dans ce *sacrarium domus*, comme
disent les anciens, un charme inexprimable ; ne
sont-ils pas, dans le cénacle de la famille, les ora-
teurs dont on écoute la voix toujours vénérée? Bien
certainement la vieillesse, pour qui la considère
sous son véritable aspect, est une des époques de
la vie qui procure le plus de plaisirs purs, le plus
de joies ineffables, et le but cherché doit être de
la prolonger par la pratique d'une bonne hygiène.

La règle à suivre se formule par un aphorisme bien simple : évaluer les forces qui restent, les exciter et les soutenir avec art, afin de jouir de la vie le plus possible, le mieux possible et le plus longtemps possible ».

Tel est le vrai devoir. N'y manquons pas et notre vie s'étendra au delà des limites que franchissent le commun des mortels.

A cet âge, la faculté de procréer s'est éteinte chez la femme avec la menstruation. L'utérus et les ovaires ont perdu leur activité organique. Il n'y a plus de sécrétion d'ovules, ni de conception subséquente. L'épouse est morte à la vie de l'espèce ; ses charmes se sont envolés, sa beauté a disparu ; mais il lui reste les qualités du cœur et de l'esprit qu'elle conserve souvent intactes jusqu'à ses derniers moments. Cela suffit pour la rendre digne de respect et d'admiration. Et d'ailleurs on n'a pas oublié ses titres d'épouse et de mère. Elle a été toujours prévenante, dévouée, fidèle à son mari. Elle a consacré sa vie à l'éducation de ses chers enfants. La frivolité de caractère n'est jamais entrée dans ses goûts. Le dévouement le plus absolu a été sa ligne de conduite invariable. Aussi son époux l'adore, ses enfants la vénèrent. Elle est l'ange du foyer qu'on écoute avec déférence, qu'on soigne avec amour, qu'on pleure enfin avec des regrets éternels lorsque la mort impitoyable vient l'arracher à l'affection de toute sa famille.

Le vieillard également a sa part non moins grande de vénération quand il s'est comporté suivant les lois de l'équité et de l'honneur. N'a-t-il pas été l'homme intègre, le travailleur émérite, le chef qui a fait prospérer la maison? N'est-il pas juste qu'à son tour il reçoive un tribut de reconnaissance proportionnel aux services qu'il a rendus? Bien ingrat serait le fils qui oublierait ses devoirs envers un si bon père. Son autorité doit grandir avec les années. Ses conseils doivent être des oracles. Et lorsque le moment de la décrépitude est venu, lorsque l'usure sénile a aboli la mémoire, paralysé les membres, ruiné de fond en comble la constitution, des soins pieux lui sont réservés jusqu'à l'heure où, heureux et chéri de tous les siens, il exhale entre leurs bras le dernier soupir.

Avant d'en arriver à la caducité complète (1), la plupart des vieillards conservent intacte la puissance prolifique. Leurs testicules continuent à sécréter le sperme, celui-ci renferme des spermatozoïdes, c'est-à-dire des animalcules pouvant donner la vie à un être nouveau, et, malgré cela, ces vieillards, restent généralement inféconds. A quoi tient une pareille anomalie? Évidemment à plusieurs causes. La première, c'est que l'érection et l'éjaculation sont moins parfaites, la liqueur séminale est lancée moins haut dans les organes génitaux internes de la femme et a moins de chance d'arriver sur le théâtre de la conception. En second lieu, les spermatozoïdes ne possèdent plus la même vitalité. Pendant la jeunesse et l'âge mûr, ils ont la tête

____

(1) Vieillesse de 60 à 70 ans, caducité de 70 à 80, décrépitude de 80 à 100 ans.

petite et la queue allongée. Leurs mouvements sont
faciles ; leur progression est certaine. A soixante
ans, la tête grossit et la queue se raccourcit au
point qu'à un moment donné, ces espèces de té-
tards n'ont plus de queue, la tête a tout envahi.
Alors leurs mouvements sont devenus impossibles
et la fécondation également. Mais comme quelquefois tous les spermatozoïdes ne sont pas frappés
chez le même sujet de la même déchéance, il s'ensuit que quelques-uns de ces germes ont pu conserver leur queue, leurs mouvements, et ont produit
la fécondation malgré l'âge très avancé des vieillards qui les fournissaient. On a cité des cas au-
thentiques, et qu'on ne peut révoquer en doute,
d'individus qui ont fait des enfants à l'âge de soixante-cinq, soixante-dix et même quatre-vingts ans.
D'où il résulte que si la femme a totalement perdu
ses facultés procréatrices à sa soixantième année,
l'homme peut les conserver jusqu'à une époque
beaucoup plus éloignée.

Ce sont des exceptions sans doute ; en général à
quarante-cinq et soixante ans la femme et l'homme
cessent de se reproduire. Mais il y a encore un certain
nombre de tempéraments robustes que l'âge ne
vieillit pas et qui conservent leurs attributs pro-
créateurs bien au delà des limites ordinaires.

Du reste, on prolongera de beaucoup ces aptitudes génératrices et la longévité humaine en suivant
les règles de l'hygiène publique et privée. Faire un
choix judicieux des aliments, des vêtements et des
boissons, limiter le nombre des repas, vivre avec

sobriété, ne pas s'exposer aux intempéries des saisons, habiter des appartements sains et suffisamment grands pour que l'air puisse se renouveler sans cesse, éviter les excès de toute sorte. Voilà les préceptes hygiéniques qui regardent chacun de nous en particulier.

Quant à l'hygiène générale, on ne saurait trop recommander aux municipalités des villes la propreté des latrines publiques, des rues, des logements, et même souvent ces mesures ne suffisent pas pour assainir les quartiers populeux; alors il y a un moyen à mettre en pratique qui a toujours réussi, c'est de démolir ces quartiers pour les reconstruire en traçant de larges rues transversales et longitudinales, destinées à permettre l'accès de l'air, de la lumière, du soleil, les seuls éléments capables de revivifier les santés et d'empêcher les épidémies. A cet effet, les administrations communales contracteraient avec une compagnie immobilière pour une expropriation en bloc, cette compagnie se constituerait en société, émettrait des actions, auxquelles toute la ville pourrait participer, autant les ouvriers que les boutiquiers et les patrons. Lorsque la pioche du démolisseur aurait fait disparaître les cloaques infects, les bouges sordides, la truelle du maçon réédifierait un quartier nouveau, élégant, qui deviendrait le centre du commerce et dont le résultat financier serait bon pour la ville et pour la société. C'est ainsi qu'on a fait à Paris et dans quelques grands centres urbains, c'est ainsi qu'on devrait faire pour la plupart de nos cités.

Bâtir au commerçant un palais somptueux, donner à l'ouvrier un logement sain et à la portée de ses ressources, n'est pas impossible. Qu'on se mette à l'œuvre et l'on fera la meilleure hygiène qu'on puisse désirer. Le vieillard gagnera à ces mesures sanitaires quelques années de plus d'existence.

Mais la vie a des limites. Les plus grandes précautions, les soins les plus minutieux parviennent souvent à les reculer; à les supprimer, jamais. Il arrive un moment où le dernier souffle emporte le patient soit à la suite d'une maladie, soit à la suite de l'usure sénile des organes. Les principales maladies de la vieillesse sont l'asthme, le catarrhe suffocant, le ramollissement cérébral, l'apoplexie et la paralysie.

Asthme. — L'asthme est une affection nerveuse, caractérisée par des accès de suffocation qui surviennent habituellement la nuit et se terminent au bout de deux à quatre heures par une expectoration plus ou moins abondante. C'est une maladie souvent héréditaire qui débute, en général, pendant l'âge adulte pour prendre une intensité considérable à l'époque de la vieillesse. L'asthme est sec ou essentiel, c'est-à-dire sans lésion organique appréciable, il constitue alors un brevet de longue vie; sinon il est humide ou symptomatique d'une lésion viscérale du cœur ou des poumons, et dans ce cas il présente toujours une certaine gravité. Quoi qu'il en soit, il attaque toutes les classes de la société, les hommes plutôt que les femmes; une contrariété, une odeur forte, le froid humide, les poussières, l'air confiné sont les causes qui le déterminent le plus souvent.

Voici la description succincte d'un accès d'asthme : le malade s'étant couché bien portant, est réveillé brusquement pendant son premier sommeil par un sentiment d'angoisse, il suffoque, se met sur son séant et ne parvenant pas à respirer à son aise, il se précipite vers la fenêtre, l'ouvre, se penche au dehors pour aspirer l'air à pleins poumons. Si cela ne suffit pas, il se laisse tomber sur un siège, et là, le corps incliné, les bras fortement cramponnés à un plan résistant, les yeux en larmes, la face cyanosée, le front couvert de sueur, il finit par obtenir à grand'peine une courte inspiration suivie d'une expiration prolongée, sifflante, qui s'entend au loin et se termine par l'expectoration de quelques crachats visqueux. Cet état dure d'une à trois ou quatre heures au bout desquelles les symptômes s'amendent et le calme se rétablit. Parfois cinq ou six accès semblables se répètent pendant cinq à six nuits consécutives. Cet ensemble de phénomènes constitue une attaque d'asthme qui peut tarder à se reproduire des mois ou même des années. D'où il s'ensuit que l'asthme sec a une durée indéterminée, le plus souvent il persiste toute la vie, quelquefois il guérit radicalement. L'asthme humide finit par amener la mort au bout d'un certain temps.

Son traitement consiste pendant l'accès à appliquer des sinapismes aux membres inférieurs, à brûler dans la chambre des papiers antiasthmatiques, à faire fumer des cigarettes de stramoine, belladone, lobélie, etc., à faire inhaler de l'iodure d'éthyle dont on a versé quelques gouttes sur un mouchoir, à pratiquer dans les cas graves des injections sous-cutanées de morphine. En dehors de l'accès, on peut obtenir la guérison avec l'administration de l'iodure de potassium à la dose de 1 à 2 et 3 grammes par jour. Les eaux sulfureuses, les bains d'air comprimé, l'hydrothérapie rendent aussi quelques services. Enfin le régime n'est pas à dédaigner, il a pour but d'éviter les variations brusques de température, le vent, la poussière, les excitants de toute espèce : vin, café, liqueurs, etc.

CATARRHE SUFFOCANT. — On appelle *catarrhe suffocant, bronchite capillaire, pneumonie lobulaire, pneumonie des vieillards* une inflammation aiguë des petites bronches et des lobules pulmonaires qui y correspondent. Elle est caractérisée par la perte subite de l'appétit et des forces, une toux fréquente, une expectoration pénible, spumeuse, parfois striée de sang, une fièvre intense, une dyspnée extrême, à tel point que le malade menace de s'étouffer à chaque instant. On trouve de la submatité à la percussion et on entend à l'auscultation des deux côtés de la poitrine les râles sous-crépitants fins qui sont le caractère distinctif de la maladie.

Le catarrhe suffocant est une affection des plus graves. Il tue au bout de quatre à huit jours la plupart des vieillards qui en sont atteints. Le mal se présente quelquefois à l'*état latent*, sans fièvre, sans toux, sans douleur de côté, sans expectoration ; la gêne de la respiration seule est très accentuée et à la percussion ainsi qu'à l'auscultation on trouve les signes qui le caractérisent. Il n'en prend pas moins des proportions alarmantes, puisque sa terminaison est le plus souvent fatale.

Le traitement est celui de la bronchite et de la pneumonie aiguës, mais plus actif et plus énergique. En conséquence, il faut des sangsues, des vomitifs, des expectorants, des purgatifs et de nombreux vésicatoires volants. Il faut aussi surveiller attentivement les forces du malade, ne pas le laisser à la diète, lui donner dès le début du bouillon, des potages, du vin, de la peptone, du quinquina, plus tard une alimentation tonique et reconstituante.

RAMOLLISSEMENT CÉRÉBRAL. — On doit entendre sous le nom de *ramollissement cérébral, ramollissement sénile, gangrène sénile du cerveau*, la gangrène d'une partie de l'encéphale, consécutive à l'oblitération des artères chargées de le nourrir. Cette oblitération peut être produite par l'ossification des artères (*athérome*), par leur dégénérescence graisseuse ou par la formation (*thrombose*) ou l'arrêt (*embolie*) d'un caillot sanguin dans leur intérieur. Le ramollissement du cerveau se déclare du reste de la même façon que la gangrène d'un membre qui ne reçoit plus une suffisante quantité de sang. L'abus des boissons alcooliques et la vieillesse sont ses deux causes déterminantes.

Cette maladie débute par une douleur fixe à la tête, un affaiblissement marqué de l'intelligence et de la mémoire, la difficulté de la parole, la tendance au sommeil, les troubles de la vue et de l'ouïe, l'engourdissement et le fourmillement des membres ; puis il survient subitement ou par degrés une paralysie incurable. Sa durée est de plusieurs jours, plusieurs mois et souvent de plusieurs années. Sa terminaison est constamment funeste.

Le traitement consiste à faire usage de l'infusion d'arnica, des révulsifs, des purgatifs drastiques, des alcalins, des eaux minérales, des frictions stimulantes et d'un régime sévère. Toutes les règles de l'hygiène doivent être observées avec la plus grande exactitude.

APOPLEXIE. — *L'apoplexie du cerveau* ou *l'hémorrhagie du cerveau* est due à la rupture d'une artère et à l'épanchement du sang dans la pulpe cérébrale plus ou moins déchirée ; de là trois sortes d'hémorrhagie : la faible, la moyenne et la foudroyante.

L'hémorrhagie faible se borne à une absence ou à une perte de connaissance de courte durée, à une paralysie partielle dont les phénomènes morbides se dissipent en cinq ou six jours. *L'hémorrhagie moyenne* ou *paralytique* est la forme la plus ordinaire. Elle occasionne une perte subite de l'intelligence, du sentiment et du mouvement, promptement suivie d'hémiplégie avec déviation de la langue et des lèvres. La parole est embarrassée.

Le patient ne peut trouver les mots qu'il veut prononcer. Plus tard les symptômes s'améliorent, la paralysie diminue progressivement en commençant par la face, puis la jambe et enfin le bras qui reste toujours plus ou moins contracturé jusqu'à ce qu'une nouvelle attaque survienne et emporte le malade. L'*hémorrhagie foudroyante* ou *apoplectique* laisse l'individu comme foudroyé ; il ressemble à une masse inerte dont on ne peut connaître la vie que par la persistance des pulsations artérielles et des mouvements respiratoires. La mort survient au bout de quelques heures ou de trois ou quatre jours au plus sans que le malade puisse ni parler, ni avaler, ni reconnaître personne.

Rare avant trente ans, l'hémorrhagie devient très fréquente, au contraire, à partir de soixante ans. Les hommes y sont plus sujets que les femmes. La constitution apoplectique caractérisée par la petitesse de la taille, l'obésité, le teint rouge, les yeux injectés, la tête grosse, le cou court y prédispose. L'alcool et l'opium ont une influence certaine sur sa production. Il en est de même de l'hypertrophie du cœur, d'une insolation prolongée, des efforts de défécation, de toux, de coït, etc.

Quand l'attaque d'apoplexie vient d'avoir lieu, il faut prescrire les sangsues, les ventouses ou les purgatifs, recouvrir les membres inférieurs de moutarde, faire usage des frictions révulsives. Ensuite, lorsque la paralysie persiste, il sera utile d'employer la strychnine, l'électricité, les bains de mer, les bains de Balaruc, etc. Mais ce n'est pas tout.

Comme les individus qui ont été atteints d'une hémorrhagie du cerveau sont sujets à être frappés d'une seconde attaque, toujours plus grave que la première, il faut la prévenir par la privation du vin, des viandes noires, des liqueurs fortes, des veilles prolongées. Manger peu surtout au repas du soir, se coucher tard, se lever de bonne heure, se purger tous les quinze jours, se promener souvent, ne s'inquiéter jamais, tel est le vrai moyen d'éviter les attaques d'apoplexie lorsqu' on est arrivé à un certain âge.

PARALYSIE. — La paralysie est l'abolition plus ou moins complète du mouvement dans un ou plusieurs muscles de l'organisme. Si elle frappe la moitié droite ou la moitié gauche du corps, on l'appelle *hémiplégie;* si elle s'étend à la moitié inférieure, elle prend le nom de *paraplégie ;* si enfin elle est localisée à une partie limitée, comme à une paupière, un bras, une jambe, un muscle, un organe, on a une *paralysie partielle.*

Les causes des paralysies sont très variables, ce sont la vieillesse, le froid, les poisons, les tumeurs, l'hystérie, la chlorose, la syphilis, la convalescence de certaines maladies, l'hémorrhagie et le ramollissement cérébral, les vers intestinaux, etc., etc., qui les occasionnent le plus souvent. Leur invasion est brusque ou graduelle ; leur durée indéfinie ou temporaire. Elles sont souvent accompagnées d'une anesthésie complète : on peut irriter, piquer la partie paralysée sans que le malade en ait la moindre conscience. Elles n'ont pas la même gravité, et tandis que la paralysie hystérique guérit très bien, les paralysies cérébrales et médullaires guérissent fort rarement.

On conçoit que le traitement doit varier d'après les causes qui les ont produites. Ainsi les paralysies rhumatismales seront traitées par les bains de vapeur, les paralysies syphilitiques par l'iodure de potassium, les paralysies chlorotiques par le fer, etc. Toutes recevront de bons effets des frictions stimulantes, des courants galvaniques, de l'exercice, du massage, des bains, des fumigations et de certaines eaux minérales.

CHAPITRE XX

AGONIE ET MORT

L'agonie est la lutte suprême de la vie contre la mort. Qu'on fixe sa pensée sur ce combat terrible, qu'on en scrute toutes les péripéties navrantes et l'on verra que c'est le plus triste moment qu'on ait à passer sur la terre. Figurez-vous un moribond, homme, femme ou enfant, étendu dans son lit de douleur comme une masse inerte, exécutant parfois quelques mouvements automatiques sans aucune signification ; sa face est blême, ses yeux sont ternes, ses joues creuses, son aspect fait pitié à voir ; l'intelligence, la parole, la déglutition sont le plus souvent abolies. On observe en même temps une respiration longue, suspirieuse, râlante, un pouls irrégulier et misérable. Ajoutez à cela un affaissement extrême, une pâleur cadavérique, quelques mouvements respiratoires de plus en plus rares, puis un dernier souffle plus pénible que les autres, accompagné d'une secousse momentanée de tout le corps, qui arrache des larmes aux assistants, et tout est fini, la vie s'éteint, le corps entre dans l'éternelle immobilité : voilà l'agonie avec toutes ses conséquences.

Dans les maladies chroniques ou aiguës, elle dure pendant des heures, quelquefois, quoique rarement pendant des jours. En cas de mort subite, occasionnée par submersion, pendaison, décapitation, ou rupture d'un vaisseau artériel important, sa durée n'est que de quelques minutes : les idées se troublent, la connaissance se perd, la pupille se contracte et l'individu meurt en un instant, après avoir présenté les principaux phénomènes de l'agonie.

« Ainsi (1), quelle que soit la cause de la mort, elle est toujours précédée de symptômes précurseurs plus ou moins évidents, et l'on aurait tort de croire qu'on meurt sans agonie. Fort pénible et très prolongée chez les uns, elle est fort courte, au contraire, chez les autres : voilà toute la différence. »

Quoi qu'il en soit, tous les agonisants ne pré-

_____

(1) Bouchut. *Traité des signes de la mort*, 1883, 3ᵉ édition.

sentent pas les mêmes symptômes. A part quelques-
uns qui sont caractéristiques, il en est d'autres
qui peuvent manquer. La température peut être
très basse comme dans le choléra ou très élevée
comme dans la variole, la scarlatine, le rhumatisme articulaire aigu. Certains sujets ont un délire
furieux, trois ou quatre personnes ne sont pas de
trop pour les maintenir dans leur lit ; d'autres s'é-
teignent dans un si grand calme qu'ils cessent de
vivre au moment où l'on s'y attend le moins. Il en
est enfin, et de ce nombre sont surtout les poitrinaires, qui avant de mourir font les adieux les plus
touchants. Ici, c'est une jeune fille qui se recommande aux prières de ses bons parents, qui les fait
venir à son chevet et les embrasse tous avec effusion. Là, c'est un père de famille qui laisse quatre
enfants en bas âge ; il remercie sa femme de l'a-
voir si bien soigné pendant tout le cours de sa
maladie, il lui fait promettre de ne pas abandonner
ces fils chéris qui faisaient sa consolation et son
bonheur, il prononce encore quelques paroles inintelligibles et rend son âme à Dieu pour toujours.

Cette séparation éternelle est faite pour attendrir
les cœurs les mieux trempés. Aussi doit-on tenter
tous les moyens pour que la première agonie ne
soit pas la dernière. Quelquefois on peut y réussir.
Quelques maladies aiguës du cerveau ou des poumons, la fièvre typhoïde, certaines affections des
enfants mettent bien bas et pourtant guérissent
très bien dans certains cas avec des soins appropriés. Quant aux autres, et c'est le plus grand

nombre, le rôle du médecin a encore son importance : il rassure le moribond, relève son courage, lui donne l'espérance prochaine de la guérison, jusqu'au moment où une crise suprême vient le ravir à l'affection de toute sa famille.

Lorsque la mort survient à un âge très avancé, elle n'est un événement pour personne. On regrette sans doute le vieillard, on se rappelle les services qu'il a rendus, on voudrait le conserver toujours pour lui offrir en hommages et en respect toutes les attentions qu'il mérite. Mais notre humaine nature est périssable, nos organes s'usent, leur fonctionnement se dérange, s'arrête même et la vie a un terme que nous ne pouvons dépasser. Ce qui est triste surtout, c'est de voir tant d'enfants, tant de jeunes gens, tant d'hommes faits mourir sans avoir fourni une existence suffisante. On a employé tous les remèdes, on a fait tous les sacrifices, rien n'a pu les sauver. La mort impitoyable a brisé leur avenir. Nous n'avons plus un parent, un ami, un protecteur, il ne nous reste qu'un cadavre que nous sommes obligés d'ensevelir pour éviter sa putréfaction dangereuse.

Il faut savoir toutefois, avant de procéder à la sépulture, que l'individu est mort et réellement mort. La science ne possède que trop de cas d'êtres humains qu'on croyait décédés et qu'on a enterrés vivants. Cette pensée seule me fait frémir d'horreur. Est-il possible que nous soyons exposés à une fin si tragique ? Eh quoi ! nous serions sujets à être inhumés avant d'avoir fini de vivre, et notre réveil se ferait au fond d'un tombeau ! Non, je ne veux pas y croire. Il me répugne d'admettre qu'on soit condamné à souffrir ainsi mille morts au lieu d'une. Je sais cependant qu'un bon nombre d'affections morbides, telles que la syncope, l'asphyxie, l'hystérie, l'épilepsie, l'éclampsie, l'extase, la catalepsie, la léthargie, simulent parfois à s'y méprendre la mort réelle et il est certain que des personnes étrangères à l'art ont pu s'y tromper, surtout à une époque où la médecine n'avait pas encore fixé de signes certains pour pouvoir s'y reconnaître ; en voici quelques exemples :

OBSERVATION I

MORT APPARENTE ; INHUMATION ET RÉSURRECTION DANS LA BIÈRE (1)

« Un cadet gentilhomme fut forcé d'entrer sans vocation dans un ordre religieux, triste victime de l'ambition de son père ! Ayant fait ses vœux, mais n'étant point encore dans les ordres sacrés, il fit un voyage et trouva dans une hôtellerie où il descendit, le maître et la maîtresse dans la plus grande consternation. Ils venaient de perdre une fille unique d'une grande beauté, avantage qui, joint à leurs richesses, leur faisait espérer pour elle un établissement avantageux. Comme on ne devait enterrer la fille que le lendemain, on pria le religieux de la veiller pendant la nuit. Ce qu'il avait entendu dire de sa beauté avait piqué sa curiosité, il découvrit le *visage* de la prétendue morte, et, *loin de le trouver défiguré par les horreurs de la mort, il y trouva des grâces animées* qui, lui faisant oublier la sainteté de ses vœux, et étouffant les idées funestes qu'inspire naturellement la mort, l'engagèrent à prendre avec la morte (prétendue) les

____

(1) Bouchut. *Traité des signes de la mort*, p. **17**.

mêmes libertés que le sacrement pourrait autoriser pendant la vie. Il ne tarda point à réfléchir sur l'indignité de son action, et honteux de son crime, il partit le lendemain avec précipitation. La léthargie de la fille dura toujours, on se mit en devoir de lui rendre les derniers honneurs. Mais, comme on la portait en terre, on sentit quelques mouvements dans la bière ; on l'ouvrit, on trouva la fille ressuscitée ; elle fut remise au lit et guérit.

« La joie que causa au père et à la mère cet événement inespéré ne fut pas de longue durée. Peu de temps après, des symptômes, trop connus pour s'y méprendre, annoncèrent que la ressuscitée était devenue mère. On l'interrogea vainement sur la cause de cet état ; comment l'aurait-elle avoué, puisqu'elle ne le connaissait pas? Les neuf mois écoulés, elle donna le jour à un enfant aussi beau que le Dieu qui l'avait formé ; et la fille, devenue la fable de la ville où elle demeurait et la honte de ses parents, fut confinée dans un couvent.

« Le religieux, qui ne s'attendait pas aux suites de son caprice ou de son libertinage amoureux, ayant été obligé pour ses affaires de repasser par la même ville, descendit dans la même hôtellerie ; sa fortune avait bien changé de face. Il était devenu fils unique et avait perdu son père, s'était fait relever de ses vœux et jouissait d'un bien considérable, etc. Il épousa la fille. »

OBSERVATION II

MORT APPARENTE ; INHUMATION ET RÉSURRECTION DANS LE TOMBEAU (1)

« Le prince de L... possédait, près de Florence, une habitation où chaque année il allait passer l'été avec sa famille. Cette demeure, loin de ressembler à ces délicieuses *villas* dont sont parsemés les environs de la plupart des villes d'Italie, avait conservé un aspect presque féodal, qui contrastait

(1) Léonce Lenormand. *Des inhumations précipitées*, p. 27.

majestueusement avec la coquette apparence du palais de construction moderne. C'était un antique et noble château, avec ses tours, fossés et chapelle, appartenant, depuis plusieurs siècles, à la famille de L..., qui, comme beaucoup de maisons princières, avait fait construire sous la chapelle un caveau de sépulture. Ce caveau, profondément creusé dans un sol sablonneux, était voûté et revêtu intérieurement de larges dalles de pierre ; de sorte que son état hygrométrique était tel, que les corps que l'on y déposait s'y momifiaient, pour ainsi dire, sans tomber en putréfaction. Cette circonstance, au reste, ne doit point être considérée comme extraordinaire, et, même en France, où les conditions de climature sont infiniment moins favorables, à cause de l'humidité, que celles de l'Italie, il n'est point rare de trouver des terrains (1) qui jouissent de la singulière propriété de conserver intacts les cadavres qu'on leur confie.

« Lorsqu'un membre de la famille de L... était mort, son corps, revêtu de riches habits, était déposé dans une bière ouverte, et, bientôt descendu dans le caveau, il était placé sur les dalles, près d'une longue suite d'aïeux, sans que l'on prît d'autres soins que celui de recouvrir le cercueil d'un drap noir.

« Le prince de L... mourut des suites d'une maladie de langueur, et fut porté avec les cérémonies usitées dans le caveau que nous venons de décrire, et dont la lourde porte se referma vraisemblablement pour longtemps, car il n'avait qu'un fils qui sortait à peine de l'adolescence. Celui-ci avait pour son père une tendresse extrême ; de sorte que, environ un mois après cet événement, il prit la résolution de voyager, pour échapper à la douleur que lui causait la perte cruelle qu'il venait de faire. Mais avant de partir, avant de s'éloigner pour longtemps du château de sa famille, il voulut contempler encore une fois les traits d'un père si tendrement chéri ; il voulut aller répandre quelques larmes sur cette tombe où s'était brisée sa dernière affection. Seul, il marcha donc vers la chapelle funéraire, et après avoir enlevé les barres de fer

____

(1) Les terrains arsénicaux, par exemple.

qui en assujettissaient la porte, il veut l'ouvrir, lorsqu'il sent qu'un obstacle puissant s'oppose à ses efforts. En proie à une inexprimable anxiété, il s'écrie, de toutes parts on accourt à son aide : l'obstacle est surmonté, la porte s'ouvre, etc... Spectacle plein d'horreur ! Cet obstacle, c'était le cadavre du prince de L..., qui, les traits convulsés, était venu mourir de faim contre cette porte qui ne devait plus s'ouvrir pour lui, et dont les ais portaient encore les traces qu'y avaient imprimées ses mains déchirées et tordues dans les angoisses du désespoir. L'infortuné n'avait été tiré du sein de la mort que pour en trouver une mille fois plus cruelle. »

OBSERVATION III

MORT APPARENTE ; INHUMATION ; RETOUR A LA VIE AU BOUT DE VINGT-QUATRE HEURES (1)

« Dans le courant du mois de novembre 1842, un convoi funèbre s'acheminait vers le cimetière d'une des communes du département de l'Hérault. Le convoi était celui d'une sage-femme morte la veille. Tout à coup les porteuses s'arrêtent épouvantées ; elles ont senti une sourde agitation se manifester dans l'intérieur du cercueil. Bientôt les mouvements redoublent ; des cris étouffés se font entendre. On ouvre la bière ; en effet, la malheureuse que l'on allait enterrer était vivante, et venait de reprendre toute sa connaissance. On s'empressa de la reporter chez elle, on lui prodigua tous les secours, mais en vain ; la terreur profonde qu'elle avait éprouvée en revenant à elle l'avait frappée d'un coup mortel, et trois jours après, elle payait de sa vie la funeste précipitation de sa famille. »

OBSERVATION IV

UNE NAISSANCE DANS UNE TOMBE (2)

« Ceci s'est passé à Varsovie.

« Une femme meurt. Comme elle avait été fort maltraitée

(1) L. Lenormand, p. 78.
(2) Le journal *Paris*, 7 décembre 1882.

de son vivant par son mari, celui-ci est soupçonné de meurtre.

« Le bruit parvient à la connaissance de l'autorité. On procède à une exhumation. Quel ne fut pas l'étonnement des assistants de trouver aux pieds du cadavre de la femme un enfant mort nouveau-né !

« Cet enfant était arrivé à son entier développement et il était venu au monde dans la tombe, où il avait vécu quelques heures.

« Ainsi, le tombeau de sa mère avait été en même temps son berceau et son tombeau.

« Quant à la mère, on a constaté qu'elle avait été enterrée vivante, mais ayant perdu connaissance, et qu'à son réveil elle était accouchée de son enfant au milieu de souffrances atroces.

« Ces souffrances ont été révélées par le sang qui s'était desséché sur les lèvres de la pauvre femme, par sa langue que ses dents avaient broyée, et par les doigts des mains qui étaient convulsivement pressés les uns contre les autres. »

Aux faits que je viens de raconter je pourrais en ajouter bien d'autres. Je pourrais faire ressortir aussi que les gémissements de quelques-uns, poussés dans la profondeur des cimetières, ne sont jamais parvenus aux oreilles des vivants. Ces tristes considérations m'amènent à étudier les signes de la mort, à en faire connaître leur importance pour qu'à l'avenir des cas semblables ne puissent pas se présenter. Ces signes doivent se classer sous deux ordres : les signes immédiats et les signes éloignés.

Les signes immédiats sont, d'après M. Bouchut:

1° L'absence prolongée pendant un quart d'heure des battements et des bruits du cœur à l'auscultation ;

2° L'immobilité d'une aiguille enfoncée dans le péricarde ou dans le cœur ou cardiopuncture ;

3° La vacuité de l'artère centrale de la rétine et la disparition de la papille du nerf optique appréciées à l'ophtalmoscope ;

4° La vacuité des capillaires démontrée par l'inefficacité des ventouses scarifiées pour obtenir du sang ;

5° La face cadavérique, la décoloration de la peau et la perte de transparence des mains ;

6° L'absence d'auréole rouge et de phlyctènes à la suite des brûlures de la peau ;

7° L'abolition des sens et de l'intelligence ;

8° Le relâchement de tous les sphincters : anus, pupille, etc. ;

9° L'affaissement de l'œil et l'obscurcissement de la cornée par une toile glaireuse ;

10° L'immobilité du corps ;

11° L'abaissement de la mâchoire inférieure ;

12° La flexion du pouce dans le creux de la main ;

Les signes éloignés, c'est-à-dire ceux qui se manifestent un peu plus tard, sont :

1° Le refroidissement du corps à $+ 22$ degrés centigrades ;

2° L'absence de contractilité musculaire sous l'influence de l'électricité ;

3° La rigidité cadavérique ;

4° La tache scléroticale ;

5° La putréfaction.

J'indiquerai successivement, et en quelques mots,

la valeur de chacun de ces signes. Après cette description, il sera facile, je crois, de se rendre compte
des phénomènes qui accompagnent la mort et d'é-
viter les inhumations prématurées.

L'absence prolongée des battements du cœur à
l'auscultation est un signe certain de la mort. C'est
même, on peut le dire, un de ceux qui méritent le
plus de confiance. On peut observer la perte complète des sens, de l'intelligence et des mouvements,
la pâleur cadavérique, le refroidissement du corps,
la cessation de la respiration, l'absence du pouls,
le défaut de perception des battements précordiaux
à la main, et malgré tout ce cortège de symptômes
effrayants, l'on n'a affaire qu'à une mort apparente
tant qu'on entend les bruits du cœur pour si loin-
tains et si espacés qu'ils puissent être. Mais lorsque cet organe a cessé de battre depuis un quart
d'heure, une heure, et à plus forte raison depuis plus
longtemps, on peut affirmer que la mort est réelle ;
rien, absolument rien, ne rappellera le malade à
la vie. Or, comme on ne procède à la sépulture que
vingt-quatre heures après la déclaration du décès, il
est impossible à un médecin, dans l'état actuel de la
science à moins qu'il ne soit sourd, de pouvoir être
induit en erreur. Il n'en était pas de même il y a
plus d'un demi-siècle ; alors l'auscultation était
mal pratiquée, peu connue. Aussi certains médecins ont pu prendre des cas de syncope ou de
léthargie pour une mort réelle, comme le témoigne
l'exemple suivant :

OBSERVATION V

MORT APPARENTE DU CARDINAL DONNET RACONTÉE PAR LUI-MÊME (1)

« En 1822, par une des journées les plus chaudes et dans une église entièrement pleine, un jeune prêtre fut pris en chaire d'un étourdissement subit. La parole expira sur ses lèvres. Il s'affaissa sur lui-même; on l'emporta, et quelques heures après, on tintait un glas funèbre. Il ne voyait pas, mais il entendait et tout ce qui arrivait à son oreille n'était pas de nature à le rassurer. Le médecin déclara qu'il était mort, et, après s'être enquis de son âge, du lieu de sa naissance, il fit donner le permis d'inhumation pour le lendemain. Le vénérable évêque dans la cathédrale de qui prêchait le jeune prêtre, était venu au pied de son lit réciter un *De profundis*. Déjà avaient été prises les dimensions du cercueil : la nuit approchait, et chacun comprend les inexprimables angoisses d'un être vivant, dans une pareille situation. Enfin, au milieu de tant de voix qui résonnent autour de lui, il en distingue une dont les accents lui sont connus ; c'est la voix d'un ami d'enfance. Elle produit un effet merveilleux et provoque un effort surhumain. Le prédicateur reparaissait le lendemain dans sa chaire. Il est aujourd'hui, Messieurs, au milieu de vous, vous priant, après quarante ans écoulés depuis cet événement, de demander aux dépositaires du pouvoir, non seulement de veiller à ce que les prescriptions légales qui regardent les inhumations soient strictement observées, mais d'en formuler de nouvelles pour prévenir d'irréparables malheurs. »

Si la cessation des bruits du cœur à l'auscultation pendant un quart d'heure ou demi-heure ne suffisait pas pour convaincre le médecin sur la mort réelle du sujet, il aurait encore à son service la

(1) *Mort apparente*. Séances du Sénat, 1866. Discours du cardinal Donnet.

cardiopuncture comme moyen sûr et inoffensif de constater les mouvements du cœur. Cette petite opération consiste à enfoncer à 5 centimètres de profondeur une aiguille très fine d'acier à travers la paroi antérieure de cet organe, près du sternum, dans le cinquième espace intercostal. Pour si peu que les battements persistent, l'aiguille les manifeste par des oscillations bien sensibles qui n'existent plus dès l'instant où le cœur a cessé de battre.

Dans la mort réelle, la circulation est arrêtée, les artères et les veines sont exsangues. En examinant le fond de l'œil à l'ophtalmoscope, on trouve l'artère centrale de la rétine vide et la papille du nerf optique imperceptible. Cela provient de ce que la teinte rouge due au riche réseau des capillaires de la choroïde est remplacée par une couleur blanchâtre ou grise. Ces signes sont facilement reconnus dans les premiers moments qui suivent le décès ; mais au bout de vingt-quatre heures, la cornée est tellement terne et ridée qu'ils sont bien moins appréciables.

D'autres signes de moindre valeur concernant la circulation capillaire doivent être cités. Des ventouses scarifiées appliquées sur le cadavre n'amènent point de sang à l'extérieur, de même l'application de ligatures sur les membres ne fait pas colorer en rouge leurs extrémités inférieures. Toutefois quand la peau du sujet est violacée, livide ou congestionnée, il est difficile d'obtenir un résultat satisfaisant pour pouvoir se prononcer d'une manière certaine.

Il en est de même de la face cadavérique, de la

décoloration de la peau et de la perte de transparence des mains. Ces symptômes se présentent quelquefois chez des personnes qui sont en état de mort apparente et, par conséquent, ne peuvent pas être pris comme caractéristiques de la mort réelle, à moins qu'ils ne soient accompagnés d'autres signes plus importants.

Je dois ajouter aussi que l'absence d'auréole rouge et de phlyctènes, à la suite des brûlures de la peau au premier et au deuxième degré ne peut pas être considérée comme un signe certain de la mort, parce que le professeur Bouchut en voulant établir trois vésicatoires sur la poitrine d'un phtisique agonisant à l'aide d'un marteau chauffé au rouge ne put obtenir ni rougeur, ni ampoules, et parce qu'en outre sur un cadavre œdématié les phlyctènes sont faciles à produire.

Si, comme nous l'avons vu, quelques signes immédiats de la cessation des fonctions du cœur ont une importance capitale pour diagnostiquer la mort réelle, ceux de la cessation des fonctions pulmonaires n'en ont aucune. L'immobilité des côtes démontrée en plaçant un verre d'eau sur l'appendice xypoïde ; l'absence du souffle nasal et buccal, constatée à l'épreuve du miroir ou de la bougie, sont des signes absolument incertains. Quoique, dans ces cas, la respiration paraisse complètement arrêtée, la vie n'est pas éteinte du moment où l'on entend à l'auscultation les battements du cœur. *Cor primum vivens, cor ultimum moriens* : le cœur est le premier à vivre, il est le dernier à mourir.

Quant aux signes immédiats de la cessation des fonctions du cerveau, ils sont difficiles à évaluer avec certitude, parce que nos moyens d'investigation ne sont pas assez perfectionnés pour les reconnaître et les apprécier, dès le début, à leur juste valeur. Leur importance cependant ne doit échapper à personne.

L'abolition des sens et de l'intelligence existe dans un grand nombre de maladies (convulsions, hystérie, épilepsie, syncope. etc., etc.), et si elle ne peut en aucun cas être considérée à elle seule comme un signe certain de la mort, elle n'en constitue pas moins, unie à d'autres, un indice avantageux.

Le relâchement simultané des sphincters est caractéristique. A l'instant même du décès, l'anus, la vulve, les paupières, les lèvres (1), l'iris (2), tous les sphincters se dilatent. L'anus laisse échapper les matières fécales, le cadavre se vide. Les paupières sont entr'ouvertes, la bouche est béante, l'iris est fortement dilaté. Ce dernier signe est un signe certain et immédiat de la mort, aussi précieux que l'absence des battements de cœur et plus facile à constater pour tout le monde. D'ailleurs, il n'y a pas à s'y tromper, tant que la pupille est contractée avec force comme dans le sommeil, tant que son ouverture est rétrécie au point de n'avoir que 1 ou 2 millimètres de diamètre, on

______

(1) Les lèvres ou l'orbiculaire des lèvres, muscle; la bouche, ouverture.

(2) L'iris, muscle; la pupille ou prunelle, ouverture.

peut dire que le malade est à l'agonie, mais dès
que sa dilatation se produit, dès que son ouverture
est largement dessinée, on peut affirmer que la
mort est survenue, qu'on est en présence d'un
cadavre. Ce signe ne manque jamais ; malheureusement il ne persiste que deux ou trois heures

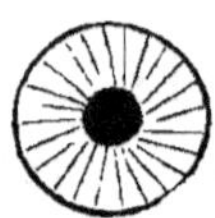

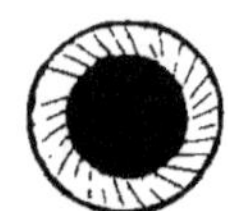

Fig. 26. — Contraction de la pu-   Fig. 27. — Dilatation de la pupille dans l'agonie.   pille après la mort.

après la mort. Passé ce laps de temps, les yeux
s'affaissent, la cornée s'obscurcit, la pupille revient
insensiblement sur elle-même de manière à présenter un diamètre ordinaire (Bouchut).

Cet affaissement des yeux, cet obscurcissement
de la cornée se manifestent quelquefois aux derniers instants de la vie, le plus souvent à l'heure
de la mort. On voit alors les globes oculaires perdre peu à peu leur éclat ; ils se rapetissent, se
ternissent et s'enfoncent de plus en plus dans leur
orbite. Un peu plus tard, une toile glaireuse recouvre complètement la cornée transparente. Enfin, d'un moment à l'autre, l'œil tout entier devient
d'une flaccidité extrême. Aucune maladie n'est
capable d'opérer un pareil changement. La mort
réelle en est la conséquence incontestable.

Nous avons encore comme signes immédiats,
subordonnés à la cessation des fonctions du cerveau, l'immobilité du corps, l'abaissement de la

mâchoire inférieure, la flexion du pouce dans le creux de la main. Ces signes n'ont qu'une valeur secondaire ; mais, ajoutés à d'autres, ils confirment l'état réel du sujet et mettent sur la voie d'un vrai diagnostic entre la mort apparente et la mort réelle.

Il ne faudrait pas croire cependant que les signes immédiats de la mort soient les seuls à avoir de l'importance. Sans doute, quelques-uns permettent de la reconnaître d'une manière très positive ; avec eux, on est immédiatement renseigné et l'on peut accorder sans crainte le permis d'inhumer une ou deux heures après le décès. Mais il est des cas, rares certainement, où l'on hésiterait à se prononcer si l'on n'avait l'appoint des signes éloignés pour corroborer son jugement.

L'un de ces signes est le refroidissement du corps à + 22 degrés centigrades et au-dessous. On peut alors affirmer que la mort est réelle. Voici le moyen de constater ce refroidissement : on prend un thermomètre, on l'introduit sous l'aisselle ou dans le rectum et l'on voit que entre 0 et 10 heures après la mort, il marque en moyenne 28° ; entre 10 et 20 heures, 21° ; entre 20 et 30 heures, 12°, etc. Il y a du reste des variations plus ou moins rapides suivant la température du milieu où le corps se trouve et le genre de mort auquel l'individu a succombé.

Un autre signe éloigné de la mort est l'absence de contractabilité musculaire sous l'influence de l'électricité. On fait une incision aux téguments, on met ensuite le muscle en communication avec les deux pôles d'une pile. S'il ne se produit aucune contraction, c'est que la vie est éteinte.

La rigidité cadavérique compte aussi parmi un des signes éloignés de la mort les plus importants. Elle commence, en général, deux à six heures après le décès et dure de vingt à trente heures, un peu plus avec une température froide, un peu moins avec la température inverse. Son apparition a lieu toujours avant le refroidissement complet du corps. C'est un phénomène qui ne manque jamais : il débute par la mâchoire inférieure et le cou pour de là s'étendre aux membres et au tronc; il est quelquefois si prononcé qu'il suffit de prendre le cadavre par la nuque pour le soulever tout d'une pièce. Un médecin expérimenté le considère comme un signe certain de la mort ; mais le vulgaire pourrait le confondre aisément avec le tétanos, la méningite comateuse, la catalepsie hystérique, voire même avec la syncope par congélation ; cette dernière se distingue pourtant sans difficulté en fléchissant les jointures : on entend alors un petit bruit sec comparable au *cri de l'étain*, et produit par la rupture des petits glaçons formés dans le tissu cellulaire.

Il y a encore la tache scléroticale qui est un signe éloigné, mais incertain de la mort. C'est une tache brunâtre, facile à voir sur le blanc de l'œil qu'on appelle la sclérotique. Elle se montre d'abord à son angle externe et s'étend quelquefois à toute sa circonférence. Elle manque souvent et pour cette raison on serait fort embarrassé si on voulait avec ce signe seul distinguer la vie de la mort.

Enfin la putréfaction qui est la décomposition du corps humain est certainement le signe le plus caractéristique de la mort réelle. Elle se reconnaît à la couleur verte, bleue ou brune de la peau, au ramollissement des tissus et à l'odeur particulière qui s'en dégage. Elle commence le plus souvent au moment où la rigidité cadavérique disparait. Mais ce moment n'est pas toujours le même : ainsi tandis que la chaleur humide hâte son apparition, un froid glacial la retarde pendant des jours et même des mois. On ne doit pas compter sur ce signe, dans bien des cas il faudrait trop attendre pour pouvoir autoriser l'inhumation. Du reste, on peut retarder à volonté, pendant un certain temps, la putréfaction des cadavres en les embaumant, c'est-à-dire en injectant dans leurs artères des matières antiseptiques préparées avec des solutions d'hyposulfite de soude, d'arsenic, de résorcine ou de chloral ; alors les chairs se conservent dans un tel état de fraicheur que la plus légère décomposition est momentanément suspendue.

En résumé, la cessation des battements du cœur à l'auscultation, le défaut d'oscillation d'une aiguille enfoncée dans cet organe, la vacuité des capillaires établie par leur section ou démontrée par l'ophtalmoscope, la dilatation de la pupille, la toile glaireuse de la cornée, le refroidissement du corps à + 22 degrés centigrades sont les meilleurs signes de la mort réelle ; ils permettent dans toutes les circonstances d'éviter sûrement les inhumations intempestives.

Ce tableau des signes de la mort une fois connu, il me reste à en tirer quelques déductions pratiques. Puisque la science possède les moyens de reconnaître notre terminaison finale sans jamais s'y tromper, il faut que des médecins instruits soient en tous lieux chargés de dresser les procès-verbaux qui constatent les décès des citoyens; par cette manière d'agir, il n'y aura aucun danger pour personne d'être enterré vivant. Cette considération offre une importance capitale; elle m'amène à parler des maisons mortuaires et de la vérification légale des décès.

Les maisons mortuaires sont des constructions isolées où l'on porte les cadavres bientôt après la mort et où on les laisse jusqu'au moment de la putréfaction et de la sépulture. Il en existe dans toute l'Europe, en Belgique, en Angleterre, en Allemagne principalement, la France presque seule en est dépourvue. Elles sont généralement placées à l'entrée des cimetières ou dans le voisinage des hôpitaux. Elles ont été établies dans le but de prévenir les inhumations précipitées; mais comme elles n'ont pas rendu les services qu'on se croyait le droit d'en attendre (1), l'autorité civile n'a jamais voulu consentir chez nous à en construire de semblables. Cependant elles seraient utiles, sinon pour cette affectation, du moins à un autre point de vue. On

(1) Frais considérables et point de résurrections.

sait que certaines familles indigentes, composées
par exemple du père, de la mère, de quelque vieillard et de cinq ou six enfants n'ont souvent qu'une
chambre ; mieux vaudrait dire un taudis, pour
toute habitation. Que l'un d'eux vienne à tomber
gravement malade d'une inflammation ou d'une
fièvre contagieuse, les autres sont obligés quand
même d'habiter ce bouge infect, le mal peut s'y
propager, atteindre plusieurs membres de la famille et devenir le point de départ d'un foyer épidémique pour tout le quartier.

Il y aurait deux solutions à ce problème. La première consisterait à transporter le malade d'ur-
gence à l'hôpital; mais, quelquefois, son état est
trop grave, il pourrait mourir pendant le trajet;
d'autres fois, la famille ne veut pas s'en séparer,
il faudrait agir contre les plus intimes sentiments
du cœur : l'amour, l'affection, la reconnaissance...
La seconde solution est plus pratique, on porterait
le cadavre à la maison mortuaire immédiatement
après la déclaration du décès, que la maladie ait
été contagieuse ou non, les parents pourraient
aller l'y voir tous les jours jusqu'au moment où ils
procéderaient à la sépulture. De pareils actes
feraient honneur à l'administration, la salubrité publique y gagnerait et l'assistance donnée dans ce
sens à un ménage malheureux serait bien vue de
tout le monde.

« Aussi, nous concluons avec le savant professeur Bouchut, les maisons mortuaires sont utiles,
non pour empêcher les inhumations précipitées,

mais uniquement au point de vue de la salubrité et du secours aux familles pauvres, pour éviter que dans certains cas la présence d'un mort puisse être nuisible aux vivants qui l'entourent. »

La vérification légale des décès n'offre pas moins d'importance. Je sais bien que le code civil, art. 77 et 78, prescrit que le décès doit être déclaré par deux témoins, les plus proches parents ou voisins, à l'officier de l'état civil, qui ne doit délivrer l'autorisation d'inhumer qu'après s'être transporté auprès de la personne décédée pour s'assurer de la réalité du fait. Je sais bien encore que l'inhumation ne peut être faite que vingt-quatre heures après la déclaration. Hé bien ! si quelques-unes de ces précautions sont excellentes, il en est une autre qui est surannée et qui n'a plus sa raison d'être. Que fera l'officier de l'état civil auprès d'un décédé ? Que constatera-t-il ? Aura-t-il des notions médicales suffisantes pour savoir si la mort est réelle ou apparente ? Évidemment il ne peut y rien connaître. Aussi ne se rend-il jamais dans la maison du mort, sachant bien à l'avance que sa présence y est complètement inutile. Un homme seul, en pareil cas, est indispensable, c'est le médecin. Sa visite peut mettre à l'abri des méprises les plus regrettables.

Les municipalités des grandes villes l'ont si bien compris que, venant au secours de la loi, elles ont confié à des médecins spéciaux la vérification des décès. Cette pratique est des plus louables ; elle mérite de s'étendre aux petites villes et aux communes rurales. Jusqu'ici cela ne s'est pas fait. On y viendra sans tarder et on aura accompli alors une œuvre des plus méritoires. L'idée seule qu'on peut être enterré vivant, qu'on peut se réveiller dans un sépulcre fait frémir d'épouvante ; et personne ne le regrettera le jour où l'administration prendra toutes les mesures nécessaires pour éviter d'aussi tristes conséquences. Des philanthropes nombreux les ont réclamées depuis longtemps. La presse les a aussi demandées bien des fois ; malheureusement on n'en a tenu aucun compte.

Aujourd'hui tous les médecins connaissent les signes immédiats de la mort. Si on leur confie la vérification des décès, il n'y aura plus aucune crainte pour les familles que leurs parents soient enterrés avant d'avoir rendu le dernier soupir. Cette vérification aura encore un autre avantage. Un individu peut avoir été étranglé ou empoisonné sans que personne s'en doute. Le médecin, en visitant d'une manière attentive et complète le cadavre ou en prenant des informations auprès des personnes de l'entourage du décédé, reconnaît l'action coupable, fait avertir la justice qui se met à la recherche du criminel, le fait arrêter et l'empêche de commettre d'autres forfaits ; grâce au médecin, le coupable paiera sa dette, la société sera vengée.

Nous devons donc appeler de tous nos vœux le moment où cette vérification se fera partout, tant à la campagne qu'à la ville. Le cas est urgent, il doit être mis le plutôt possible à exécution. On peut s'y prendre de plusieurs manières. Comme pour la protection des enfants du premier âge, le

32.

gouvernement peut en faire une loi, des médecins inspecteurs seront nommés deux ou trois par canton et ce sera le Conseil général dans chaque département qui votera les fonds nécessaires ; ou bien les municipalités soutenues par l'État, feront seules les frais de ce service ; ou mieux encore elles les feront payer avec le droit d'inhumation dans le cimetière de la commune en réclamant une rétribution de deux, quatre, six ou huit francs, suivant la distance que le médecin aura à parcourir. A la ville, un ou plusieurs médecins spéciaux en seront chargés suivant l'importance de la localité ; ils recevront une rétribution fixe et annuelle. A la campagne, on pourra requérir le premier médecin qui sera disponible, car il n'y aura pas de temps à perdre. Une fois l'officier de l'état civil prévenu du décès, il commandera immédiatement au garde champêtre ou a un employé de la mairie d'aller chercher le médecin, qui ne pourra pas refuser sous peine d'amende ; celui-ci se rendra en toute hâte à domicile pour constater et délivrer le certificat de décès. Ces dispositions seront prises le plus rapidement possible. Dès lors les parents seront avertis à temps et pourront assister aux obsèques sans qu'il soit nécessaire de les retarder.

A Paris, la vérification des décès est faite par trente-six médecins vérificateurs et huit médecins inspecteurs, tous payés aux frais de la ville et placés sous la haute surveillance des maires et du préfet de la Seine. Ils ont à constater en moyenne cent cinquante décès par jour sur une population de

2,300,000 habitants environ. Toutes les précautions
sont prises pour que le service soit fait avec la plus
grande régularité et la plus minutieuse attention.
Le médecin de l'état civil soupçonne-t-il un cas
anormal, craint-il d'avoir affaire à une mort apparente, il doit à l'instant même en informer le maire
par écrit et préalablement prescrire et même employer tous les moyens de l'art pour essayer de rappeler la vie. Alors l'inhumation est retardée jusqu'au
moment où les deux médecins (1) sont scientifique-
ment sûrs de la mort réelle du sujet. Enfin, s'il y a
soupçon de crime, les mêmes dispositions sont
prises ; la justice est prévenue immédiatement.

En résumé, il ne peut pas y avoir d'erreur commise ; aucune personne ne court le danger à Paris
d'être enterrée vivante. Quand pourra-t-on en dire
autant dans la France entière ? J'ose croire que
cette amélioration urgente, et relativement peu
coûteuse, ne tardera pas à s'accomplir.

(1) Médecin vérificateur et médecin inspecteur.

FIN

TABLE DES MATIÈRES

CHAPITRE VI

PREMIÈRE ENFANCE.

CHAPITRE VII

SECONDE ENFANCE.

CHAPITRE XI

MENSTRUATION.

CHAPITRE XII

ONANISME.

CHAPITRE XIII

PROSTITUTION

CHAPITRE XIV

JEUNESSE.

CHAPITRE XV

MARIAGE.

CHAPITRE XVI

FRAUDES DANS LE MARIAGE.

CHAPITRE XX

AGONIE ET MORT.

PARIS. — IMP. C. MARPON ET E. FLAMMARION, RUE RACINE, 26.